核电厂冷源风险管理

中国核能电力股份有限公司　编著

中国原子能出版社

图书在版编目（CIP）数据

核电厂冷源风险管理 / 中国核能电力股份有限公司编著. — 北京 ：中国原子能出版社，2023.12

ISBN 978-7-5221-3207-5

Ⅰ. ①核… Ⅱ. ①中… Ⅲ. ①核电厂—风险管理 Ⅳ. ①TM623

中国国家版本馆 CIP 数据核字(2023)第256329号

核电厂冷源风险管理

出版发行 中国原子能出版社（北京市海淀区阜成路 43 号　100048）
策划编辑 胡晓彤
责任编辑 胡晓彤　尚佳艺
装帧设计 侯怡璇
责任校对 冯莲凤
责任印制 赵　明
印　　刷 北京中科印刷有限公司
经　　销 全国新华书店
开　　本 787 mm×1092 mm　1/16
印　　张 21　　**字　　数** 315 千字
版　　次 2023 年 12 月第 1 版　2023 年 12 月第 1 次印刷
书　　号 ISBN 978-7-5221-3207-5　　**定　　价** **98.00 元**

网址：http://www.aep.com.cn　　**E-mail：atomep123@126.com**
发行电话：010-68452845

《核电厂冷源风险管理》

编委会

序

党的二十大报告指出，要积极安全有序发展核电。中国核能电力股份有限公司（以下简称中国核电）作为我国核能发展的重要骨干和领军企业，认真贯彻落实党的二十大精神和习近平总书记在核工业创建60周年作出的重要批示精神，加快推动核能发展，助力实现“双碳”目标、建设美丽中国。截至2023年12月底，中国核电控股在运核电机组25台，18台WANO综合指数满分，参评机组WANO综合指数平均分98.24，安全绩效全球领先；控股在建机组15台，安全质量稳定受控，在建工程有序推进。

安全是核工业的生命线，冷源安全是核安全的重要组成部分。国家多次出台政策文件，明确要求加强冷源管理，进一步提高对确保核电厂取水安全重要性的认识，科学精确改进取水安全相关工作，确保核安全万无一失，保障电网安全和电力稳定供应。中国核电自始至终高度重视冷源安全，督促并指导所辖电厂配置冷源工程师岗位并明确其职责，建立由总经理部成员负责的冷源专项组织机构，完善冷源日常管理流程和应急处置程序，并按集团公司要求成立冷源专班，形成了对核电厂冷源纵向自上而下、横向齐抓共管的全面管理机制，为电厂冷源安全奠定了扎实的基础。

为有效提升国内核电厂的冷源风险管理能力，切实保障电力供应安全，中国核电组织专家编写了《核电厂冷源风险管理》。本书的编写人员既有主持过多个核电海工工程设计的资深水工设计人员，又有主要从事核电取水口冷源堵塞物风险评估及其防控技术研究的专家，主编更是冷源管理技术和管理领域的专家，处理过冷源应急突发事件，并主导冷源工作的后续改进提升，具有丰富的理论和实践经验。

本书为国内外首本聚焦核电厂冷源风险管理的书籍，运用系统思维详细全面介绍核电厂冷源风险管理体系，填补了核电厂冷源防控技术领域的空白，能够为国内核电厂冷源管理人员提供全面的参考，可作为国内核电厂冷源培训教材，对提升国内核电冷源风险综合管理能力具有重要意义。

核能是清洁低碳、安全高效能源。中国核电将继续统筹发展和安全，牢记使命责任，确保核电安全，为加快建设世界一流企业、实现中国核电高质量发展、推进中国式现代化和中华民族伟大复兴而不懈奋斗。

前　言

近年来国内部分核电基地已发生多起由于毛虾、水母和海藻等海生物及漂浮垃圾短时间集中暴发，并在近岸洋流、浪涌和恶劣气候风向等叠加因素作用下入侵取水系统，造成格栅垃圾附着、鼓型滤网堵塞等现象，迫使核电机组降功率或停机停堆的事件，国家能源局和国家核安全局对此高度重视。

为了降低核电厂冷源堵塞风险，响应管理机构关切，中国核电在总结取水系统优化、堵塞物聚集原因分析，以及有效提高堵塞物拦截能力等工作经验的基础上，联合国内在冷源系统设计和运行维护方面具有技术优势和良好业绩的科研院所等单位共同编制了本教材，旨在通过本教材的内容介绍提高核电厂冷源防控技术和管理水平，严控冷源风险，切实实现保障机组安全稳定运行的目的，做到绝无一失。

本书共分为11个章节，分别涉及冷源风险评估、冷源异常事件分析、冷源系统设计、堵塞物调查与评估、监测预警系统、拦截装置及现场防控运维和应急管理等内容。本书第一章由陈建新和田雷雷负责编写，重点介绍冷源管理的基本要求和高要求；第二章由陈建新和芦和刚负责编写，重点介绍国内外冷源堵塞事件经验反馈，针对取水头部海生物暴发及系统堵塞的原因进行深入分析，并给出对策；第三章由杨嘉和白玮负责编写，重点从设计角度分析核电厂不同取水方式利弊，以及设计考虑的重点；第四章由杨嘉和白玮负责编写，重点介绍海工系统设计流程，包括针对冷源事件反馈新增的设计内容，针对新建核电厂提出完整的冷源系统设计理念和安全研究思路；第五章由林和山和张舒怡负责编写，重点介绍堵塞物调查与传统生态调查的区别，堵塞物调查的方法、流程、分类、应对措施；第六章由赵龙、杜红彪、张高明和钟铮负责编写，重点介绍冷源致灾物监测方法、预报方法，监测预警系统软件开发及其界面使用；第七章由张煜、张荣勇和张文杰负责编写，重点介绍拦截装置的配置、类别、运维及优化建议；第八章由崔杨杰和张世保负责编写，重点介绍冷源系统的运维管理情况和实施的一些改造情况；第九章由陈建新和田雷雷负责编写，重点介绍冷源应急预案，包括停循泵、停机、停堆的准则；第十章由陈建新和张琦负责编写，重点介绍冷源管理方面良好实践；第十一章由张煜负责编写，重点介绍冷源工作的长期性特点，并且指出后续核电厂冷源管理和技术工作的方向。教材总体由张煜统稿，由陈建新核稿。

本书主要针对核电厂冷源管理人员编写，可以作为冷源工程师上岗培训的教材，欢迎国内同行多提出宝贵意见，继续完善提高本教材质量。

本书在编制过程中得到了多个核电厂和科研院所的密切配合和通力协作，在此，编写组向共同促成这套教材的撰写人及协作者表示深深的感谢！

由于时间仓促、冷源异常事件表现形式多变性及编写者水平有限，教材中难免有纰漏和不足之处，敬请大家在阅读使用中不吝赐教，批评指正，我们将积极和广泛吸收、采纳相关宝贵意见，对教材持续进行修改和完善，以更好地指导和促进国内核电冷源管理水平提升。

编　者

目 录

第 1 章　冷源管理要求

中国大陆已经投运的核电机组普遍采用一次直流海水冷却方式，形式上大部分采用开式取水明渠取水。随着气候环境和海洋生态变化，局部海域海生物暴发的概率越来越大，电厂冷源系统频繁出现堵点，一旦无法及时疏导，容易造成机组降功率、停机停堆。近年来核电厂冷源堵塞风险事件越来越多，为机组热阱和电网安全带来巨大挑战。国家能源局、国家核安全局针对国内冷源事件频发现象，相继发布多份反馈及要求，也组织了冷源专项评估，但是冷源堵塞风险事件仍重复发生。如何有效预防冷源事件的发生，避免为机组和电网带来挑战，需要行业内深入分析，需要更加重视冷源系统和构筑物的设计、运维和改造工作，梳理出现有冷源系统和构筑物的关键点，识别出风险点，进而开展针对性整改。

本书从国内外事件分析入手，深入研究冷源系统及构筑物的设计输入和输出，分析反馈已发生运行事件及其根本原因，并总结已经实施的良好实践，意在为同行提供一个交流平台，自查各电厂存在的隐患，对新电厂设计提出一些新要求，最大限度减轻海生物或杂物暴发带来的后果。核电从业者应从设计源头进行深入分析，按照系统思维，以取水头部实施工程改造为基本思考方向，最大限度消除冷源事件隐患。

针对 2023 年行业内再次发生的冷源群堆非停事件，2023 年 9 月 25 日国家发改委联合四个部委联合发文，明确要求“进一步提高对确保核电厂取水安全重要性的认识，科学精准改进取水安全相关工作，确立更高工作目标，推动从‘人防’为主向‘人防与技防’相结合转变、从被动应对向主动干预转变、从治标向治本改变，不因取水问题导致被动停堆，杜绝多机组同时停运事件发生，确保核安全万无一失，保障电网安全和电力稳定供应”。

1.1 冷源管理基本要求

1.1.1 管理总体要求

（1）电厂冷源管理应遵循“安全第一、一厂一策、疏拦并举、协调联动、保守决策”的总体原则。

（2）电厂冷源管理总体上遵循生产指挥体系。

（3）电厂应按照上级单位和外部监管部门相关指南等要求开展冷源管理提升工作。

（4）电厂应建立外部冷源相关信息经验反馈渠道，开展国内外经验反馈。

（5）日常期间各部门应按照职责规定开展电厂冷源相关管理工作。

（6）明确电厂各领域冷源管理部门负责人及协调人。

（7）明确电厂冷源管理工程师，冷源工程师授权上岗。

（8）定期评估冷源系统状态并发布电厂冷源管理状态信息。

（9）根据各部门职责分工，组织成立电厂冷源管理专项组，专项推动电厂冷源管理水平提升工作：

1）定期组织召开电厂冷源管理会议，制定电厂冷源管理总体方案及计划等。

2）建立冷源管理联络方式（或平台），以便及时发布机组冷源状态信息等。

3）制定电厂冷源管理年度目标，定期对冷源管理目标达成情况进行评估总结，并建立考核奖惩机制。

1.1.2 风险源项调查

电厂应对取水口邻近海域海洋生物进行定期调查，总结对电厂取水安全具有潜在威胁的海洋生物种类，摸清致灾海生物的生活习性，并评价其风险等级。建立并持续更新电厂冷源风险海生物数据库（月历），为致灾海生物的防治工作提出有针对性的依据。电厂致灾海生物调查周期建议为 3～5 年，调查范围为核电厂取水口及其邻近海域 20～30 km 范围。

电厂应根据实际情况建立禁养区（范围可根据当地海域情况确定）。应与地方相关部门建立养殖信息收集渠道和机制，定期收集梳理养殖规律及养殖相关情况。建立取水口附近海域巡逻机制，定期开展海域巡逻。重点关注养殖下苗期、收割期的养殖变化情况，以及风暴潮、台风前后的养殖变化情况和海面漂浮情况，在养殖信息有变化时应及时更新海生物风险月历。

电厂应结合自身运行经验及国内外电厂冷源异常共性事件，分析电厂存在的潜在冷源安全风险源，形成经验反馈，指导后续改进。

1.1.3　取水、拦导污设施

根据电厂冷源安全风险源识别结果，电厂应采取针对性的纵深防御措施，优化电厂的设计及配置。具体可参见《T/CNEA 023—2022 核电厂冷源致灾物防控技术导则》。

（1）电厂冷源取水区构筑物

1）电厂取水明渠的布置应能够有效拦截致灾物或减少致灾物进入，根据各电厂实际情况，原则上应满足以下条件：

① 取水口门应合理选择朝向，避免正对厂址取水海域的常年优势或主导风向和浪向，必要时可采取可以防浪或防底沙进入取水口的相关措施。

② 口门处应具有足够的水深，以降低波浪破碎带带来的影响。

③ 合理选择口门宽度，确保海水以较低流速进入明渠，减少对致灾物的吸入。

④ 明渠内部应有足够的水深，防止过度沉积的泥沙、贝类杂质随水流进入系统。

⑤ 明渠应考虑设置沉沙池及清淤通道。

⑥ 取水明渠口门进水流速宜小于该取水区域的全潮平均流速，并不宜超过取水口门附近海区沉积物的平均起动流速（一般介于 0.2～0.3 m/s 之间），有条件的厂址宜采用更低的进水流速。

⑦ 有海冰记录的海域内，取水构筑物设计应考虑浮冰撞击的影响。

2）对于从海平面以下取用海水的暗取方式（暗取取水头部），根据各电厂实际情况，原则上各电厂应做好以下防护措施：

① 取水头部附近设置浮标等相关设施，避免因船只停靠、抛锚等而出现触碰。

② 取水头部具有针对致灾物的过滤拦截装置。

③ 取水头部设计和布置考虑电厂运行期间的维护可达性。

3）对于设计有取水隧洞的厂址，取水隧洞应做好防止或抑制海生物滋生和附着的措施，根据各电厂实际情况，原则上应满足以下条件：

① 隧洞内壁应足够光滑，通过合理选择糙率系数或在隧洞内壁涂刷合适涂层的方法，避免海生物大量附着。

② 隧洞内合理布置检修孔/通风孔。

③ 结合厂址条件选择合理的隧洞走向和布置方式，以减少海水流动中产生的过大局部阻力和水力损失。

（2）电厂冷源取水泵房相关系统及设施

根据各电厂厂址条件及致灾物种类，各电厂冷源系统应选择和布置有效的过滤装置，包括拦污网、粗/细格栅、旋转滤网及贝类捕集器等不同设备及其组合，过滤设备的功能设计和运维出力根据电厂实际情况，原则上应满足以下要求：

1）取水口门处拦污网具有自清洁能力或对致灾物的疏导功能。

2）取水明渠中拦污网的布置实施全断面拦截。

3）拦污网孔径根据致灾物调查结果进行阶梯设置，以实现分级拦截，对于特定种类致灾物（如细小毛虾或水母类），必要时可设置适合孔径的拦污网并考虑相应的清理措施。

4）有海冰记录的海域内，拦污网设计考虑浮冰撞击的影响。

5）取水进入泵房前，设置具有兜底性质的拦截网，避免因台风等恶劣天气导致海生物进入泵房，或前端拦截网大面积破损断裂而使异物进入。

6）对过滤装置上拦截到的杂物能够及时清理，或在系统停运时进行彻底清理，并宜考虑和采用先进有效的快速更换型式拦污网或可自动清理收集致灾物的拦截装置。

7）过滤装置优先考虑选用防污损型材料，在材质选择和防污设计时，需考虑附着物的影响，防止因海生物快速附着导致拦截设施失效。

8）拦截设施在设计时，考虑取水口的水动力特点，对主要的拦截装置进行补强，如对拦污网与墩台之间的连接点进行补强，防止局部破损。

9）对于取水海域过往船只较多，可能存在溢油风险时，电厂应考虑布置能够拦截溢油的拦截装置。

10）对于电厂泵房区域的旋转滤网或鼓网等设施，应配置可靠的反冲洗装置，并满足如下功能：

① 足够的反冲洗压力。

② 反冲洗系统一用一备配置。

③ 未经过滤的反冲洗水不再返回前池。

1.1.4　预警监测措施

（1）预警监测系统建立

电厂应结合自身海域风险源识别情况，建立独立专用的预警监测系统，以对冷源取水口海域致灾物提供实时监测、预警与预测信息，同时具备动态存储历史数据功能、人工和自动巡检功能等。

预警监测系统建立相关技术方案参见《T/CAOE 28—2021 滨海核电站冷源取水区致灾物监视、预报与处置指南》。

（2）预警监测系统运行与维护

电厂预警监测系统应由专人值守，以对系统运行状态进行实时监控和核对，应纳入生产设备管理，并设置专人维护。

（3）其他

电厂应由水文、气象和生态等相关部门建立联合监测联动机制，实时共享海洋生态数据（具体参见《T/CAOE 28—2021 滨海核电站冷源取水区致灾物监视、预报与处置指南》），实现大规模致灾物项暴发提前预警响应。

电厂应建立冷源风险通报联络渠道，鼓励风险源项调查区域的居民识别并报告风险源项信息。

电厂应采取多手段定期开展人工巡检，在致灾物频发时段应增加人工巡检频率和人力。

1.1.5　过滤拦截设施运维

电厂应提高冷源相关系统设备运行、保护动作与报警监测等方面的可靠性，包括定期开展检查与保养、合理开展技术改造等。

电厂应对冷源相关重要系统参数开发远传/就地读取和报警功能等，以对冷源相关重要运行参数进行实时监测与预警。

电厂应明确标准，配备泵房鼓网、拦污网清理和运输的必要工器具，建立长期快速响应协作机制，确保紧急作业的人力资源。

电厂应根据日常状态检查和设施运行维护情况等及时对取水区拦污网、鼓型滤网等设施及相关监测系统进行清理和维护，以确保相关设施设备具有良好的有效性、可用性。

1.1.6　污损生物防治

电厂应根据实际情况配置加药系统，并及时开展运维工作，以控制污损生物在格栅、流道等设施上的附着。必要时，在条件允许下可采取新型化学试剂（涂层）。电厂应定期检查粗/细格栅、隧道等易附着污损生物的设施设备附着情况并及时开展清理。

1.1.7　冷源应急响应

电厂冷源应急响应应落实“安全第一，预防为主，综合治理”的方针，提高冷源问题导致机组瞬态事件的故障处理水平，保证机组的核安全和发电可靠性。

电厂应建立冷源应急预案，以在电厂海域致灾物对冷源系统的威胁发生时，电厂相关专业能及时启动应急响应行动，采取相关手段维持冷源系统的正常运行，使冷源异常事件可能对安全运行带来的风险降到最低程度。

应急响应处置基本原则要清晰、准确，冷源入口条件应能包括大多数冷源恶化情况并充分考虑取水口拦污网的运行情况，要尽可能做到关口前移，让主控操纵员有充足的准备和响应时间。电厂冷源应急响应进入门槛要低，做到应进尽进，同时应在具体的行动中详细制定各重要操作的干预准则。

1.1.8　海工高风险作业

（1）高风险作业梳理及优化

电厂应梳理并建立有高风险作业项目清单，识别高风险作业危险点（溺水、中毒及触电等），以及制定相应的应急措施预案。电厂应根据实际情况定期评估高风险作业项目清单，并根据评估情况合理调整项目周期和内容。电厂应进行海工高风险作业流程管理、物资管理等，并对作业人员开展培训和授权上岗。

（2）机器替代

电厂应根据实际情况开展海工高风险作业中由自动机器替代人工的研究与应用，以及在海工高风险作业期间对不同有毒海生物的风险应对预案。

1.1.9　行业经验反馈

（1）经验反馈机制的建立与要求

电厂应强化透明的核安全文化理念，鼓励通过电厂经验反馈系统报告冷源安全偏差，便于冷源管理人员获得相关信息。

电厂应建立外部冷源相关信息经验反馈渠道，获取行业信息并进行筛选分级与反馈分析，跟踪外部经验反馈，评估改进措施在本电厂的适用性。当国内同行电厂发生冷源事件时，应及时开展排查并制定相应的防范措施。

（2）外部整改要求的落实

电厂应制订计划并在规定时间内落实国家能源局、国家核安全局和 WANO 等机构的外部整改要求，同时建立渠道学习了解 EPRI 经验反馈等相关资料。

（3）评估

电厂应建立透明的自评价体系，定期开展冷源安全自评，持续开展外部对标，合理组织行业专家进行专项评估。同时，应与同行电厂建立有效的共享异常偏差、良好实践等信息的交互机制。

1.1.10 优化改进

电厂应根据上级监管部门要求并结合实际情况，同时参考《T/CAOE 28—2021 滨海核电站冷源取水区致灾物监视、预报与处置指南》《国核安发〔2023〕123 号〈核电厂取水工程堵塞物防控设计指南〉〈核电厂取水安全运行和异常响应管理指南〉》《T/CNEA 023—2022 核电厂冷源致灾物防控技术导则》等相关技术文件要求，持续改进优化冷源相关重要设施设备，不断提升电厂冷源系统设备运行水平。

针对设计上存在重大隐患的设施设备，电厂应提高优先级，及时制订整改计划并积极推动落实。

1.2 冷源管理“五绝四保”

为了积极响应国家部委对核电冷源安全的高度关注，中国核电主动制定了冷源管理领域最高标准，并在行业内倡导推行，改变核电从业者的思维，提高政治站位，将核安全摆在最高位置，杜绝冷源导致非停事件再次发生。

1. 非停最高标准（绝无一失）：严禁冷源事件导致非计划停机停堆，尤其一基地多机组停机停堆；尽量减少鼓网液位高 1 报警出现和持续时间。

2. 设计最严标准（绝无挑战）：明确取水明渠口门处流速、浪高、淤积深度、海水温度、液位差、安全厂用水取水裕量，严防贝捕、板换堵塞。

3. 干预最早准则（绝无延误）：定义及时停第一台、第二台循泵的准则，定义早停机、早停堆的准则。

4. 纵深防御准则（绝无漏洞）：建立海陆空预警监测系统，建造主动导避功能或多样化取水的明渠，设置由粗到细的拦截网布置，建立应急干预处理体系。

5. 主动导避基本功能（绝无破坏）：构建与海洋生态和谐共存的良好生态，最少量吸入海生物，建造具有主动导避梳理功能的明渠堤。

6. 设计裕量充足准则：确保冷源设计相关的八大指标有足够的裕量，不挑战热阱安全。

7. 三保安全原则：保核安全、保供保电保能源安全、保电力电网安全。

8. 集中指挥机制：电厂基地设立冷源信息集中处理指挥中心，中国核电层面建立冷源风险信息平台。

9. 确保冷源风险可控：按照海域海生物暴发和恶劣天气风险、海生物入侵取水明渠风险、拦截网有效拦截打捞风险、鼓网反冲洗风险分类量化，分区监测和控制。

1.3　冷源管理行动

为了切实落实上级要求，实现冷源风险可控，行业要集体行动，开展剖析自查，时刻保持警惕，特制定以下 10 条具体行动：

1. 风险量化，对每个电厂测速、建模，得出吸入率，对风险进行分级。

2. 新设计深度贯彻生态和谐理念，降低取水流速，保护海洋生态。

3. 抓住改造关键点，制定合理拦导方案，制定早停泵、停机、停堆准则。

4. 实现监测预警一体化、精准化、网络化。

5. 落实主动防御设计，对不同深度水卷吸来的杂物和海生物分层管控。

6. 深入研究 T、D、Q、C、Y 核电成功的设计和改造经验。

7. 深化与海洋监测中心、海洋研究所和水科院的合作，开展深度联合科研。

8. 继续研究明渠、格栅、鼓网反冲洗、贝捕和板换等处的打捞和清理技术。

9. 申请足够的海域保护区，驱离养殖。

10. 制定行业冷源设计和运维管理最高标准，确保取水安全绝无一失。

1.4 冷源风险评估

鉴于冷源事件的频发、重发和多发，危及电网安全和核电厂安全，为了进一步识别各厂址冷源安全风险，完善冷源管理体系，消除安全隐患，严控非停事件发生，确保电网安全和核电厂运行安全，促进我国核电产业的经济、安全及可持续发展，有必要组织各核电厂开展自评估，并计划组织国内专家针对运行和在建核电厂冷源安全进行全面彻底研讨或评估检查，通过研讨或评估识别出电厂在监测、拦截、应急干预和基地群堆管理等方面的问题。

冷源风险评估参照电力行业通行的入网安全性评价管理办法和核电同行专项评估准则标准，并应坚持“安全第一、一厂一策、疏拦并举、协调联动、保守决策”的方针，在国内在建和运行的核电厂全面开展和要求。

以中国核电为例，在 HYH“7・20”事件后，公司生产管理部门高度重视，及时组织冷源领域专家组，并开展进行对所属核电厂全范围内的冷源风险状况评估和检查行动，主要行动方案如下：

1. 专家组完善《中国核电冷源管理导则》，并依据导则编制评估方法和评估细则。评估检查 10 个领域，包括冷源管理、堵塞物调查、取水构筑物、预警监测系统、过滤拦截设施、污损生物消杀及清理、冷源应急体系、海工高风险作业、经验反馈、电厂改进。每个领域有一个总体业绩目标要求，每个领域下再分解二级、三级指标。每项指标包括评价项目、标准分、查评方法、评分标准及评分方法等，每项根据权重分配分值。总分按 1 000 分计，最终折合成 100 分。新建电厂合格标准为 90 分，运行电厂合格标准为 80 分。

2. 确定评估范围，明确评估不以单一机组为评估对象，而是以取水系统来划分。

3. 督促被查评电厂先期组织力量提前进行文件准备和自评，并编写好自评报告。

4. 专家组依据评估方法和评估细则，对查评电厂按照 10 个领域进行评分，并编写专业评估报告、总评估报告。总评估报告的内容包括查评基本情况、得分情况、主要问题、评价意见、整改项目和建议。

另外，中国核电组织专家组对各电厂冷源状况进行梳理，并提出各电厂就冷源裕量应关注的重点安全控制关键指标，见表 1.1。

表 1.1　应关注的冷源裕量重点安全控制关键指标

序号	关键指标
1	历史低潮位下热阱取水裕量足
2	反冲洗流道通畅
3	贝类捕集器通畅不堵
4	取水明渠拦截有效
5	取水明渠流速低
6	明渠浪高低
7	杂物吸入取水明渠概率小
8	预警监测应急响应干预时间长

中国核电及时开展的冷源系统化评估工作帮助各核电厂重新认识了自身在冷源管理和技术方面的不足，明确了后续工作的改进方向，为后续冷源安全性能提升奠定了扎实的基础。

第 2 章　国内外冷源堵塞事件分析

2.1　国外冷源事件统计

近百年来，全球气候正经历以全球性变暖为主要特征的显著变化。显性方面，气候变化导致台风、洪水和干旱等极端气象事件频发，直接对核电厂安全稳定运行造成挑战；隐性方面，海水温度、地质变化等环境变化导致海洋生态系统变化，生物群落结构改变，容易暴发海生物，对核电厂取水安全提出挑战。这些极端天气等外部环境对核电厂运行安全性和经济性提出挑战。

欧盟运行经验联合研究中心（JRC）作为欧盟委员会科学和知识服务机构，2012 年就着手对外部灾害相关的运行经验开展研究，2021 年发布专题研究报告《外部灾害相关事件》。报告基于法国 SAPIDE、德国 VERA、捷克 DBevents、IAEA IRS 数据库，选取 166 起核电厂事件进行深入分析研究，分析显示，“极端天气条件”和“取水口污染/生物”是最常见的两种危害，其中，极端天气条件相关事件占比 36%，取水相关事件占比约 20%。

2004 年至今，全球因海洋生物、泥沙、溢油等引发 100 多起取水安全事件，80%的事件对电厂运行造成了影响，引发机组降功率、跳机乃至跳堆。冷源取水堵塞包括冰块（冰区）堵塞、泥沙堵塞和水生物堵塞等，其中水生物堵塞占主导。

2007 年，世界核营运者协会（WANO）发布重要运行经验报告 WANO SOER 2007-2《冷却水取水口堵塞》，对 2004—2007 年期间发生的取水口堵塞事件进行详细分析，其中 20%的事件对核安全相关系统有直接影响，超过 80%的事件对核电机组发电造成影响，包括导致机组停堆或机组降功率等。核电厂取水安全问题成为全球性问题。

2010—2020 年，国外核电厂报送 WANO 造成电厂非计划瞬态的取水口堵塞相关事件共 34 起，事件统计如表 2.1 所示。

表 2.1　国外冷源事件统计表（2010—2020 年）

序号	机组	发生日期	事件标题	后果	堵塞物
1	Krsko 1	2012 年 10 月 28 日	暴雨造成反应堆手动停堆	停堆	淤泥
2	Salem 1	2012 年 10 月 29 日	飓风造成机组手动停堆	停堆	杂物
3	Maanshan 1	2013 年 2 月 25 日	水母入侵进水构筑物导致机组降功率	降功率	水母
4	Torness 1	2013 年 5 月 23 日	海藻侵入造成反应堆停堆	停堆	海藻
5	Hunterston B 2	2013 年 7 月 12 日	水母涌入导致机组降功率	降功率	水母
6	Oskarshamn 3	2013 年 9 月 29 日	水母入侵导致机组停堆	停堆	水母
7	Torness 2	2013 年 11 月 21 日	海藻入侵造成手动停堆	停堆	海藻
8	Penly 2	2014 年 8 月 3 日	大量鱼苗涌入造成冷凝器不可用，导致反应堆自动停堆	停堆	鲱鱼
9	Penly 2	2014 年 8 月 14 日	大量鱼苗涌入造成冷凝器不可用，导致机组自动停堆	停堆	小鱼苗
10	Cook 1	2014 年 11 月 1 日	恶劣天气造成杂物入侵，机组停堆	停堆	细杂物
11	Hunterston B 1	2015 年 6 月 1 日	海藻入侵导致手动停堆	停堆	海藻
12	Kuosheng 1	2015 年 7 月 12 日	取水口堵塞	降功率	细杂物、多拉鱼
13	Kuosheng 1	2015 年 8 月 8 日	台风造成异物入侵，循环冷却水不可用造成机组降负荷	降功率	细杂物
14	Kalinin 4	2015 年 10 月 20 日	斑马贻贝入侵，造成机组降负荷	降功率	斑马贻贝
15	Kalinin 3	2015 年 12 月 12 日	斑马贻贝入侵，造成机组降负荷	降功率	斑马贻贝
16	Dungeness B 2	2016 年 3 月 16 日	大量鲱鱼侵入造成机组手动紧急停堆	停堆	鲱鱼

续 表

序号	机组	发生日期	事件标题	后果	堵塞物
17	Koeberg 1	2016 年 4 月 23 日	水母侵入造成循环水泵跳闸，机组降负荷	降功率	水母
18	Bruce B 6	2016 年 5 月 14 日	海藻入侵造成凝汽器冷却水泵停运，机组停堆	停堆	海藻
19	Penly 2	2016 年 7 月 23 日	鱼群导致反应堆停堆	停堆	鲱鱼
20	Torness 1	2016 年 11 月 22 日	海藻入侵导致组停堆	停堆	海藻
21	Browns Ferry 2	2016 年 11 月 23 日	鱼流导致机组功率降低	降功率	鲱鱼
22	Pickering B6	2016 年 11 月 29 日	取水口异物导致机组被迫停运	停堆	海藻
23	South Ukraine 3	2017 年 1 月 19 日	由于真空度降低，机组与电网断开	降功率	罗非鱼
24	South Texas 2	2017 年 4 月 26 日	冷凝器结垢导致机组降功率	降功率	花蛤壳
25	Tihange 1 1	2017 年 5 月 20 日	循环泵故障造成机组停堆	停堆	贝壳、海藻
26	Torness 1	2018 年 3 月 1 日	海藻入侵导致机组手动停堆	停堆	海藻
27	Farley 1	2018 年 10 月 11 日	飓风导致细杂物入侵取水口，造成机组降功率	降功率	细杂物
28	Salem 1	2019 年 1 月 31 日	取水口冰层聚集造成机组停堆	停堆	冰层
29	Paluel 3	2019 年 7 月 31	水母入侵导致机组停堆	停堆	水母
30	Hanul 2	2019 年 10 月 13 日	受台风影响，大量细杂物侵入取水口，造成循环水泵跳闸，机组功率下降	降功率	细杂物
31	Koeberg 1	2020 年 3 月 10 日	取水口鼓网被海生物堵塞导致冷却水循环水泵故障停运，机组手动停机后跳堆	停堆	藤壶
32	Millstone 3	2020 年 4 月 13 日	恶劣天气造成海藻入侵导致机组停堆	停堆	海藻
33	Ringhals 4	2020 年 5 月 31 日	水母入侵导致机组降功率	降功率	水母

续　表

序号	机组	发生日期	事件标题	后果	堵塞物
34	Browns Ferry 2	2020 年 7 月 20 日	取水构筑物鳗草聚集造成机组手动停堆	停堆	鳗草

34 起事件中，21 起造成机组停堆，13 起造成机组降功率，其占比如图 2.1 所示。

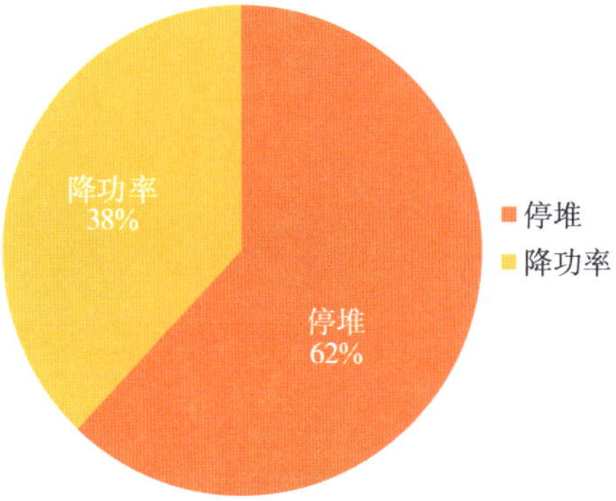

图 2.1　国外取水口堵塞事件后果分类占比

对相关事件中涉及的取水口堵塞物进行统计、分析，堵塞物分类统计占比如图 2.2 所示。

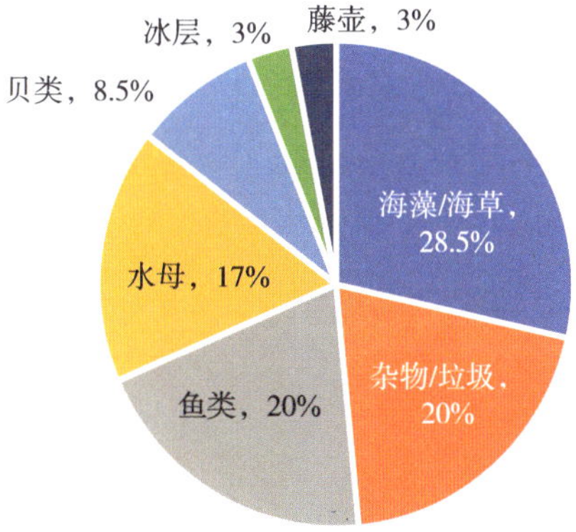

图 2.2　国外取水口堵塞物分类占比

2.2　EPRI 冷源事件统计

美国电力研究院 EPRI 组织专门成立一个冷源专家小组对冷源问题

进行长期研究，该组织曾经于2018年对77个发电机组（包括核、化石和生物质电厂）进行关于冷源问题的调研，并形成专题报告。

EPRI在其报告中还指出，55%的接受调查机组经历过生物或杂物相关问题，曾经出现机组停机或降级（机组后撤）情况，其中42%发生过滤网（鼓网）故障，85%的电厂需要清洗冷凝器，这些杂物堵塞事件对机组运行的影响包括：设备损坏、设备停运和电厂安全问题。这些影响最终导致系统可靠性和电厂经济性下降。但是，只有14%的电厂曾研究他们的杂物堵塞问题，可能是由于管理层重视程度不够或技术能力不足等原因，总体上取水头部生物或杂物入侵并没有引起运行电厂的关注。

该报告梳理统计杂物堵塞事件如图2.3～图2.6所示。

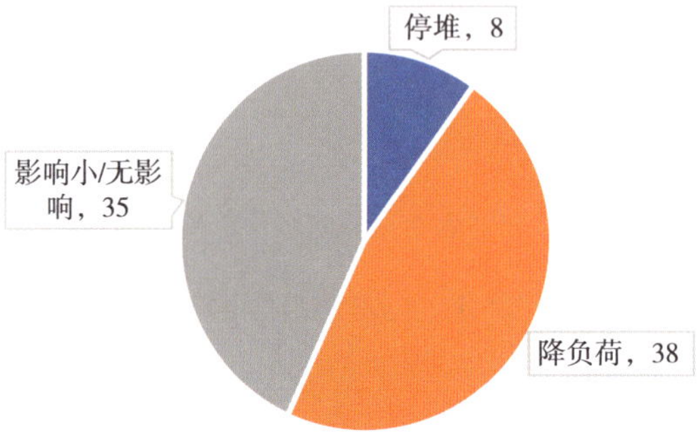

图2.3　杂物入侵导致停机、降功率机组次数

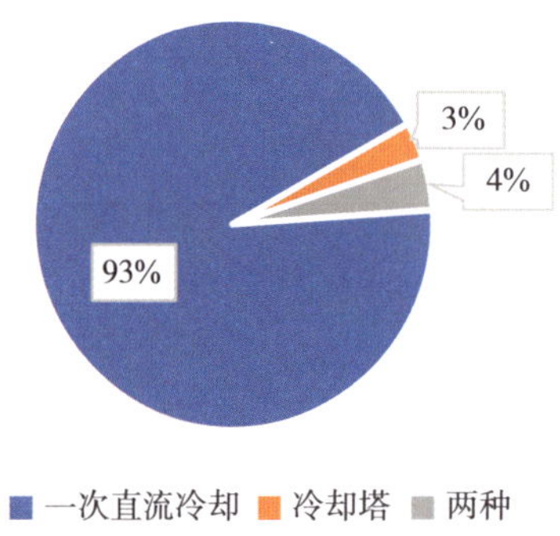

图2.4　受影响的不同冷却方式电厂数量

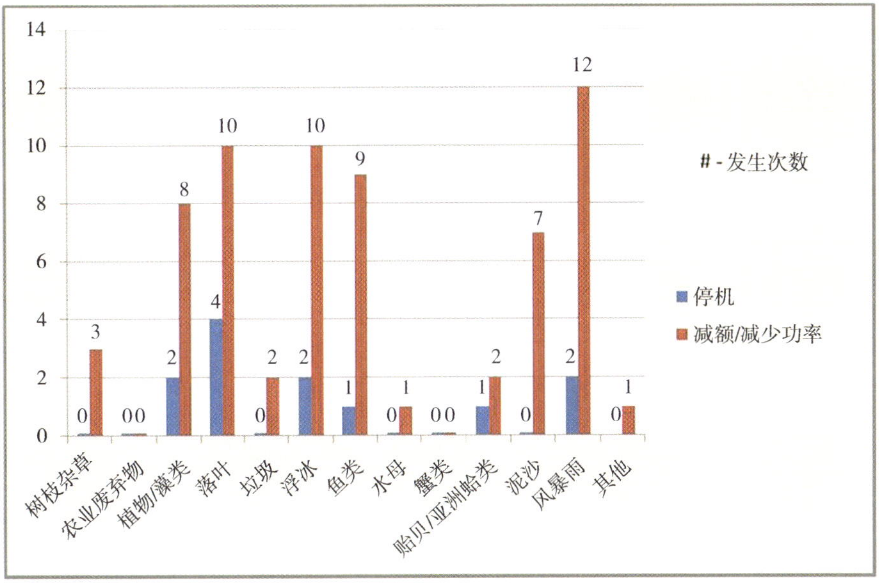

图 2.5　受各种生物或杂物影响的电厂数量统计

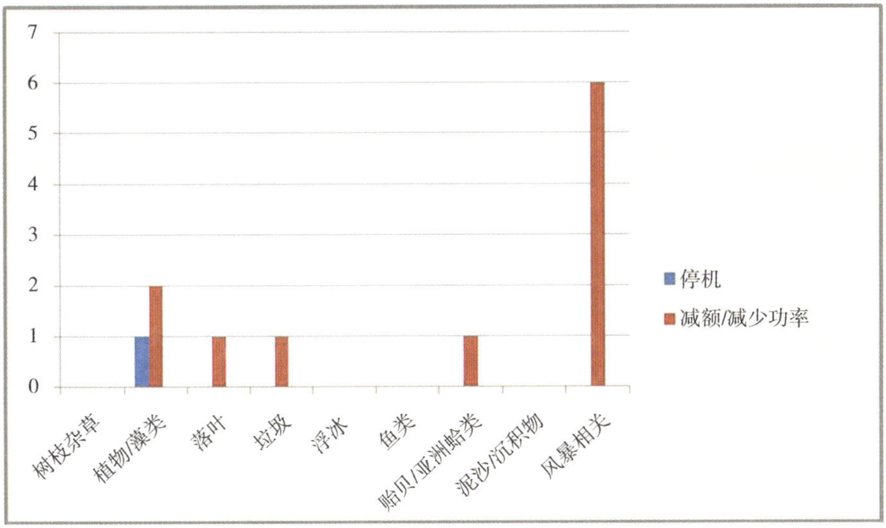

图 2.6　不同生物或杂物对滨海电厂的影响状况

从 EPRI 的统计可以看出，采用一次直流冷却方式的滨海核电厂在冷源系统有杂物入侵时，机组瞬态响应次数占绝大多数，也表明其抵抗海生物或杂物冲击能力相对较弱。

2.3 国内冷源事件统计

截至2023年10月31日，对国内经验反馈平台信息进行筛选，我国大陆共发生了41次海洋杂物（包括海生物和杂物）暴发导致取水口堵塞事件。其中，上报运行事件13起，涉及我国HYH、T、Q、N、Y、L和C等不同环境特征的多个核电厂址，导致机组停堆的事件有10起，占取水口堵塞事件的24.4%。

经统计，2007—2023年，国内核电厂共发生41起取水口堵塞相关事件，事件清单如表2.2所示。

表2.2 国内冷源事件统计表（2007—2023年）

序号	电厂	事件发生日期	事件简述	事件后果	堵塞物
1	T核电站	2007年1月7日	T核电站1号机组旋转滤网堵塞导致机组降负荷	降功率	紫菜
2	T核电站	2007年7月9日	T核电站海水取水口处出现大批麦秸秆，2台机组降功率运行	降功率	麦秸秆等杂物
3	T核电站	2008年3月7日	T核电站2号机组旋转滤网2PAA21/22/31/32全部跳停	降功率	紫菜
4	Q核电厂	2007年10月13日	因大量杂物覆盖于3台鼓网进水侧网板，降功率至150 MW	降功率	杂物
5	T核电站	2010年2月11日	由于紫菜过多，2PAA旋转滤网跳停，被迫停运2PAC32AP001循泵	降功率	紫菜
6	Q—2核电厂	2011年6月20日	取水口杂物导致机组降功率	降功率	杂物/垃圾
7	HYH核电厂	2013年8月	大量水母进入PX泵房，高峰时每天从清污机上清理的水母约2 000 kg	其他	水母
8	N核电厂	2014年1月	大量海生物鲎鱼进入CFI细格栅并堵塞在细格栅	其他	鲎鱼

续 表

序号	电厂	事件发生日期	事件简述	事件后果	堵塞物
9	N 核电厂	2014 年 5 月	大量的小水母及鱼虾进入海水系统，致使 N 核电厂 1/2 号机组海水相关统过滤器压差上涨、堵塞	其他	水母、虾群
10	HYH 核电厂	2014 年 7 月 21 日	大量水母涌入 CFI 取水口导致 1/2 号机组停堆	停堆	水母
11	HYH 核电厂	2014 年 12 月 14 日	泵站反冲洗发现大量鲈鱼，日最大鲈鱼打捞量为 3 000～4 000 kg	其他	鲈鱼
12	FC 核电厂	2014 年 12 月 21 日	取水明渠及前池区域发生大量棕囊藻入侵	其他	棕囊藻
13	L 核电厂	2015 年 1 月 10 日	虾群导致 L2CRF002PO 跳闸并威胁冷源可用性	其他	贝壳、海生物
14	HYH 核电厂	2015 年 6 月 30 日	HYH 核电厂 H3SEC002FI 堵塞	降功率	水母
15	HYH 核电厂	2015 年 7 月 26 日	临时拦污网断裂导致水母威胁冷源可用性，致机组降功率	降功率	水母
16	T 核电站	2015 年 8 月	厂外引水隧洞进水构筑物粗格栅前发现大量水母	其他	水母
17	N 核电厂	2015 年 8 月 7 日	海生物涌入 CFI 鼓网导致反应堆紧急停堆	停堆	海地瓜
18	HYH 核电厂	2015 年 8 月 17 日	大量海生物及异物导致 H3SEC001、002FI 频繁堵塞	其他	贝壳/海螺
19	Y 核电厂	2015 年 11 月 26 日	2CFI 进水口出现虾群与棕囊藻入侵	其他	虾群、棕囊藻
20	L 核电厂	2016 年 1 月 8 日	海生物涌入取水口导致 2 号机组紧急停堆	停堆	虾群
21	L 核电厂	2016 年 1 月 8 日	虾群等海生物侵袭导致 L 核电厂 L1/L3 机组 CRF 泵跳闸	降功率	虾群

续　表

序号	电厂	事件发生日期	事件简述	事件后果	堵塞物
22	C核电厂	2016年1月13日	C核电厂CFI反冲洗水杂物无法有效排出	其他	杂物/垃圾
23	C核电厂	2016年1月23日	SEN系统丧失出力SRI短时失去冷源	其他	杂物/垃圾
24	N核电厂	2016年5月	大量小水母进入取水口，导致CFI鼓网压差波动及SEC贝类捕集器压差上涨	其他	水母
25	N核电厂	2016年5月	CFI反冲洗水槽出现大量康氏小公鱼、海地瓜等，导致CFI鼓网堵塞，循环水泵跳闸	其他	康氏小公鱼、海地瓜
26	C核电厂	2016年10月18日	循环水过滤系统鼓网压差高引起循环水泵跳泵与自动停堆	停堆	杂物/垃圾
27	F核电厂	2016年7月至2016年11月	RRI/SEC板换频繁堵塞	其他	泥沙、贝壳
28	HYH核电厂	2017年5月25日	3号机组因海藻涌入CFI鼓网导致停堆	停堆	海藻
29	Y核电厂	2017年9月13日	重要厂用水过滤器频繁发生B列贝类捕集器报警	其他	毛虾
30	N核电厂	2017年11月	大量紫菜入侵N核电厂冷源系统，造成鼓网压差升高	其他	紫菜
31	C核电厂	2018年4月7日	鼓网压差高引起循环水泵跳泵与自动停堆	停堆	海藻
32	Y核电厂	2020年3月25日	Y核电厂4台机组因海生物入侵导致反应堆自动停堆	停堆	毛虾
33	F核电厂	2020年4月16日	3CFI系统格栅除污机无法下落至底部打捞导致细格栅前后压差持续升高	降功率	海带

续　表

序号	电厂	事件发生日期	事件简述	事件后果	堵塞物
34	L 核电厂	2020 年 6 月 12 日	L 核电厂 L3/4RRI 热交换器 SEC 侧压差因海生物堵塞上涨	降功率	笔帽螺
35	HYH 核电厂	2020 年 7 月 16 日	HYH 核电厂一期取水口第 3、4 道拦网局部撕裂	其他	水母、孔石莼
36	HYH 核电厂	2020 年 7 月 21 日	水母涌入导致 CFI 鼓网压差高手动停堆	停堆	水母
37	FC 核电厂	2021 年 4 月 20 日	FC 核电厂 F1/2 号机组进入冷源二级响应状态	其他	小鱼
38	Q 核电厂	2023 年 3 月 17 日	FJ 核电厂 2SEC302TF 鼓型滤网有部分喷嘴堵塞	其他	泥沙
39	N 核电厂	2023 年 5 月 10 日	N 核电“中华假磷虾”入侵	其他	虾
40	F 核电厂	2023 年 6 月 20 日	F 核电一厂冷源安全Ⅲ级应急响应	其他	龙须草
41	HYH 核电厂	2023 年 7 月 20 日	HYH 核电厂 4 台机组因海生物入侵导致反应堆停堆	停堆	水母

41 起事件中，9 起造成停堆，11 起造成机组降功率，21 起事件造成设备不可用等其他后果，各核电基地发生冷源异常事件统计如图 2.7。总体而言，中广核核电基地发生冷源事件的次数偏多，其海水冷却方式比较单一，多机组共用一个取水头部，相对更容易重复发生冷源事件。

对上述 41 起事件中涉及的取水口堵塞物进行分析，其占比如图 2.8 所示。

2.4　冷源事件共性分析

通过对国内核电厂的冷源事件共性分析，冷源事件频发的原因主要有 4 个方面：单一海水直流方式、多机组共用头部流速过快、大中小微海生物种类多、停泵停机决策不保守。

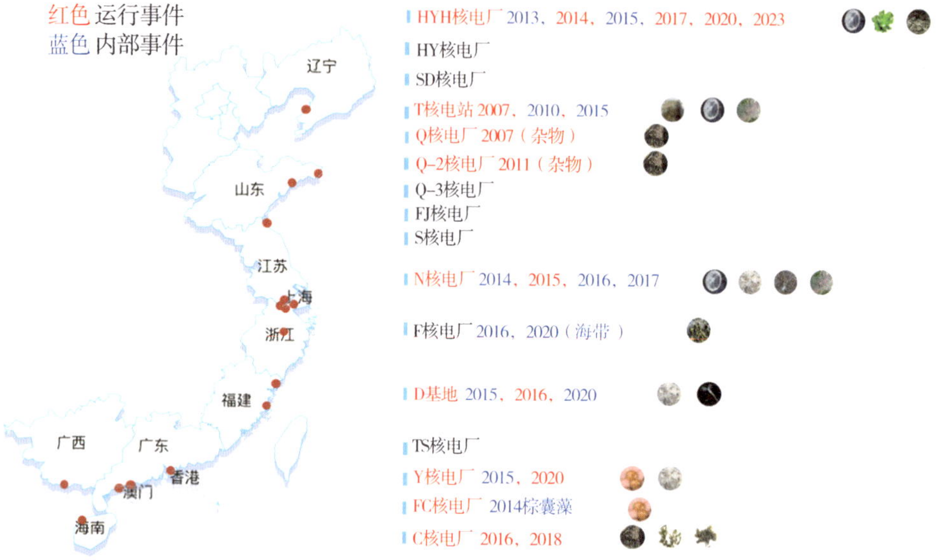

图 2.7　国内各核电基地发生的冷源异常事件统计

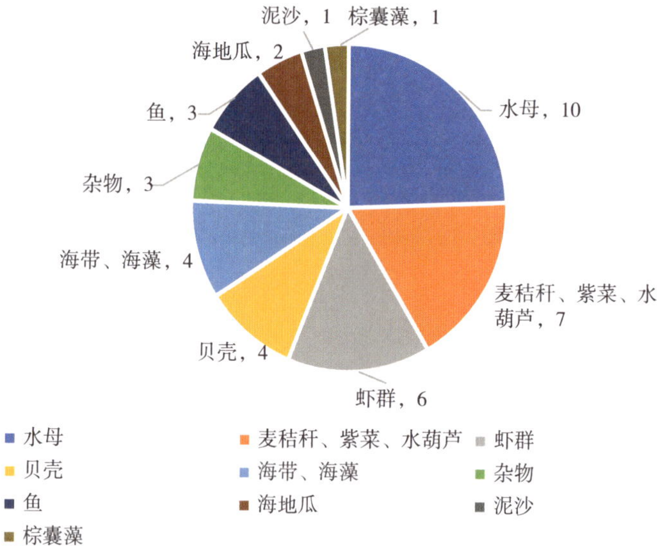

图 2.8　国内取水口堵塞物种类

通过对 41 起冷源事件分析，可以发现：

1. 多机组基地（6 台）没有停机停堆的有 Q、T、F，多机组共用取水头部口门处流速太快，朝向不合理是非停的主要原因，同时主控干预不保守。

2. SEC 贝捕和板式热交换器受到过挑战的电厂有 C、L、F、FC、HYH，这是最大的核安全挑战。

3. 停堆机组次数达到 19 台次，远远高于设备故障导致的停堆次数。

4. 降负荷次数达到 13 台次，杂物入侵若积极干预，没有达到冲击负荷量级，停运一台循泵、降功率 20%左右可以控制住。

5. 停机未停堆的次数仅 1 次，说明电厂干预准则还不保守，大部分 2 台循泵跳闸则直接停机停堆。

6. 低潮位叠加海生物入侵时后果会加剧，说明低潮位期间水流速更快，尤其是表层水。

7. 堵塞物尺寸各异，对格栅、拦污网、鼓网、贝捕、板换、SEN 过滤器均形成挑战，没有一个电厂能应对所有冷源风险源。

8. 针对格栅堵塞的最佳实践是增加移动式格栅，运行期间能更换；针对贝捕堵塞的最佳实践是扩孔、反冲洗、切换；针对板换堵塞的最佳实践是快速清洗、降功率或停机；针对鼓网堵塞的最佳实践是及早停 1 台循泵、停 2 台循泵、手动停机、手动停堆；针对拦污网堵塞的最佳实践是建立阶梯式拦截，装载量达到一定值尽早停泵，不允许有漏或破损。

形成停机、停堆、降负荷的堵塞事件统计数据见表 2.3。

表 2.3　停机停堆及降负荷机组分布和堵塞物种类

类型	机组次数	涉及电厂
机组停堆	17	L2 号（毛虾），HYH1、2、3、4 号（水母、毛虾、海藻），N3 号（海地瓜），Y1、2、3、4、5、6 号（毛虾），C1、2 号（海藻、水草）
机组停机不停堆	1	L3 号（笔帽螺）
降负荷	13	L1、2、3、4 号（毛虾），HYH2 号（水母），Q－1（水草），T1、2 号（紫菜、麦秸秆）
板换堵塞	4	L3、4 号（笔帽螺），F1 号（贝壳、泥沙）
贝捕堵塞	＞6	HYH3 号（小贝壳和小海螺），FC1、2 号（棕囊藻），C1、2 号（杂物），Y

续 表

类型	机组次数	涉及电厂
SRI 吸气	2	Q—2 厂 3 号（水草），C1 号（垃圾）
SEN 堵塞	1	N1 号（中华假磷虾）
鼓网堵塞	4	L1、2、3 号（毛虾），Y2 号（棕囊藻＋虾群）

由上述国内外冷源事件统计可知，冷源事件会直接影响到相关设备可用性及电厂发电，恶劣环境条件下的冷却水取水口堵塞事件导致多台机组降功率，甚至停堆。综合上述事件涉及的和目前已知的其他取水口堵塞情况，梳理取水口堵塞物分类如表 2.4 所示。

表 2.4　国内核电厂取水口堵塞物类别

来源	类别	代表种类
流动性	漂浮型	海藻/海草、紫菜、海带、浒苔、海冰、海漂垃圾、泥沙和水草杂物等
	浮游型	水母群、毛虾、贝类/海螺（笔帽螺）、鲨鱼
	游动型	鱼群（鲈鱼、康氏小公鱼）
	潜在型	海地瓜、棕囊藻
固着性	附着型	藤壶、牡蛎和贻贝等

常见的堵塞物种类如图 2.9～图 2.13 所示。

图 2.9　虾群

图 2.10　水母

图 2.11　鱼群

图 2.12　藻类

图 2.13　杂物

国内部分核电厂特征冷源风险物如表 2.5 所示。

表 2.5　冷源风险物涉及电厂

冷源风险	涉及电厂
鱼群、虾群、水母群	D、HYH、N、Y、FC、TS、C （D、Y—毛虾；HYH—水母、鲈鱼；C—水母）
海藻、海草	D、HYH、N、Y、FC、TS、C （Y—赤潮；FC—棕囊藻；C—马尾藻）
泥沙、浮冰	HYH、Q （HYH—浮冰；F、Q—泥沙）
紫菜、浒苔、秸秆	T、HYH、Q
贻贝、藤壶、海地瓜	C、F、N
海面溢油	D、HYH、FC
台风、风暴潮	D、HYH、N、Y、FC、TS、C、F

对比国外冷源事件，我国近10年暂未发生碎冰导致的取水口堵塞的冷源事件，国内外暴发概率较高的风险源主要都集中在海藻、水母、鱼虾、杂物，基本占到73%以上。

2.5 典型事件分析

2.5.1 国外典型事件

(1) 事件1：Koeberg核电1号机组取水口鼓网被海生物堵塞导致冷却水循环水泵故障停运，机组手动停机后反应堆跳堆

事件简述：2020年3月10日，Koeberg核电厂因水母和鱼类等海生物入侵，1号机组海水取水口鼓网严重堵塞，入口水位低，引起1台循环水泵跳闸。根据设计，该机组共有3台循环水泵，在1台循环水泵不可用时只需降功率到60%即可。但事发时，由于海水冷却的热交换器（类似M310机组的SEN/SRI热交换器）效率偏低（已计划检修），导致二回路水温上升，无法稳定控制二回路设备温度，操纵人员按照规程手动停机，汽轮机跳闸后，因为汽轮机旁路排放系统温度整定值（Tref）错误，旁路排放无法按要求运行，导致意外停堆。3月11日晚，清理完水母及垃圾，鼓网和循环水泵恢复运行，机组于3月15日恢复并网发电。

由于南非电网用电负荷大，本次停堆导致南非部分地区拉闸限电。电厂厂用电由应急柴油机供应。

事件后果：汽轮机手动停机，反应堆自动停堆，导致电网限电，厂用电由应急柴油机供应。

事件原因：

1）循环水泵跳闸是因为水母群和小鱼群堵塞鼓网，压差增加（电厂对海生物入侵的预防、监视和缓解措施有所不足；电厂没有提前监测到海生物的大规模入侵，在鼓网堵塞后响应不够及时，导致1台循环水泵跳闸，引起机组瞬态）。

2）热交换器提供的冷却不足（电厂冷源相关设备管理存在不足，海水冷却的热交换器效率偏低问题，没有第一时间在大修期间完成检修，影响了机组二回路温度控制，导致操纵员被迫手动停机)。

3）手动停机后，由于汽轮机旁路排放系统温度整定值（Tref）不正确，汽轮机旁路排放无法按要求运行，导致反应堆意外停堆。整定值错误的原因确认是由模块上电位计漂移引起的，温度整定值每年进行一次校验，最后一次校验是在 2019 年 5 月完成的。该模块计划在换料大修期间进行更换。

纠正行动：电厂已经完成了对鼓网内海生物和废弃物的清理，并重新恢复运行。吸水坑内的水位已经恢复正常，同时检查循环水泵无其他异常后，循环水泵恢复正常运行，机组随后并网。

(2) 事件 2：Hanul 核电厂 2 号机组受台风影响，大量细杂物侵入取水口造成循环水泵跳闸功率下降

事件简述：2019 年 10 月 13 日 06：22，Hanul 核电厂 2 号机组正处于正常的运行过程中，功率为 100%。受台风海贝斯的影响，大量细杂物侵入取水口，使相关滚筒筛上的压差增高，1 台循环水泵因此而跳闸。在汽轮机因冷凝器真空度恶化而跳闸的情况下，为了避免反应堆停堆，反应堆和电功率分别快速降至 39%和 330 MW。在宣布取水口出现紧急情况之后，应急人员赶至现场，清理滚筒筛上的细杂物，并重新启动循环水泵。随后，机组退出紧急状态，功率开始提升。

事件后果：其中一台循环水泵因细小杂物侵入而跳闸。按照取水口的异常操作程序，功率降至 40%以下。将细小杂物从受到影响的取水口滚筒筛上清除之后，泵重新启动，提升功率。此次事件没有对机组安全造成任何影响。

事件原因：

引起事件发生的直接原因是漂浮的海洋细杂物侵入取水口，在相关的滚筒筛上产生高压差，导致循环水泵跳闸。受台风海贝斯的影响，大量漂浮的海洋细杂物侵入取水口。当前一次台风米娜袭击该地区时，大量细杂物（包括草和树枝）因强降水（555.6 mm）从现场附近一条河里流入海洋。这些漂浮物停留在附近海区，在台风海贝斯的影响下进入取水口。

事件发生的促成因素是取水口筛网的限制。按照设计，取水口筛网用于收集和清理水下海洋生物（包括小虾、小鱼和水母等）。这些筛网收集到了约 30 t 海洋细小杂物，但却无法阻止漂浮类细小杂物越过网进入取水口内。并且有些细杂物是随台风引起的大浪而来，浪高超过了防波堤的高度，细小杂物便从筛网处绕了过去。

纠正行动：

1）对取水口的异常操作程序进行修订，提高不同情况下的组织管理效率。

2）各个机组采取相应的措施，对穿过或绕过拦截网到达筛网的细杂物进行收集。

3）请当地政府在夏季预报台风到来之前对附近的河道进行清理，清除河道内的植物。

4）组织设计审查，通过在取水口筛网上游位置设置浮筒或围油栏，强化针对漂浮海洋细杂物的保护要求。

5）为了改进取水口的监测状况，增加取水口筛网工作的可视性，用 LED 灯替换普通夜灯，并用 10 t 起重机取代目前在取水口处设置的已经老化的 5 t 起重机。

2.5.2 国内典型事件

(1) 事件 3：HYH 核电厂 4 号机组因水母涌入导致 CFI 鼓网压差高，手动停堆

事件简述：2020 年 7 月 21 日，HYH 核电厂 4 台机组满功率运行，取水口正在进行 2 号拦污网更换工作。在 2 号拦污网安装过程中，大量水母涌入取水口，导致 4 号机鼓网压差快速上涨，主控执行冷源应急程序手动停机停堆。经过国家海洋环境监测中心监测和外海拦截打捞，外海海洋水母量降低至正常水平，并对取水口 1～4 号拦污网进行清理，4 号机组于 7 月 22 日重新达到临界状态。

事件后果：H4 号机停堆。

事件原因：

直接原因为大量完整水母短时间内涌入 4 号机组旋转鼓网，引起

循环水泵跳闸。

根本原因为 1～5 号拦污网均存在一定的结构性缝隙，在大量海生物集中涌入时，网体整体压力增大，网体底部、侧面的结构性缝隙变形扩大，导致海生物集中通过网体拦截。

促成因素为 2 号拦污网更换期间，取水口失去一道拦截屏障；水母和海藻叠加造成网体频繁堵塞；水母短时涌入量级远超历史数据。

纠正行动：

1）对 1/2 号拦污网结构性缝隙进行临时封堵，减少缝隙。

2）制定 5/4/3/2/1 号拦污网结构性缝隙封堵方案，并完成实施。

3）制定拦污网孔径优化方案并通过 TEF 审查。

4）升级拦污网换网工作在机组日常生产中的管控流程及管理要求并通过 TEF 审查。

5）升版《取水口拦污网维护及检查程序》（H－TS/MTN/025），增加拦污网拉力监测手段，包括变化速率、负载预警值，并与主控联动响应。

6）制定拦污网清理效率提升方案。

7）研究水母暴发规律、影响因素，提升预警提前度。

8）根据位置条件，在 4/3 号拦污网上增加拉力测量装置。

9）对拦污网承载能力进行计算，明确每道拦污网的最大承载量，结合清理手段，给出拦污网系统设计最大能力。

10）制定低潮位期间捞污船通行的方案并完成现场实施。

(2) 事件 4：HYH 核电厂 3 号机组因海藻涌入 CFI 鼓网导致停堆

事件简述：2017 年 5 月 25 日，HYH 核电厂 H3 号机组满功率运行，由于海藻涌入 H3 CFI 取水口，8:56 A/B 列鼓网压差同步上涨，B 列鼓网 H3CFI032TF 压差上涨速度较快，09:00 H3CRF002PO 由于鼓网压差高 4 保护跳闸，09:01 A 列 H3CFI031TF 鼓网压差快速上涨，09:02 当班操作人员根据冷源预案手动停机，09:03 H3CRF001PO 由于鼓网压差高 4 保护跳闸，反应堆停堆保护信号（C8＋P10＋冷凝器故障）动作，反应堆自动停堆，机组响应正常。操作员执行 SOP 控制机组。

事件后果：H3CRF002PO、H3CRF001PO 先后跳闸，H3 号机组手动停机、自动跳堆。

事件原因：

直接原因为恶劣天气下，大量海藻在浪涌的作用下从拦污网上脱落，堵塞鼓型滤网，造成循环水泵保护跳闸，H3 号机组手动停机、自动跳堆。

根本原因为现有冷源取水状况应对恶劣天气下微小海生物涌入的措施不足。

促成因素：1）人员经验与认识不足；2）按照 2017 年 HYH 核电厂夏季冷源保障工作计划，CFI 高压反冲洗改造于 2017 年 6 月 30 日完成，5 月 25 日为改造施工期间，原有的临时高压冲洗管线拆除，导致高压反冲洗功能无法实现，鼓型滤网只能依靠原设计的反冲洗管线进行冲洗。

纠正行动：

1）推动大围堰项目进行可行性研究分析、设计及施工。

2）完成取水口天气预报机制固化，确认预报信息来源。

3）完成细目网的试验性敷设，并连续监测记录细目网的拦截情况。

4）每年具备装网条件后，立即开始安装网具。

5）明确取水口拦污网的清网标准。

6）跟踪周边环境变化，及早进行海生物监测、预警。

(3) 事件 5：C 核电厂 2 号机组鼓网压差高引起循环水泵跳泵与自动停堆

事件简述：2018 年 4 月 6 日，C 核电厂海域起六级大风，大量海藻等海生物涌入取水口，造成 2 号机组鼓网压差升高。

4 月 7 日凌晨，C 核电厂 2 号机组按照《海生物和杂物影响核电厂冷源处理应急预案》的要求，经过 2 次降功率操作，稳定在功率运行状态，46.1%FP、300 MW。在第二次降功率期间（7:53），2 号鼓网压差达到高 4 定值，导致循环水泵 2CRF002PO 自动跳闸。

4 月 7 日 12:32，由于 2CRF001PO 对应的鼓网 2CRF301TF 压差

突然升高，达到高 3 报警（设定值 0.4 m），主控室操纵员按照《冷源应急预案》要求以 30 MW/min 的速率降负荷。12:35:20，鼓网压差达到高 4 报警值（0.8 m），触发循环水泵 2CRF001PO 自动跳泵。12:35:25，2 号机组汽轮机跳闸，停堆信号“C8（汽轮机跳闸）＋P10（核功率大于 10%FP）＋凝汽器真空失去”逻辑符合，反应堆停堆。

事件后果：循环水泵跳泵，反应堆自动停堆。

事件原因：

直接原因：海生物入侵导致循环水过滤系统鼓网压差高，引起循环水泵跳泵与自动停堆。

根本原因：

1）海水取水口及海水过滤系统存在设计缺陷，无法抵御大规模海藻入侵。

2）电厂未参考《海生物和杂物影响核电厂冷源处理应急预案》的要求后撤，运行决策不够保守。

促成因素：

1）海生物入侵时探测预警能力不足，对海生物源项入侵的强度认识不完善。

2）部分冷源相关纠正行动未有效实施。

3）冷源及海工信息记录不完整。

纠正行动：

1）安排专人打捞 PX 泵房反冲洗流道的海藻，恢复海水垃圾清理周报。

2）异常气象预报、利用卫星监视海域海藻暴发情况（每年 3、4 月）。

3）建立可能影响冷源的厂址环境条件定期评估机制，完成 C 海域生物年度广谱调查。

4）制定海生物综合监测方案，根据方案增加探测预警设备/系统。

5）近期：对新增拦污网箱固定进行优化，增加缆绳和锚链以固定网箱，起到抗风浪作用。

6）中期：在取水明渠进水口设置人字型桩基拦污网，网目选取 30 mm×30 mm。

7）长期：将取水明渠东堤延长 560 m 并设置 3 道拦污网，环抱式布置，起到消浪和拦击作用。

8）将格栅除污机和鼓型滤网的液位、压差信号送到主控室。

9）升版电厂冷源处理总体应急预案。

10）编制分预案（工程、维修、环境应急、运行4个分领域）。

(4) 事件6：Y核电厂4台机组因海生物入侵导致反应堆自动停堆

事件简述：2020年3月25日，Y核电厂1/2/3/5/6号机组处于RP模式满功率运行、4号机组处于80%功率运行。由于毛虾群突然暴发，各机组循环水过滤系统旋转滤网压差持续升高，导致循环水泵相继跳闸，在操纵员快速干预过程中，3/4/6/2号机组分别于16:09、16:19、16:19及16:35自动停堆（停堆原因为2台循环水泵跳闸触发凝汽器故障信号，汽轮发电机组跳闸，叠加P10信号反应堆紧急停堆），操纵员执行SOP事故程序稳定机组，2/3/4/6号机组均处于安全稳定状态；期间操纵员操作1/5号机组快速降功率到次临界状态，机组状态稳定。

事件后果：2/3/4/6号机组自动停机停堆，1/5号机组快速降功率后撤至次临界。

事件原因：

直接原因为大量毛虾入侵各机组CFI旋转滤网，压差达到高4定值，导致多台CRF循环水泵跳闸。

根本原因为拦截失效（拦截设施运维管理不到位、拦截设施设计裕度不足）。

促成因素为海生物监测技术不满足冷源预警的要求；捕捞设施运维管理不到位；捕捞资源与海生物大规模入侵风险不匹配；经验反馈落实不到位；多机组联动控制策略缺失。

纠正行动：

1）对第二道拦污网的后网进行修复，恢复其全断面拦截功能。

2）完善拦污设施运维管理，提高运维标准，加强对拦污设施的巡视、清理、检查维护。

3）在最终方案实施前，增设临时细目网，始终保证有3道5 mm以下细目网实现纵深拦截。

4）研究制定冷源安全防护系统机械化、自动化、信息化的永久工程方案。

5）制定冷源海生物监测预警方案，明确预警范围、方式、周期要求。

6）完成在线监测设备升级改造，扩大监测范围，提高灵敏度，提升监测预警能力。

7）完善捕捞设施运维管理规定，提高运维标准，加强对捕捞设施的巡视、检查维护。

8）建立和维护政府等社会资源支持渠道，梳理电厂冷源保障相关的社会资源，建立"协调政府等社会资源"的机制，并将其列入年度演习计划。

9）升版《自然灾害下机组控制策略导则》，制定多机组联动机制。

10）升版《瞬态控制导则》，明确因冷源导致 CRF 泵跳闸时的机组控制方式。

(5) 事件 7：L 核电厂 3、4 号机组热交换器 SEC 侧压差因海生物堵塞上涨

事件简述： 2020 年 6 月 12 日，运行巡盘发现 L3SEC002PO 流量由 3 450 m^3/h 缓慢下降至 3 200 m^3/h（SDM 要求，流量低于 3 060 m^3/h 会导致 SEC 一列不可用），泵出口压力由 2.3 bar（1 bar＝0.1 MPa）上涨至 2.5 bar，L3RRI B 列热交换器 SEC 侧压差由 1.3 bar 缓慢上涨至 1.74 bar，L3CFI 旋转滤网压差轻微上涨。L4SEC 在运列也出现流量下降及换热器压差上涨现象，比 L3 号机变化轻微。现场在旋转滤网冲洗水渠中发现最多有 600 g/5 min 量级的海生物，怀疑有海生物进入 L3/4RRI 热交换器。主控随即将 L3/4CFI 旋转滤网切至中速运行，并将相关信息通知 L 一期和冷源小组。后经确认是一种名为笔帽螺的海生物进入了 L3/4RRI 冷却器 SEC 侧。

2020 年 6 月 12 日以来，笔帽螺多次入侵，电厂为确保核安全，分别在 6 月 16 日主动将 L3 号机降功率至解列，在 6 月 24 日将 L3 号机降功率至 600 MW，在 7 月 3 日再次将 L3 号机降功率至 600 MW。同时，

电厂采取了监测、拦截、打捞、抽吸、解体清洗热交换器和化学冲洗换热器等一系列纠正行动，机组核安全未受到实质影响。

事件后果：

本次事件中主动将 L3 号机降功率至解列 1 次，2 次短时间降功率至 600 MW，停运 CRF 泵，未对核安全造成影响。

此外，运行技术规范要求在 1 年中清洗热交换器的持续时间需累计，每台机组 4 台热交换器的预防性维修总时间（包括清洗和重新投运时间）累计不应超过 21 d/a（即 504 h/a）。

事件原因：

直接原因为笔帽螺大量暴发，穿透取水拦截网、鼓网及 SEC 海生物捕集器，进入并阻塞 RRI 热交换器，导致热交换器压差上涨。

根本原因为 SEC 海生物捕集器尺寸与 RRI 板式换热器结构设计不匹配。

促成因素为海洋环境变化导致笔帽螺暴发性增长；冷源干预预案中没有考虑到海生物暴发穿透鼓网进入下游，堵塞 RRI 热交换器的情况。

纠正行动：

1）完成大板间距的换热器研发，具备 4 台换热器现场使用条件。

2）对 SEC 海生物捕集器进行改造，提高过滤能力。

3）完成笔帽螺在 D 海域内暴发原因分析。

4）对海生物调查发现的海生物种类再次进行分析，识别出可能影响冷源的风险。

5）对其他可能影响电厂冷却水取水的海生物进行分析评估，升版风险日历。

6）完善冷源异常时机组干预预案，增加笔帽螺暴发时机组干预措施，落实到程序中。

7）完善冷源小组应急响应预案，升版小组管理程序。

8）升版海生物打捞预案，梳理禁渔期打捞作业流程及船只网具准备。

9）L 进水渠第 2 道拦截网兜改进。

10）对出现堵塞的 L1SRI201/301RF 和 L3/4CVI 板式换热器进行清洗。

(6) 事件 8：L 核电厂 2 号机组因海生物涌入取水口导致反应堆紧急停堆

事件简述：2016 年 1 月 8 日 20:00，L 一期泵站监测到 CFI 旋转滤网反冲洗水中毛虾数量较多，电厂立即启动冷源应急响应，根据冷源应急预案安排了 9 艘渔船在 L 入水口实施海生物探测打捞工作，在三电厂的泵站铺设了临时冲洗水带，并持续对泵站系统设备及旋转滤网反冲洗水中的海生物进行监控。截至 1 月 9 日 08:00，L 入水口共打捞海生物 2 500 kg。

2016 年 1 月 9 日 18:20，循环水过滤系统、L2CFI032TF 旋转滤网压差高 4 信号导致循环水泵 L2CRF002PO 停运。18:23，L2CFI031TF 旋转滤网压差高 4 信号导致循环水泵 L2CRF001PO 停运。2 台 CRF 泵停运导致凝汽器真空下降，触发汽轮机停机，同时叠加 P10 信号，反应堆紧急停堆（C8＋P10＋凝汽器真空低）。

事件后果：反应堆跳堆，操纵员使用 I1 事故处理规程控制机组，状态稳定。SEC 系统流量正常，泵及电机运行正常，电机电流正常，SEC 系统未受影响。

事件原因：

直接原因为大量海虾暴发性涌入 L 核电厂 2 号机取水口，进入鼓型滤网，并聚集在鼓型滤网内，造成鼓型滤网压差高，引发 2 台循环水泵跳闸，使得 2 号机组停机，继而因高功率下凝汽器不可用而紧急停堆。

根本原因为冷源取水设计无法应对大量小型海生物突然涌入的工况；L 核电厂取水口无应对小型海生物涌入的拦截装置，虾群大规模暴发时无法对其进行实时有效的拦截。

促成因素：1）电厂无海生物实时监测、预警装置，无法对海生物突然暴发进行实时监测及预警；2）电厂对海虾的活动习性了解掌握不足。

纠正行动：

1）完成进水渠固定小型海生物拦截装置的设计和安装。

2）固定拦截装置投运前，完成进水渠临时小型海生物拦截网的安装与投运。

3）在进水渠完成电驱赶装置的安装并开始试验性投运。

4）完成海生物固定监测装置最小系统安装并开始试验。

5）完成海生物固定监测装置安装。

6）研究包括虾群在内的海生物的习性及应对策略。

7）根据研究报告完成第一次海生物打捞预案升版。

8）根据研究报告完成第二次海生物打捞预案升版。

(7) 事件9：N核电厂3号机组因海生物涌入CFI鼓网导致反应堆紧急停堆

事件简述：2015年8月7日14:30，N核电厂3号机组循环水过滤系统N3CFIB列鼓网出现压差高4信号，导致B列循环水泵N3CRF002PO停运，机组手动降功率到800 MW。现场检查发现鼓网排污口有大量不明海生物。8月8日01:49，N3CFIA列鼓网压差快速上涨，出现压差高4信号，停运A列循环水泵N3CRF001PO。由于2台CRF泵均停运，触发汽轮机停机和冷凝器故障信号，同时叠加P10信号，导致反应堆紧急停堆（C8＋P10＋冷凝器故障），操纵员执行SOP事故程序控制机组。2015年8月9日06:40，3号机组满足运行技术规范要求后，退出SOP程序，事件结束。

本次事件出现的大量海生物是小型海地瓜，是一种生活在海底淤泥中的软体生物，其体型较小，且由于外形光滑，不容易被带到旋转滤网的顶部被冲洗出来而积聚在滤网的底部。海地瓜与以往遇见的海生物外形、体积和习性不同，临时拦污网无法拦截，引起N3CFI旋转滤网的堵塞，导致N3CRF泵的跳闸。

事件后果：反应堆跳堆，操纵员使用事故处理规程SOP控制机组，状态稳定。

事件原因：

直接原因为大量海地瓜暴发性涌入N核电厂3号机组取水口，进入鼓型滤网，并聚集在鼓型滤网内，造成鼓型滤网压差高，引发循环水泵跳闸，使得3号机组停机，继而因高功率下凝汽器不可用而紧急停堆。后续因8ASG除气器故障，造成辅助给水箱失去补水，反应堆被迫向 NS/RRA 模式后撤。

根本原因为冷源应急响应预案不完善（取水口拦污能力不足、海生物入侵造成鼓网压差高，导致 1 台 CRF 泵跳闸后未能及时有效地降负荷控制机组、主动停堆）；对双机组设计但单机组运行时的机组共用核安全辅助设施的可用性管理存在不足，风险管理不到位。

促成因素：1）对海地瓜了解不足，采取退出 3CFI 鼓网压差高 4 信号保护冷源安全不够保守；取水海域水质指标和水文指标的连续在线监测能力不足（如浊度、叶绿素浓度和潮位等指标）；2）CFI 鼓网反冲洗排污渠走向设计与鼓网轴向进水的设计思路不一致。

纠正行动：

1）完善冷源应急响应预案并增加运行控制策略。

2）在 CB 取水明渠入口处布置 2 道临时沉底型细目渔网，用于沉底型杂物或海生物的有效拦截。

3）优化现有取水口拦污设施，增加其对沉底型杂物或海生物的有效拦截。

4）修改管理程序，将影响两机组共用的核安全辅助设施可用性的缺陷提升到更高的级别对待，类似缺陷工单优先级别应至少定为 3 级，在计划里进行专门标识，作为重要工作来跟踪。

5）建设 N 核电厂取水海域水质和水文在线监测系统，以提升对取水海域水质指标和水文指标的监测能力。

6）明确鼓网压差高 4 跳 CRF 泵对 SEC 系统可用至关重要，在冷源应急响应预案中明确其功能可用。

7）优化 N 核电厂 CFI 鼓网冲洗水排水走向，将 CFI 鼓网冲洗水排至排水口或 CC 跌落井。

2.6　经验反馈

分析上述国内外冷源事件有如下特点：

1. 突发性。随着人类活动范围扩大，海洋生态一直在变化，特定海域的海生物大规模聚集迁移成因复杂，存在突发性，预测预警难度大，为防控处置带来诸多不确定性。

2. 重发性。不少电厂每年会定期暴发特定海生物，从南到北各类海生物种类多、分布范围广。在拦截防控处置、应急保障等多方面采取了多重防范手段，但依然无法避免冷源事件，如 HYH 电厂的水母、Y 核电厂的毛虾。

3. 种类多。核电厂取水海域堵塞物调查识别出大量致灾海生物，甚至出现新致灾物种，物种类别繁多，为监测防控处置带来挑战。例如新发现的致灾物种笔帽螺多次侵袭 L 核电重要厂用水系统，影响最终热阱。

4. 共模性。一个核电厂址基本共用同一个取水明渠，多机组逐步投用后，渠流速加快，卷吸效应加强，发生冷源堵塞事件风险增加，一基地 6～8 台大机组发生共模堵塞故障会影响电网安全，例如 Y 核电厂毛虾入侵事件造成多台机组停堆，广东电网运行安全受到严重挑战。

究其原因，主要有以下问题：

1. 机理认知欠缺，无法针对性应对。海洋生态环境复杂，目前对于海生物大规模聚集迁移还存在诸多未知。海洋生物致灾呈现突发性、偶发性。

2. 预警体系不健全，响应时间短。监测预警技术存在不足，无法实时监测到海生物的入侵，主控人员干预不够保守。

3. 明渠中拦截防控设施配置不全。海洋环境复杂，致灾物形态多样，多电厂明渠没有建立全断面的拦截设施，存在较大拦截漏洞，没有及时布设网兜等防止小尺寸海生物的大规模入侵。

4. 堤的设计过于简单，未消浪，不具备主动导避功能。按照现有设计标准规范设计的取水明渠，没有将一些重要要素作为设计输入，不足以应对海洋生物大规模聚集迁移进入取水系统。在特殊恶劣天气情况下，顺向而入的漂浮物易堵塞系统。

2.7 取水头部大规模海生物或杂物入侵原因分析

2.7.1 国内核电厂取水头部设计

国内滨海核电厂冷却方式均为一次直流冷却，通常以明渠方式或隧洞将海水引入系统。根据各核电厂厂址特点不同，我国核电厂的取水设计有所差异，但大多数核电厂取水设施包括取水明渠、取水构筑物、前池及相关过滤系统等，部分电厂由于离海岸较远，还设计有取水隧洞，部分电厂没有设计取水明渠。针对可能大规模堵塞的杂物，在取水流程中设置有过滤设备，包括拦污网、拦油网、粗格栅、细格栅和鼓网等设备。循环水系统前一般配置二次滤网，重要厂用水系统配备有贝类捕集器。

图 2.14～图 2.23 为国内部分核电基地的取水头部布置图。

图 2.14　T 核电站

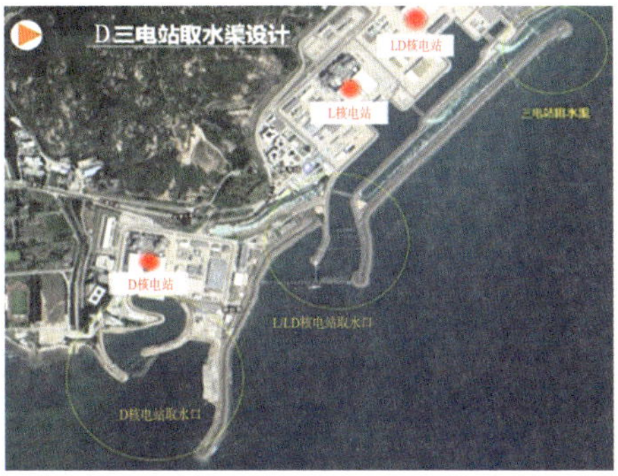

图 2.15　D 核电

图 2.16　Y 核电厂

图 2.17　F 核电厂

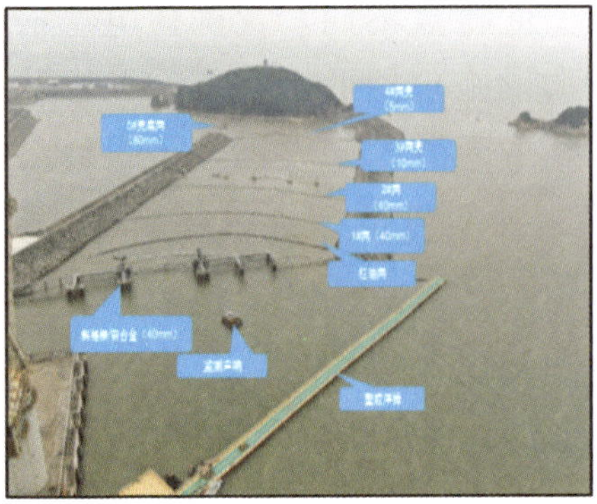

图 2.18　N 核电厂

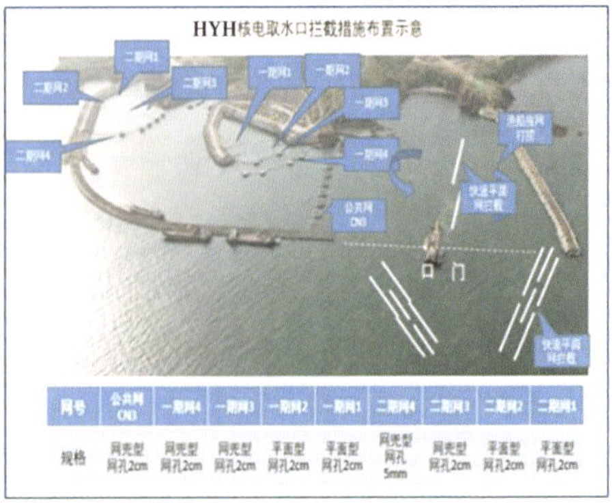

图 2.19　HYH 核电厂

图 2.20　HY 核电

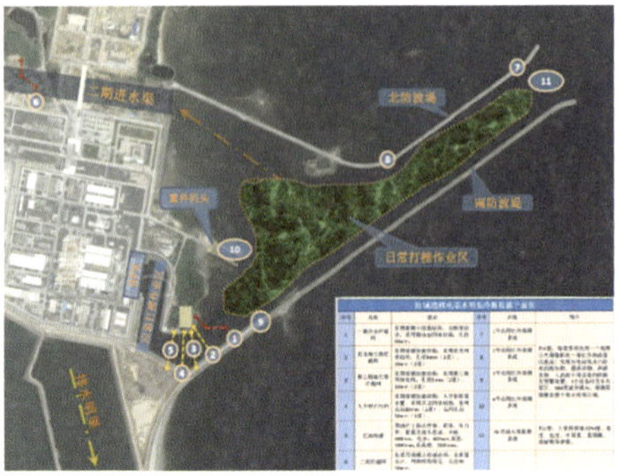

图 2.21　FC 核电厂

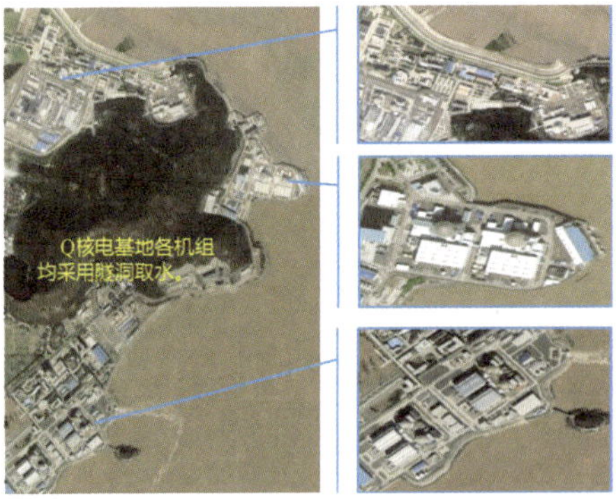

图 2.22　Q 核电

图 2.23　C 核电

从各基地核电厂取水头部的设计来看，不少电厂海堤设计简单，堤短，朝向不合理，不具备主动导避功能，取水头部卷吸效应明显，海生物或杂物入侵已成为大概率事件；多机组共用取水头部，取水口门处流速过快，六机组共模故障概率高；核电厂取水海域海洋生态变化复杂，周边养殖不可控，附近河流排放垃圾多。从现有取水头部设计和海生物入侵实例可以看出，目前 Q、D、T、C 核电厂取水设计比较合理，海生物入侵概率低，发生冷源事件风险偏低。其中的设计原理值得设计人员深入研究并应用推广。

2.7.2　核电厂冷源风险

中核与中广核所属核电厂在冷源风险方面的相关信息如表 2.6 所示。

表 2.6　中核与中广核所属核电厂在冷源风险方面的相关信息

序号	项目	中核	中广核
1	冷源异常事件数量	15	26
2	停机停堆事件/次	2	7
3	降功率事件/次	7	4
4	设计理念	缺设计边界输入，系统思维，科研先行，主动导避功能研究走在前列，取水头部偏多样化	缺设计边界输入，直线思维，大改造，拦截打捞为主，取水头部偏单一化
5	风险等级	Q、T、C 偏低	D 偏低，广核六机组电厂风险偏高，头部设计简单化，口门朝向普遍不合理，流速超标
6	改造情况	C 和 T 实施导避堤改造，效果明显	整体实施拦截打捞改造，Y 核电效果好
7	应急预案保守性	C、S 比较保守，其他电厂保守性差，存在新风险	不保守，普遍以鼓网压差信号作为干预，干预太晚
8	投入人力物力	有效，30 人左右，3～5 艘船	一个基地投入上百人、20 多艘船打捞
9	各自优势	集团支持电厂开展共性科研，由中国核电冷源小组牵头，联合工程公司冷源研究所共同开展研究，系统性梳理问题，措施针对性强，投入不多，效果好，成果多	集团整体策划推动，由冷源首席牵头，大投入，按照机械化、自动化、信息化改造，成立生产指挥中心统一调度多机组，降低冷源风险

续 表

序号	项目	中核	中广核
10	三保要求认识	保核安全、保供、保电网，核电厂普遍对保供、保电网的认识不足，尤其对停机时机把握不准，缺少明确的标准	

2.7.3 大规模海生物或杂物暴发的原因

（1）来源不明确

核电厂厂址周边海域杂物种类多样化、来源不明确是杂物聚集并发展至堵塞的重要因素。C核电一期2台机组在2015年和2016年相继投产，从机组调试至2018年运行期间发生有4次较明显的杂物冲击冷源取水系统状况。

尽管对冷源杂物的防控效果不佳有新机组缺乏运行经验的原因，但是杂物种类多样化、来源不明确是出现频繁堵塞情况的更深层次原因。电厂没有定期开展相关的杂物种类调查，即便进行过海生物调查，也调查不准确，不了解要拦截哪些海生物或杂物，需要何种规格、何种形式的拦污设施。这样即使在明渠布置有大尺寸拦污网设施，但由于针对性不足，防范效果也大打折扣。

同时，杂物除具有多样化的特点，还表现出持续变化的态势，即由于多种原因，厂址海域的杂物种类并非固定不变的，先期出现的堵塞杂物有一定的重现性，但不能排除由于环境变化或人类活动而导致未曾出现的杂物发生暴发和聚集的可能性。因此，要求核电厂在总结以往杂物堵塞事件的同时，应持续关注厂址周边物种情况，并应对其他电厂的类似事件予以充分重视和借鉴，应学会并善于参考其他电厂发生过的事件，及时对比，查找海生物或杂物发生的蛛丝马迹，切不可大意，高枕无忧。

（2）台风影响

由于现阶段国内核电厂均处在沿海位置，取水状况受台风和风暴潮等恶劣气候影响明显，主要表现为恶劣气候使电厂周边海域风力、浪涌现象明显，此时海面上漂浮杂物，以及由于卷吸效应增强，较浅海域底部存在的树枝、泥沙和贝类碎屑也搅起并叠加，从而在短时间内形成较大规模的杂物聚集情况。

在台风期间，沉积在海底的草根、树叶、生活垃圾，以及海藻、小鱼和贝壳（图 2.24）等被大风引起的海浪搅动，并在短时间内大量聚集，对电厂过滤系统形成较大的压力。

图 2.24　台风天气时进入鼓网的杂物

另外根据 D 核电台风“山竹”的经验，岸边树或大量树枝被台风吹倒后被卷吸至取水明渠，扯乱拦污网，堵塞格栅，造成极大破坏。

（3）季节变化

海洋生物（包括海生动物和海生植物等）是影响滨海电厂，尤其是沿岸核电厂取水安全的重要因素。上述国内案例统计中，至少 50% 异常事件中主要的直接堵塞物为海生物。同样，国外有关海洋堵塞物引发的核电厂冷源系统堵塞问题也大量存在，如 1981 年牡蛎碎壳堵塞破坏德国布伦瑞克核电厂 RHR 冷却器；2013 年 10 月瑞典奥斯卡核电厂因水母暴发引起的堵塞而关闭；2009 年法国 CR 核电厂 4 号机组由于大量海草入侵而丧失冷源事件等，不同程度地对核电厂安全运行产生了影响。

对核电厂取水造成较大隐患的海生物成分包括污损生物（藤壶、牡蛎、贻贝和水螅等）、浮游生物（棕囊藻、水母和毛虾等）、游泳动物、漂浮型藻类（浒苔和马尾藻等）、大型底栖动物（海地瓜、蠕虫等）等[1]，目前各电厂在建设初期均执行相关环评工作，进行了一定的海洋生物和生态调查，初步明确了取水海域存在物种类别和生长特性。

相关调查结果显示，海生物的分布和生长与季节变化相关性明显。如C核电生物月历显示（图2.25），其周边海域藻类在每年2月左右为生长茂盛期，在4—8月则为双生水母的暴发期，而其分别在2016年和2018年出现的2次堵塞事件中，海藻均为主要杂物。另外在运行期间还曾有水母大量出现的情况（未造成停机停堆）。D核电站较早地通过海洋生态调查建立了周边海域海生物月历（图2.26），并查明和确认了毛虾类生物在每年11—2月期间较为活跃，实际机组运行中在历年的该时段也多次拦截到大量的毛虾，从而印证了海生物调查的结果，表明进行定期生物调查的必要性。

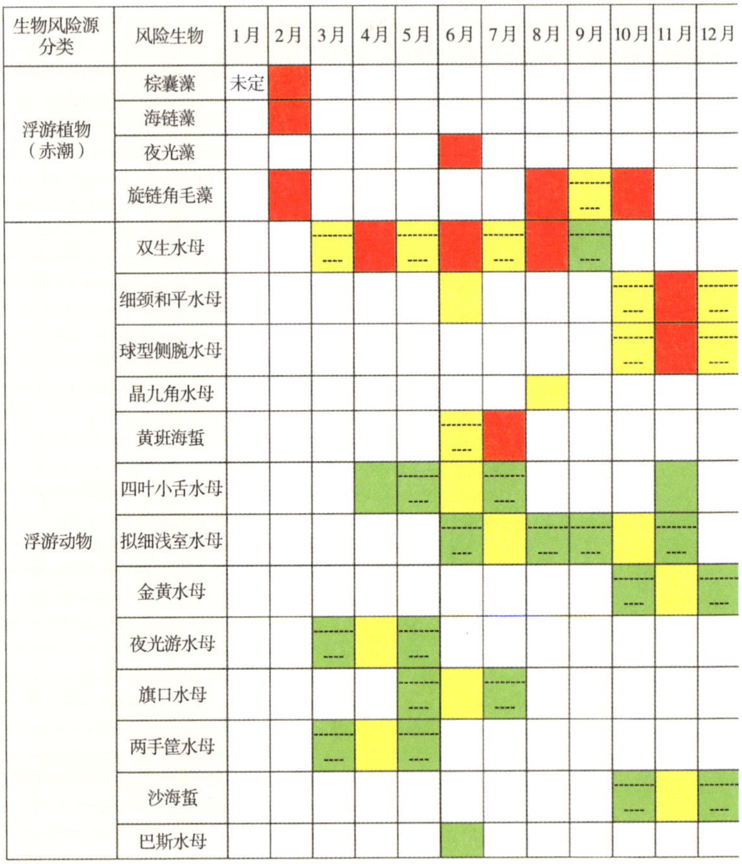

图2.25　C核电生物月历

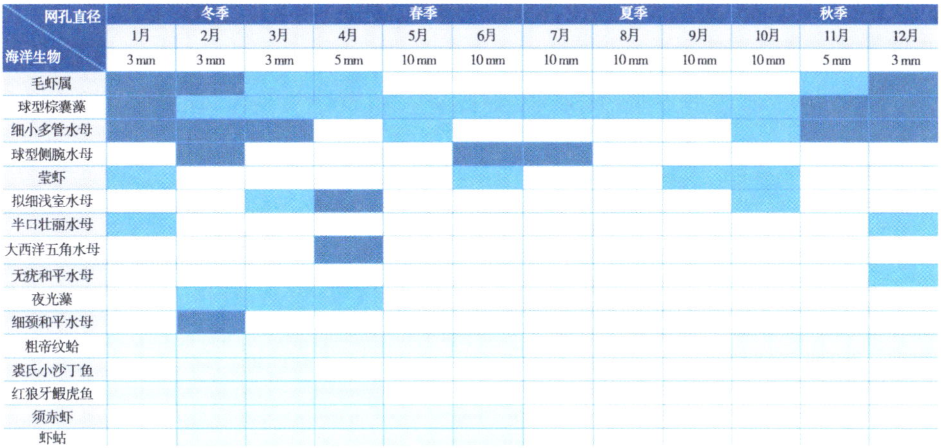

图 2.26　D 核电海生物月历

C 核电海域内，每年 2—5 月是藻类繁殖季节，不仅是昌江县海域，整个海南海域内都是此类海藻，机组长期运行显示，一旦风向偏北，风力大于 5 级，风浪大于 2 m，则可能会在电厂取水系统中产生聚集影响。藻类主要为马尾藻，为热带及温带沿海常见的大型褐藻，多数种类生长于低潮带以下，一般高 1 m 以上，最高可达 10 m，自带气囊，可以悬浮在水中，其繁殖时间与海域的温度、潮流、水流交换有关。当取水海域食草性鱼类被过度捕捞或出现过度营养化趋势后，以石珊瑚群落为主的健康珊瑚礁会逐渐被大型藻类所代替，即表现为大型海藻在珊瑚区的覆盖面积呈增长趋势，这一现象在珊瑚礁退化严重的礁区尤为明显。在低潮带至大干潮线下 10 余米深处的珊瑚礁和岩石上，水温一般低于 28 ℃，也有利于大型藻类的繁殖。另外，调查结果显示，C 核电取水海域还发现有另一种藻类——匍枝马尾藻在取水口附近的岩石上有分布。

季节变化影响核电厂周边海域海生物的产生和聚集也得到了相关研究[2]的证实：浮游动物群落结构与季节变化及水文、化学等其他环境因子密切相关。二者的关联分析显示，温度和盐度是影响浮游动物群落结构最重要的环境因子，季节不同，海水温度及盐度不同。如春季，水温的回升促进浮游动、植物的生长繁殖，浮游动物种类回升，而秋季，随着水温下降，沿岸陆源径流逐渐减少，水体营养盐浓度下降，浮游植物的生长代谢速率降低，影响浮游动物的摄食和生长繁殖等，即季节变化使得海水中叶绿素 a、水温、盐度、硝酸盐、亚硝酸盐、氨氮、磷酸盐、硅酸盐、溶解氧和 pH 等指标发生变化，导致海水中营养物质含量也发生改变，海生物食物和营养盐等成分也相应变化，从而影响到海生物的聚集规模。

（4）人类活动影响

C 核电投产初期，鼓网打捞上来的堵塞物主要为生活垃圾，以塑料袋等生活用品为主。取水明渠附近有一条珠碧江，如图 2.27 所示，沿江、沿海及海上养殖生活的居民随意地向河流、大海倾倒生活垃圾，在海岸线附近，一条宽阔的垃圾群随着潮流到取水头部时被卷吸进明渠，反冲洗打捞的生活垃圾如图 2.28 所示。

核电厂建设和后续长期运营过程中，也会对周边海域的地质、水文及海生物生长形成一定的影响。

电厂周边人类社会活动也间接对电厂取水安全形成了一定影响。如因钱塘江上游水库放水，导致大量垃圾等杂物进入 Q 核电厂取水口；T 核电站取水口中出现的麦秸秆也是周边农业生产的废弃杂物；C 核电 2016 年的冷源异常事件中，堵塞物中也包含大量的废旧塑料、树叶和人类生活垃圾等。

图 2.27　核电厂取水口上游珠碧江

图 2.28　反冲洗打捞的生活垃圾

2019 年进行的 Z 厂址（包括漳浦县、云霄县和东山县）海生物及海洋生态调查显示，厂址周边有漳江口和杜浔溪等主要入海河口区、泥滩、牡蛎条石养殖区、红树林和互花米草分布区、海上筏式养殖区、码头、岩石滩等不同类型区域（图 2.29 右侧遥感图中红色区域），除此之外，调查还发现电厂周边随处可见的大量的凋落物、树枝和秸秆，以及滩涂上大量分布的大型藻类和岸边的养殖泡沫等漂浮性垃圾等，都将可能成为杂物的产生根源。

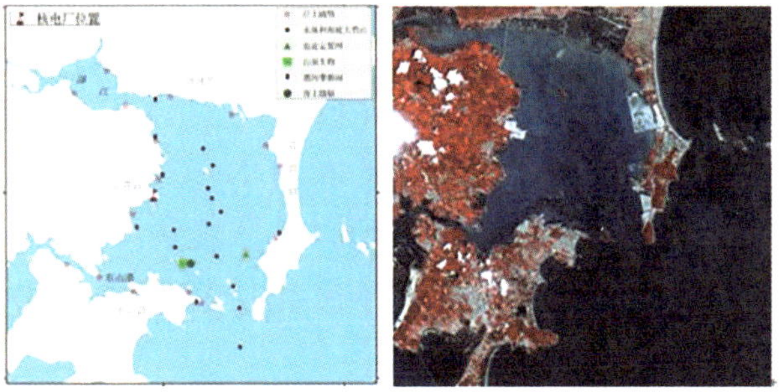

图 2.29　Z 核电平面位置图及同比例卫星遥感影像

复杂的周边环境将造就类型多样的可能堵塞杂物。首先，威胁最大的是海上的筏式养殖平台及构成浮力主体的聚苯乙烯泡沫浮子（EPS）。根据海上观测及对当地渔民和养殖户的调访，台风和风暴潮经常袭扰东山湾，对当地的养殖业造成较大影响，风暴潮过后，海面上四处飘散的硬筏式养殖平台和聚苯乙烯泡沫浮子随处可见，即使没有发生风暴潮，遭弃用的养殖平台和废旧的浮子也四处可见；其次是湾顶和漳江的生活垃圾、互花米草秸秆、红树林凋落物等；最后是环东山湾内滩涂上的大型绿藻，以及湾口岛礁和暗礁上的马尾藻等水生植物。

综上，取水头部杂物的出现和聚集与多方面因素有关，有自然变迁原因，也有人为因素，核电厂应予以充分并持续的关注。

2.7.4　大规模海生物及杂物入侵冷源系统原因

杂物大规模聚集后，是否能够进入取水区，与杂物本身具备的主动运动能力（如自游生物），以及取水防护设施的拦截功能有直接关系。相比较而言，后者更为关键，因为即使杂物有一定主动运动能力，如果防护设施设计完善、功能正常，也不会有大量杂物进入取水区；相反，如果防护设施拦截能力有欠缺，则无论是何种杂物，只要能在取水口附近聚集，都可能会进入而堵塞过滤系统。

统计国内外取水区杂物冷源取水异常事件里，形成堵塞的杂物类别中，具备主动运动能力的多为鱼类，即自游生物，主要指能够自由游泳的生物，包括鱼类、龟鳖类，以及鲸、海豚和海豹等在水中生活的哺乳类。

自游生物进入取水区主要为在合适的水温和季节，鱼类洄游或迁移等情况时游经核电厂明渠口门而进入取水系统，即形成堵塞隐患主要与其自身行为有关，由于其有一定的游泳能力和速度，受海流影响较小，对其防范主要依赖于可靠的导流和拦截装置，或者采取声、光等驱离装置进行驱离。

形成堵塞的更多的是那些自游能力差的杂物，主要为浮游生物、泥沙、贝类碎屑及海漂垃圾等，它们是冷源系统正常运行主要的防范对象。

（1）缺乏监测和预警

梳理多个核电厂出现的杂物堵塞取水口事件，可以看出，对杂物处理的“主战场”均在取水系统内部，包括明渠及泵房区域，直至最终表现为鼓网堵塞、差压高和循泵跳闸，而在前期对杂物的监测和跟踪则涉及较少。究其原因，主要在于现阶段核电厂普遍缺乏系统全面的海生物和杂物的监测和预警系统及管理机制，也就是电厂在早期没有对海生物和杂物出现的可能性和发展趋势作出观察和预判，从而无法实施主动的控制措施，也使得留给运维人员的响应时间极短，受到冲击负荷的影响，鼓网不堪重负，短时间压差就达到高 4 触发停泵，导致停机停堆。

总体上，目前中核电厂在冷源杂物监测和预警系统方面的投入和重视程度正在提高，中广核电厂使用了声呐、摄像等监视装置，各装置相互支持和协作而组成体系化的监测系统，融合其他手段和信息数据形成有实效的预警机制。

相比较，国外核电厂对冷源出现杂物的异常事件和对杂物的防控研究开展较早。内容上看，国外电厂所做的主要工作集中在监测和预防方面，包括利用多种方法和技术手段获取杂物种类、漂移路径，以及寻找和监测与杂物聚集、暴发相关的气象、水文等因素，但是由于核电厂厂址所处海域的多样性和杂物影响因素的复杂性，系统性的包括监测和预警功能的体系也未广泛建立和应用。

因此，取水头部杂物监测和预警环节工作缺失将给冷源风险管控带来困难，使得在对杂物的防控工作中更多的是进行被动防御，这也是杂物大规模出现后，电厂响应极易进入机组瞬态的重要原因。

（2）导流明渠设计存在缺陷

1）防波堤的导流作用不佳

杂物，尤其是浮游动植物和海漂垃圾，基本没有主动的游泳移动能力，其能够形成大规模聚集态势，主要受厂址海域的风向、浪向及潮流作用。核电厂如没有进行厂址附近海域流场分布相关专题研究，则对于杂物的漂浮路径将无从知晓，加之受制于海面气象和水文条件的多变，核电厂对于杂物是否能够进入取水区、何时进入取水区，以及进入的杂物数量更是无法判断，这样就必然会出现杂物处理的被动局面。

C 核电已经实施的海工优化工程项目目的是消除波浪对杂物进入明渠的推动作用，并且改善取水口门拦截网的防护效果。为了实现预期的设计目的，优化工程项目进行初期，在防波堤的布置型式确定时，结合拦污网物理模型试验进行了取水海域流场分布的数值模拟，图 2.30 是 C 核电取水口区域流场模拟结果。

通过流场分布模拟研究，核电厂筛选并确定了对明渠口门消浪和防护效果较好的最终方案，试验还为电厂增大了了解和预估漂浮杂物移动路径（图中紫色线条），以及不同海流和潮汐作用下扩散情况的概率，也验证了优化工程的可靠性，并且有助于电厂在杂物出现时能够对其到达取水口的时间有所把握。

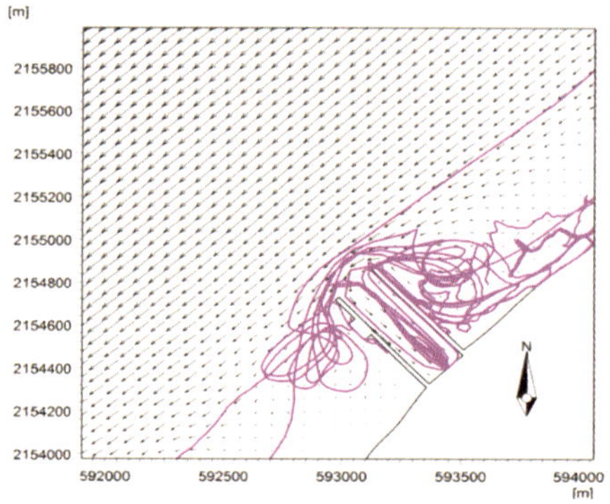

（a）现状

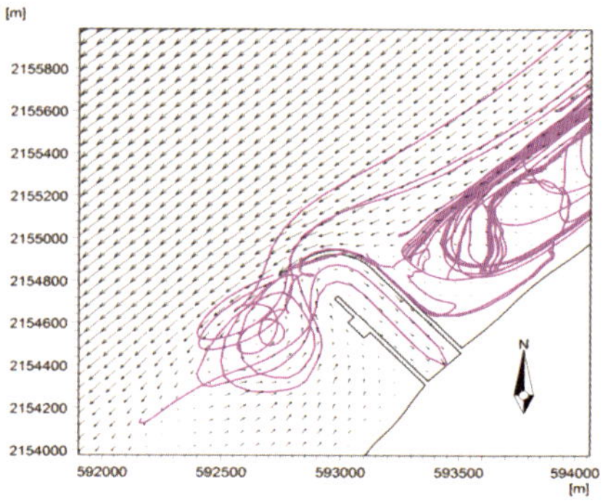

（b）方案一

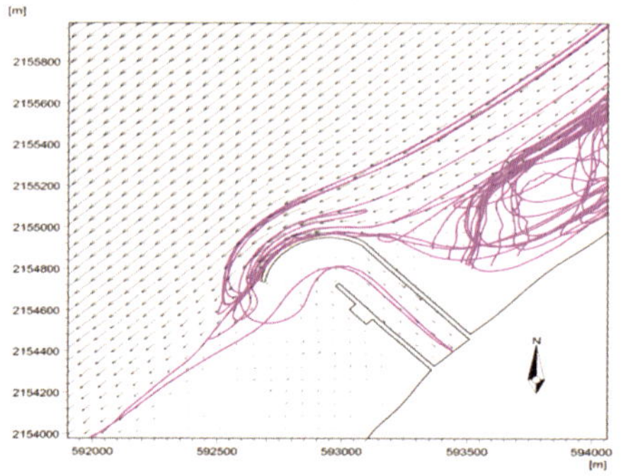

（c）方案四

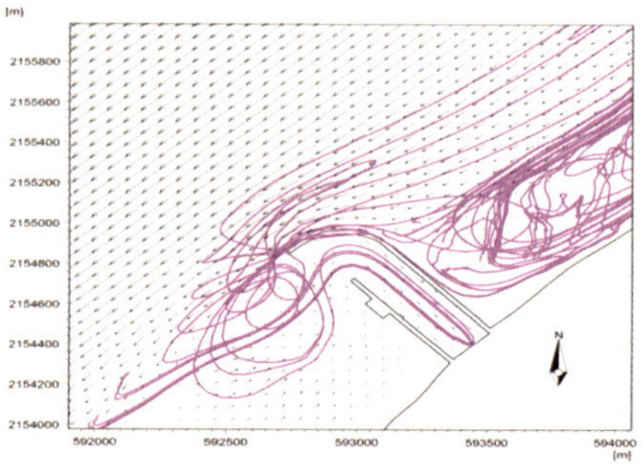

（d）方案五

图 2.30　C 核电海工优化进行的流场模拟

厂址海域流场分布研究是一项基础性的工作，多由海洋或水利相关的科研院所进行，由于其直接关系杂物的后续聚集状况，核电厂对该项工作应予以重视。随电厂运行时间延长及周边人类活动的增多，漂浮物在移动和扩散路径上还有可能发生变化，因此该项工作的进行还是一个长期和积累的过程。

2）明渠取水流速偏大

取水口的流速设计偏大也会导致大量海漂垃圾和浮游生物（如水母、小虾等）的进入。核电厂取水区相关设计规范[3]指出“当漂浮物较多时，取水口门平均水位（潮位）进口流速宜小于该区域的天然流速，但不宜小于 0.2 m/s”。

实际上，对于海漂垃圾和藻类，只要没有反方向潮流或风向，其如果能够到达取水口门处，大概率是随水流进入明渠的。而浮游生物一般个体都很小，游泳能力微弱，运动状态也基本接近于海漂垃圾和藻类等的随波逐流，当其漂浮至取水口门附近时，一般也会进入明渠。

另外，如水流速度超过 0.2 m/s 较多，遇较大风浪时，较浅的取水口门容易出现波浪破碎带，对海水中的悬浮砂粒及贝类碎屑卷吸作用增强，海底部分杂物将被卷起并随水流进入取水系统。

因此，取水区的水流速度设计需根据厂址海域的气象和水文条件合理选择，并应通过相关的水力试验进行验证，以避免出现流速偏差而促进杂物的进入。国内不少核电厂取水明渠口门处的流速已经超过 0.4 m/s，明渠内部的流速超过 0.7 m/s，在附近海域一旦出现海生物暴发时，海生物将不可避免被水流带入明渠，危及机组安全。

3）取水构筑物形式简化

滨海核电厂为保证可靠、稳定取水，在设计规范[3]中明确“应避开波浪破碎带，特别是砂质海岸，防止底砂掀起进入取水口”“取水口应朝向波浪较小的一侧，必要时可设置防浪及防底砂进入取水口措施；进水前池水位波动幅度在 100 年一遇高潮位，100 年一遇的波浪作用下，泵房前池的有效波高不宜超过 0.5 m”等原则。

在实际设计中，有部分电厂的取水构筑物布置考虑不足，未能完全实现设计初衷。如 C 核电的取水构筑物布置，由于多种原因，其取水明渠采用了直堤方式，且口门处的水深也较浅，约−5 m，这样在海水引进明渠过程中，由于风浪作用，在口门附近区域形成了波浪破碎带，导致大量底部泥沙及贝类碎屑被卷吸，同时叠加风浪对海漂垃圾的裹挟，使得大量杂物进入取水系统。究其原因，是设计时认为经过明渠后较长的隧道流程，厂区内泵房前池的波高能够满足规范的“0.5 m”要求，但是却忽略了取水前段波浪促进杂物进入的环节，因此对构筑物的设计和布置的规范要求应深入理解和消化。

同样，D 核电站与 L、LD 核电厂也存在类似问题。两个核电基地相毗邻（图 2.31）并处于同一取水海域，但是取水明渠的布置有所不同：D 核电站 1、2 号机组取水流程相对曲折，而 L 核电厂 4 台机组共用的取水口门相对开阔。这样二者防浪堤对明渠内部的掩护效果就有了差异，这一点从2018年台风“山竹”过后两个电厂受损表现可以明显看出。

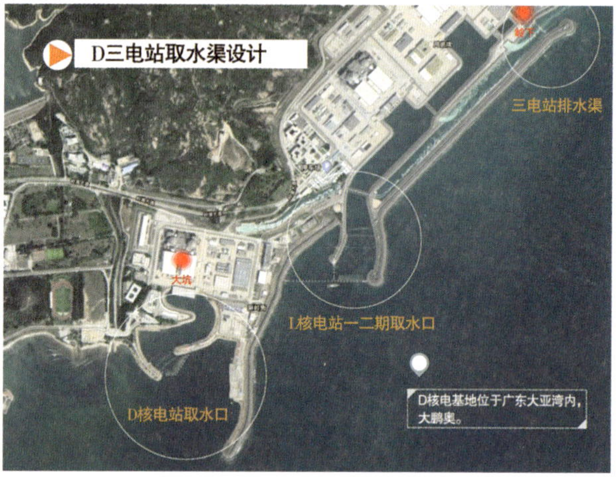

图2.31　D核电站与L、LD核电厂取水头部

D核电受损状况：取水明渠桩基式平面网、网兜有一定程度的损坏，拦污网浮筒部分倾翻，1道围油栏断裂，取水明渠清理廊道部分损坏。

L、LD核电受损状况：取水明渠桩基式拦污网大量破损、网兜式拦污网全部破损，基本失去拦截功能，桩基式拦污网桩基网桥损坏严重、进水明渠围油栏断裂；粗格栅前均有较多树枝等异物，部分异物卡在粗格栅中间难以取出，L核电厂2号机组A列格栅除污机、LD核电厂2号机组B列格栅除污机台风天气出现卡涩现象。此外，LD核电厂1号机组CTE系统1台整流器出现淋湿故障停运情况。

因此，作为核电厂取水系统阻止杂物入侵的最重要防护和疏导设施，取水构筑物设计形式和布置方式应尤为慎重地选择，简单的直流取水无法满足取水安全。必须考虑消浪、导流功能，结合当地的潮流和主风向，合理设计明渠的朝向、堤的弧度和长度。在满足相关设计规范的同时，为达到良好和可靠的杂物防控效果，应考虑附加进行波浪和拦污网装置的物理模型试验等相关专题研究，以全面考虑防波堤的消浪和杂物阻拦功能，切实提高防波堤的防护能力。

4）拦截不力

核电厂冷源系统杂物聚集并涌入，导致泵房水泵取水水位过低、水量不足而跳闸，最为直接的原因为鼓网上附着大量杂物使得差压增大，而这正说明取水流程前段的各级拦污网和粗、细格栅执行拦截功能不完备，未有效将杂物在前端流程进行拦截。

粗格栅栅条间距较大，其布置目的是防止大尺寸杂物进入流道、冲撞相关设备，故承担杂物拦截功能的主要设施是各级拦污网和细格栅。

明渠内拦污网拦截不力的主要原因在于以下方面：

① 布置型式不正确

根据现场应用情况，对于首道拦污网而言，影响拦截效果的布置型式主要指拦污网的基础构架及网面的展开方式两方面，前者指拦污网整体安装和固定方式，常见的有桩基式和浮筒式，后者也有 2 种方式，分别为人字型和一字型。应用数据显示，桩基式拦污网结构强度远高于浮筒式，而人字型则在拦污网清理方面优于一字型拦污网。

由于拦污网，尤其是首道拦污网承受的是“无删减”的杂物冲击，实际使用中，不乏出现由于首道拦污网结构选型不当而失效，导致大量杂物进入明渠的情况，如 C 核电原取水明渠在口门处布置浮筒式拦污网，由于风浪直接冲击，浮筒频繁被打翻（图 2.32），而这也正是 C 核电历次冷源系统杂物入侵导致堵塞事件的主要原因。

图 2.32　C 核电首道浮筒式拦污网被风浪冲击损坏

② 强度不足

可靠的强度是拦污网执行拦截功能的首要条件。对于取水流程的首道拦污网来说，强度尤为重要。

一般首道拦污网多为平面网形式，由于其布置于取水口门处，直接面对风浪冲击，加之在浪涌作用下与锚固墩台及护堤石块或边坡长期摩擦，无论是悬挂网面的主缆还是牵引、固定的拉索，都应有足够的强度和耐磨性。另外，目前首道拦污网多采用“一级网格挂装二级网片”形式，网绳和网片多后期绑扎固定，这就要求二级网片也应具有足够的强度。C 核电首道浮筒式拦污网被风浪冲击损坏中，虽然主要原因是拦污网的基础型式选择不当，但网片或绳索的损坏也是拦污网不能对杂物进行可靠拦截的一个原因。

③ 材质较差

拦污网使用中多发由于钢缆或网绳、网片材质较差而损坏的情况，这是也是杂物入侵明渠的常见原因。

相比较，钢缆（包括主缆及牵引等副缆）的使用寿命较长，选用较好材质钢缆，并正确执行防腐保护措施后，钢缆损坏案例较少。

拦污网一级网绳及二级网片的损坏较为常见，这是由于拦污网本体和网绳直接接触海水，还承受杂物冲击和摩擦，加之长期处于日照、高盐等恶劣环境条件，使用寿命将大大缩短，并且海生物附着较为严重，容易割伤网片。如采用普通尼龙材质，几个月就会有线绳断裂的情况。2018 年 4 月 7 日海藻大暴发入侵冷源系统，新增的第二道拦污尼龙网实际由于长期附着海生物，破损较严重，无法有效进行拦截，导致海藻直接涌入鼓网。

④ 多道网布置策略考虑不足

目前，在明渠中设置多道拦污网进行杂物拦截是国内核电厂普遍采用的方式，但是最终还是有大量的杂物形成堵塞，说明单纯地依靠多道网布置，而没有形成有计划的阶梯和差异化过滤策略，将无法实现对杂物的有效拦截。

一方面，各级拦污网网孔没有形成良好的阶梯分布。在拦污网的设计中，重要的一个参数是阻塞率，其代表拦污网拦截杂物后网孔的面积与网的总平面积的比值。由于既要考虑拦污网能够提供足够的过水流量，又要兼顾拦截杂物后不能形成拦污网两侧过大的压差（过大的压差会使拦污网受力负荷接近或超过绳索破断临界值，存在网片破损或网绳断裂的风险）。因此，设计时一般将阻塞率控制在 70%以下，即不要求某一道拦污网拦截所有的杂物，这是拦污网的安全保证措施，但这样必然会有某种尺寸的杂物不被拦截而通过拦污网。因此，各级拦污网就应采用不同的网孔尺寸，以便对不同杂物实施拦截。目前核电厂普遍的网孔基本为 50 mm×50 mm 或 30 mm×30 mm 等几种规格，实际上，由于各电厂地理位置不同，杂物种类及尺寸也会有所差别，常规的网孔规格是不能适应所有厂址的杂物拦截需求的，需要结合厂址的杂物特点合理配置拦污网的网孔尺寸。

另一方面，对于网体型式，现阶段用于现场的有平面式和网兜式，其中平面网由于前述的过水流量和压差方面原因，应用中逐渐显现出易堵塞、难清理等的不足。实际上，与首道拦污网不同，由于第二道或更靠后位置的拦污网在强度方面可以相对降低，故可以考虑其他更有效的型式，如采用高分子材质的网兜式拦污网，该型式拦污网既可以有效阻拦杂物，提高拦截量，还可以保证拦截杂物的同时能够提供充足的过水面积，极具推广价值。该材质的网采用特殊涂层，不容易附着海生物，强度较高，使用寿命长，唯一的缺点就是价格昂贵。

2.7.5　应对策略

（1）定期开展海生物及杂物调查

1）必要性

冷源杂物调查研究的目的在于了解冷源堵塞物的种类组成、数量分布及其时空变化，梳理出潜在的冷源堵塞物名录和风险等级目录，编制取水口冷源杂物风险月历和风险防控表，提出具有针对性的、前瞻性的杂物应对措施，探索经济、高效、环保的杂物治理方案，为核电厂取水口和冷源系统的杂物防治提供科学依据，健全核电冷源系统取水安全预警监测体系，为长效预警机制的建立提供基础数据，为后续冷源风险性杂物预警、应急处置和冷源管理决策等提供可靠技术支持。

通过冷源海生物及杂物调查和研究，可以明确厂址周边可能形成堵塞的目标物，这是防止取水系统出现堵塞情况的有效方法，也是合理配置拦截装置、实现有效拦截的重要前提，但长期以来，该项工作并未引起核电厂的足够重视，主要原因是电厂认为在项目筹建中已经进行了“环评”工作，在运行期间再进行调查和评价意义不大。实际上，从前面案例中杂物的种类丰富及运行时间推移可以看出，形成堵塞的物种并不是一成不变的，包括种类、形态及数量等都是随着环境生态变化和人类社会活动在不断发展和变化的，如 C 核电取水区防波堤建造仅 5 年左右就发生了地形变化，以及历次杂物种类不同等，因此，要及时进行取水周边海域杂物（如生态环境和海生物）调查，了解和把握取水口附近的杂物类型，为做到有效防控奠定扎实的基础。

2）调查要素

调查要素包括漂浮型堵塞物、浮游型堵塞物、游动型堵塞物、附着型堵塞物和潜在堵塞物，主要包括海冰、海漂垃圾、浮游植物（如赤潮生物、棕囊藻等）、浮游动物（如水母、毛虾和糠虾等）、大型海藻（如马尾藻、松藻、浒苔和石莼等）、大型底栖动物（如大型海藻、海地瓜、星虫、螠虫）、污损生物（如藤壶、牡蛎、贻贝、苔藓虫和水螅虫等）和鱼类。

3）周期与频次

冷源杂物外业调查和研究如图 2.33 所示。项目调查周期一般为 1～2 年，其中遥感观测 1 次；岸上和海上踏勘 1～2 次；综合调访 1～2 次；污损生物调查每月调查 1 次，调查周期 1～2 年；潮间带调查、海底大面站和水体大面站不少于 6 航次，调查周期 1～2 年；渔业调访 4～6 次；风暴潮和暴发期跟踪监测 1～2 次。

对于拦污网设施完备的核电厂，开展长期定点跟踪监测，每周或每月收集 1 次冷源杂物样品。若条件允许（如停机检修等），可进行隧洞或泵房内污损生物原位取样，每次进行 1 次污损生物原位调查。

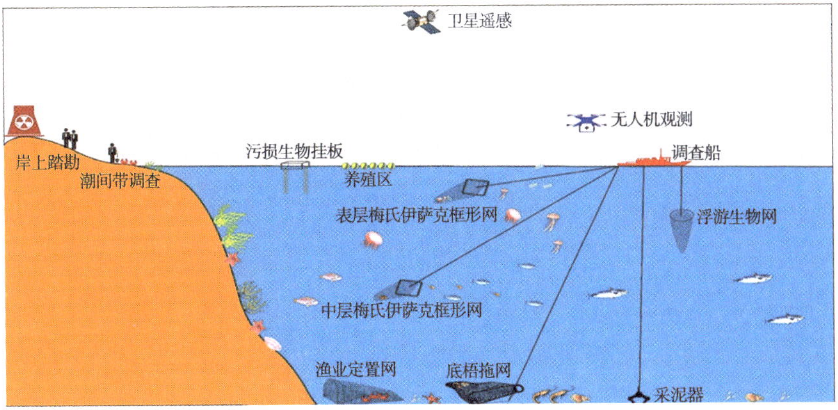

图 2.33　冷源杂物外业调查和研究示意图

现在，已有部分电厂，如 D 核电站、C 核电等均进行了运行期间的海生物调查（该方法不同于堵塞海生物调查），建立了海生物生长月历，并有针对性地按其生长和暴发规律配置拦污网设施和运行管理措施，取得了较好的防范效果，Z 核电厂的相关工作也在进行中。鉴于堵塞物调查是一项较为复杂的工作，经济投入较大并且执行时段较长（完整的周期至少应有 12 个月），因此，电厂对该项工作应该根据自身厂址条件摸索合理的调查周期和频次，毕竟生态环境的变化是需要一定时间的，不必在短时期内（如 1～2 年的时间间隔）频繁进行调查工作，这样既能最大限度减少调查的工作量和投入，也兼顾了对堵塞物类别的及时了解。

（2）配置预警监测系统及定期检查

1）配置预警监测系统

① 实施目的

核电厂取水区杂物除种类多变外，其出现并形成大规模的聚集还表现出过程短、暴发急的特点。通常电厂在发现鼓网压差较大时，杂物已经大规模存在于取水流道或泵房区域，此时再采取应对措施，往往面对的是杂物打捞不及、拦截设备过负荷和泵组取水困难甚至跳闸的艰难局面。因此建立有效的杂物监测系统，在其出现早期及时发现，为运行人员准备和应对预留足够的响应时间，则成为有效防控杂物各项措施的重中之重。

② 应用案例

C 核电在多次承受杂物堵塞事件后，在 2018 年开始着手策划海工监测和预警系统的建立。在经过广泛调研后，根据取水口地理结构和取水构筑物特点，针对杂物建立了全方位立体监测网络。

监测和预警系统由水面监测、水下监测、水质监测、气象监测及卫星遥感等组成，并逐步融合厂址内外多源监测信息（记录、遥感、气象和水文等）建立海洋致灾物数据库，设计具备多种功能（如实时采集入库、查询、显示、分析、预警预报和实时监控等）的系统软件平台（图 2.34），最终构建成为智能化预测模型和决策支持体系。

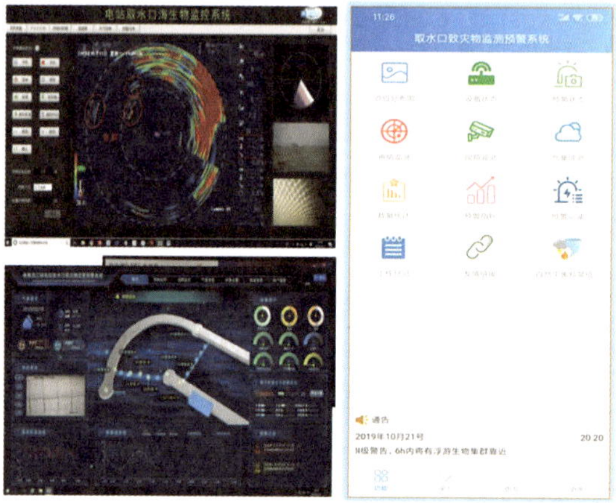

图 2.34　C 核电海工监测和预警平台

水面监测系统分别采用 1 台双光谱摄像机（1 号摄像机）、2 台远程高清摄像机（2 号、3 号摄像机）和 2 台中程高清摄像机（4 号、5 号声呐），可以通过无人值守自动巡航模式实现挡浪堤外延约 2 km 范围内海域、取水明渠海域及拦污设施的实时监视；其中双光谱摄像机还可以应对零光照、浓雾等突发气象情况。

水下监测系统使用 3 台宽频数字扫描声呐，其中 2 台声呐（1 号、3 号声呐）朝向取水口外海，以确保取水口附近 300 m 范围水体全垂直断面得到实时监测，同时 2 台声呐可实现探测信息的交叉确认，提高探测精度；另外 1 台声呐（2 号声呐）朝向取水口明渠内侧，确认水下是否有集群异物进入明渠内部。

目前，电厂运行人员已经可以通过手机 App（图 2.34 右）实时监测取水口水面状态和拦污设施状态，初步具备了水面监测能力；海面状态、明渠状态、拦污设施状态、PX 泵房状态的人工巡检信息也已经实现手机 App 录入，并形成自动报表；气象信息等环境数据已接入手机 App，可以实现环境数据的实时读取和统计。后续，将根据现场监测设备进行预警体系完善，实现取水口全天候立体监测。海洋气象预报、海洋卫星遥感预报、机组状态信息也将陆续加入系统，配合电厂冷源应急预案，为电厂预警提供全方面信息数据。

2）定期检查

杂物由于种类不同，其出现和聚集也是需要一个过程的，对于泥沙、细小贝类等杂物，由于其密度较海水略大，在随波迁移过程中会有所沉积，当遇有较大风浪时可能会被海水卷吸和携带而进入明渠。C 核电在 2015 年机组商运前期进行了明渠淤积状况测量，如图 2.35 所示，结果显示从明渠建成至机组运行前的 4、5 年期间，虽然尚未正式大量用水，但是明渠中已经有了明显的淤积情况。

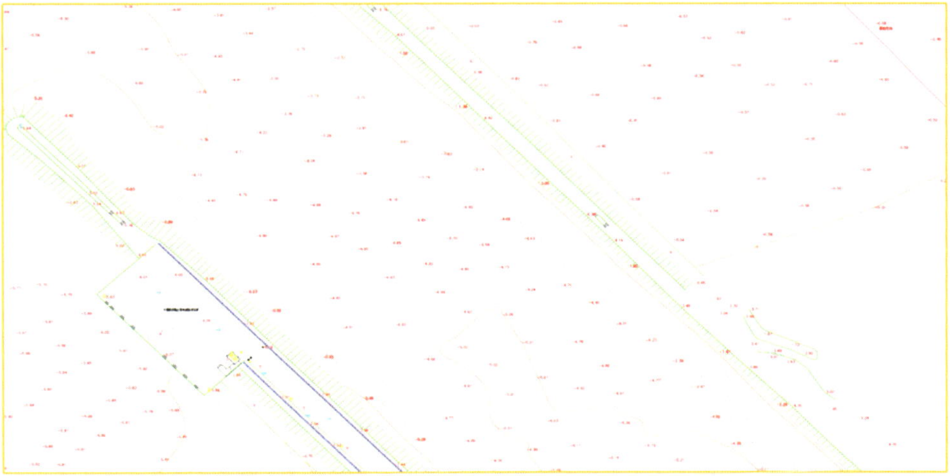

图 2.35　C 核电 2015 年机组商运前明渠淤积测量

相应的，在 C 核电 2016 年 10 月出现的杂物堵塞事件中，也确实发现有大量的泥沙、贝屑等杂质（虽然贝类主要在隧洞中生长和聚集，但是其在细小状态时进入取水流程则是与海水的裹挟相关的）。同样，Q核电由于河水入海的缘故，更是长期受到泥沙杂质的侵袭，还有N核电出现的海地瓜，也是贝类杂质持续进入影响的结果。

因此，尽管明渠设计时一般会控制取水的流速值，以尽量减少贝类等硬质杂物的进入，但是核电厂仍需结合自身厂址情况，关注取水明渠在运行后的硬质颗粒杂物的淤积状况，并定期开展测淤工作，以便能够进行硬质颗粒杂物的量值趋势分析，通过定期清淤措施尽量消除泥沙、贝类等杂物聚集的情况。

（3）优化系统设计

1）防波堤设计输入

核电厂取水设施中，防波堤的作用不言而喻，其作为杂物防护的首道和重要屏障，执行着阻拦和疏导的双重功能。

但是，由于我国核电技术起步较晚，以及核电运营的经验不足，对参考电厂在防波堤的设计方面的全面、深入消化和理解还有差距，在防波堤的疏导功能方面还需要进一步的优化和完善。如前所述的D核电站与L电厂的取水口布置差异，带来了其在应对恶劣气象条件时的不同结果，又如C核电取水口最初的环抱式防波堤设计变化为直堤式布置，而导致杂物进入频繁，被迫进行海工优化工程（图2.36）等，这些情况都说明了国内核电厂在取水明渠防波堤设计方面尚有不足。

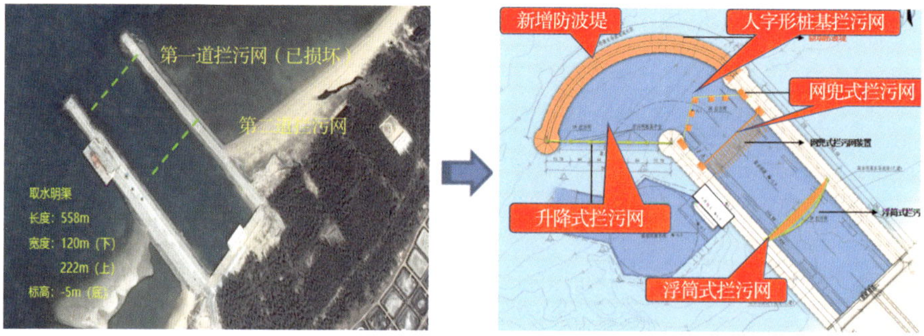

图2.36　C核电明渠防波堤进行优化

取水明渠防波堤设计除满足现行《核电厂水工设计规范》的通常要求外，还需要关注可能致灾海生物的习性研究，总结关键致灾海生物与水动力条件的响应关系，建立基于水动力条件的海生物示踪粒子模型，结合当地的水动力条件［如取水水动力条件、洋流运动及可能相关的气象要素（风速、风向等）条件等］，研究海生物聚集和入侵取水系统的水动力机制，积极探索新形式的构筑物布置和断面形状，提升防波堤的杂物防护效果。

2）取水流速设置

取水流速是关系到海面漂浮物及浮游生物是否能够顺畅进入明渠的重要指标，合理的流速可以减少漂浮和浮游杂物进入取水系统，其设计过程宜考虑以下方面：

① 避免形成强烈的卷吸效应

明渠水流速度取决于电厂冷却用水量及取水区的断面布置，即两者的比值。考虑海水流动损失及各级过滤装置和流道处等的局部损失后，该值设计宜较小，而将电厂联合泵房中循环水泵和重要厂用水泵入口采用低位布置，也正是配合水流速设计，以便海水在位差下自流或在较小的水泵抽吸作用下就可以进入取水流道。这样，无主动运动能力的海漂杂物和浮游生物可以尽量少地被吸进入明渠，或希望其处于取水口位置时，还可能在反向的风、浪或海流作用下远离取水口，从而控制杂物的进入总量。

② 考虑多机组共用明渠的流速变化

我国核电在选址后，一般规划 4 台机组或更多，但是由于审批流程及电力发展的不确定性等原因，加之核电建设周期较长，至少约 5 年以上，多年后实际建设的机组数量和容量可能都与规划有所出入，机组的数量和容量变化将直接导致所共用明渠中的取水流速变化，流速变大时则可能导致对杂物的抽吸作用明显。因此，取水流速设计的科学性就尤为重要。

C 核电最初规划为 4 台压水堆机组，一次规划分期建设，其中一期建设 2 台 650 MW 机组，截至 2024 年，一期工程刚投运 8 年左右，而二期项目已改型为 2 台华龙百万机组，另外还有小型堆示范工程同期建设，这样将来现有明渠的取水需供给 5 台机组，水流速度将不可避免地发生变化，如表 2.7 所示。

表 2.7　C 核电明渠取水流速状况

单位：m/s

机组数量＼位置	明渠口门	明渠内部
1、2	0.1	0.1
1、2、3、4、5	0.15	＞0.4

流速的增加将导致对海漂杂物的抽吸作用增强，使杂物进入明渠的趋势增加。为了降低明渠内部的流速，有必要及时对明渠底部进行清淤，降低标高。

（4）拦污网配置及选型

拦污网设施的配置和工作状况直接承担对杂物的阻拦功能，其执行效果直接影响杂物在鼓网的聚集和堵塞程度，分析可知，在拦污网的设计和配置方面，优化重点在于：

1）首道拦污网基础和型式

首道拦污网必须要有高的强度，建议使用桩基式基础安装和固定，有条件的电厂可以布置廊桥，以便随时检查拦污网设施状况，也有利于对网片的清理和更换。另外，结合厂址海域潮流状况，宜采用人字型拦污网布置型式，以充分利用潮流的往复流动作用，使拦污网具有一定的自清洁功能，减少拦污网的日常维护量。

2）首道拦污网材质

拦污网长期处于海水浸泡、日光照射等严酷环境，拦污网各部分材质应采用抗老化、抗腐蚀性好的材料，以减缓网片、网绳等自然老化和损坏速度，同时，首道拦污网宜采用金属材质，既能保证拦污网有良好的机械性能，也能使拦污网具有一定的防止海生物附着能力，相对于普通尼龙材质网片，可以明显减少拦污网的清理频率和工作量。

3）拦污网体系阶梯布置

现阶段，国内核电厂在取水明渠中均布置有多道拦污网，结合拦污网有效阻拦杂物和保证通流及完整性的功能要求，应合理选取拦污网孔径配置。

图 2.37　C 核电海工优化工程后拦污网布置情况

C 核电海工优化工程后拦污网布置情况如图 2.37 所示。图 2.37 显示，在海工优化工程完成后，C 核电明渠内拦污网数量共 4 道，分别执行不同目标物的拦截，并保证各网在允许的负荷范围内正常工作，同时，结合 2020 年 3 月 26 日 Y 核电厂毛虾堵塞事件的经验反馈，采购 3 mm左右的细网作为紧急备用，以防止出现类似超小型杂物的侵袭。

由于厂址环境及杂物种类的不同，各电厂在拦污网的阶梯布置方面应结合自身条件合理选择，这样才能切实发挥拦污网的拦截作用。

4）拦污网型式

平面拦污网拦截杂物原理简单，相对的，总体投资费用也较少，但当杂物大面积附着后，拦污网的清理较为困难，并且最为重要的是，网孔堵塞的同时明显减少了过水流量，网体、网绳受拉载荷也同步增加，存在破损的风险，而网兜式拦污网的研发和应用弥补了平面网的不足。

网兜式拦污网由过滤拦截网子系统、高强固定牵引缆绳子系统、安装辅助子系统三部分组成，如图 2.38 所示。通过优选高分子纤维材料、设计新型网绳结构、经双结织网机编织成型、调控多级网目尺寸、进行功能整理防生物附着和拒水处理后得到拦截过滤网体。拦截过滤网体安装在预设距离的固定桩之间，网体顶端安装浮漂，底部安装铅体，构成核电厂取水明渠全断面拦截过滤网。该型式网具有结构强度高、耐冲刷、全封闭无死角拦截过滤、防海生物附着、更换周期长和使用寿命长等优势，有利于核电厂明渠内对杂物的拦截过滤收集，避免致灾物进入循环水系统，解决了长期困扰核电厂的由于致灾物暴发堵塞各级过滤装置致使机组失去冷源、从而降功率甚至停机停堆的行业痛点。

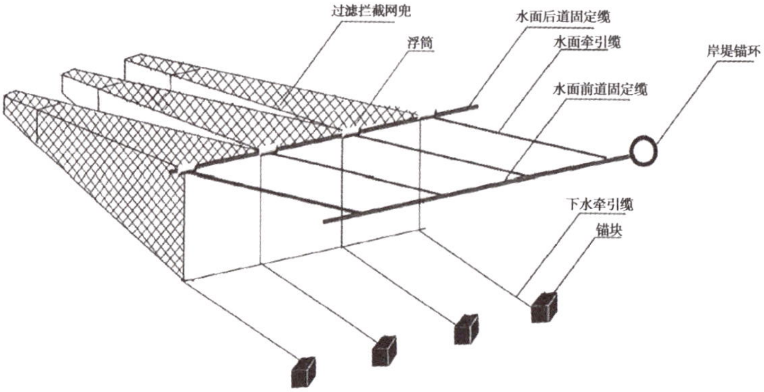

图 2.38　网兜式拦污网结构

为了有效提升拦截可靠性及拦截效率，中广核各基地机组开展以下三方面的技术改造：① 结构性缝隙改造，减小拦网底部结构性缝隙，提升拦截效率；② 小孔径网兜间隔布置，不同孔径网兜间隔布置，提升对细小尺寸毛虾拦截效率；③ 双排桩斜拉格栅，双排桩斜拉格栅拦截和清理系统建设并投运，可有效拦截漂浮杂物。

中广核以 Y 电厂冷源项目为示范，按“一厂一策”，实施机械化、自动化、信息化取水改造工程建设，在明渠中增设两种类型的电动机械化网，详见图 2.39 和图 2.40。

图 2.39　桩基桥面平台电动机械化网

（Y 核电示范工程第一道机械化网）

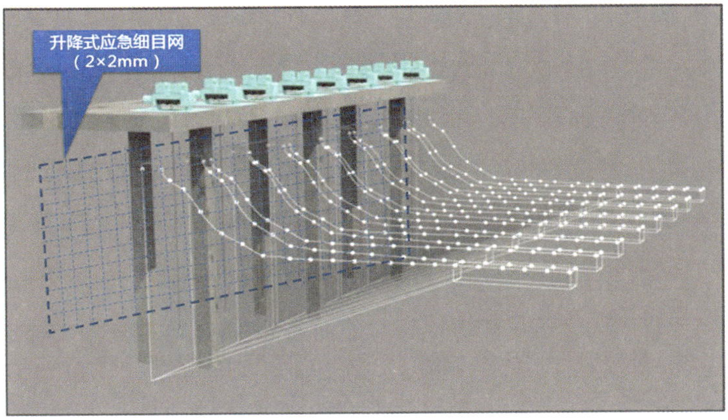

图 2.40　桩基水上电动机械化网（Y 核电示范工程第二道机械化网）

中广核各电厂冷源改造方案如表 2.8 所示。

表 2.8　中广核各电厂冷源改造方案

	Y	HYH	N	D	TS	FC 一期	在建核电厂
拦截设施	集团“三化”示范；①一道类型 1 拦截网 ②一道类型 2 拦截网 ③一道类型 5 安全网	与 Y 核电示范方案一致，采用沉箱替代桩基。各建设一道类型 1 和类型 2 拦截网。保留原沉箱类型 4 安全网。已完成初步设计和用海审批，详设及施工准备，计划 2025 年完成	保留斜格栅拦截装置。新建一道类型 2 拦截网。一道类型 4 安全网，可以应急挂网兜。已完成初步设计，正在施工准备中，计划 2025 年完成	已投运一道类型 3 拦截网。L 取水口新建一道类型 2 拦截网。D 取水口维持不变	已有一道类型 4 拦截网。外海明渠和海水库两套拦截系统。综合评估决策维持目前拦截体系为正式方案	FC 一期已制定和上报过“三化”永久方案，类型 1 和类型 2 拦截网各一道。已决策启动方案优化与设计	全部参考 Y 核电示范方案，设计类型 1，类型 2 和类型 3 拦截网设施
海生物处置方案	建设岸堤船只平台、滑道、吊机等运维设施。方案 1，网兜浮排移动抽吸方案	建设岸堤船只平台、吊机等运维设施。方案 2，网兜浮排固定自动抽吸方案	建设岸堤船只平台、吊机等运维设施	已建设岸堤船只平台、吊机等运维设施。平台移动抽吸方案	已建设岸堤船只平台、吊机等运维设施。平台移动抽吸方案	建设岸堤船只平台、吊机等运维设施	建设岸堤船只平台、吊机等运维设施。陆丰选择方案 3 桩基固定抽吸方案，其他基地采用浮排抽吸方案

5）全断面拦截、及时清理

拦截网在布置时必须形成全断面拦截，防止网与网之间有间隙、网不托底，甚至网面破损，否则在大规模海生物入侵时，将从间隙处形成新的入侵，导致冷源事件发生。一旦形成全断面拦截，就必须能及时清理拦截的海生物，否则将形成巨大的拥堵，导致拦截网破损，瞬间垮塌，主控来不及干预，鼓网压差过大，机组停机停堆。

（5）加强运行应急干预研究

在海生物或杂物大规模暴发无法拦截的情况下，运行人员的应急干预将发挥重要作用。一方面要根据相关参数尽快进入冷源三级应急响应，组织相关人员在明渠和PX泵房进行打捞清理，做好与电网的沟通；另一方面按照预案，根据重要参数和趋势值，及早降功率、调循泵流量，尽早停循泵、停机，避免非计划停堆。

（6）其他相关专题研究

1）流场分布及漂浮物扩散研究

在T核电站麦秸秆堵塞运行事件中，暴雨先将农民在河岸堆放的麦秸秆冲入河道并进入海里，后麦秸秆随着洋流漂到了核电厂取水口，造成取水口堵塞；导致Q—2核电厂循环水系统鼓网销子断裂和常规岛海水系统进气导致机组降功率运行事件中，主要原因是钱塘江上游水库放水导致大量杂物垃圾堆积并进入核电厂取水口；2018年北部湾海域大规模暴发海藻，在东北风向推动下，大量海藻涌入直堤，导致鼓网堵塞，双机组停堆；2009年12月大量水草入侵并堵塞法国CRUAS核电厂4号机组泵站的过滤系统，引发机组丧失冷源。

以上事故中，主要的堵塞物为漂浮类物质，其多为一些工农业及生活垃圾，包括附近水产养殖的废弃渔网、生活垃圾等。该类杂物自身无机动性，来源也较为广泛，具有较强的不确定性，运动形态主要受控于水流的运动，例如暴雨、泄洪、洋流、强风暴天气情况下，水体容易携带大量杂物，随水流运动而涌入取水口。浮游类和底栖类杂物自主游泳能力很差，进入取水口的情况比较类似。

核电厂取水口构筑物工程的实施会对取水海域流场分布形成一定影响，随着机组运行时间的延长和周边地貌的变迁，流场分布也动态变化，这样也势必影响到漂浮物和游泳能力较差的浮游生物的分布等，因此电厂有必要针对取水口及附近海域的流场分布和漂浮物扩散进行研究。

通过相关研究，可以在杂物出现但尚未到达取水口时，结合当地风、流和浪的方向和速度预判杂物的漂移路径，并可估算杂物到达取水口的时间，从而可以提前采取预防措施和调整机组状况，避免非计划停机、停堆情况的发生。

2）驱离装置研究

驱离技术主要应用于防止有一定自主游泳能力的生物进入取水口。此方面研究针对在光、电、声波等方面较为敏感的自游生物，并有助于主动导避型取水方案的设计策划。

相关研究显示，在美国哥伦比亚河的一些大坝上，人为设计光源诱使大马哈鱼通过旁道系统，灯光也被用于吸引鱼群，使其通过过鱼设施或是远离水力发电的进水口；又如 Y 核电厂参考气泡幕对鱼类的影响，在取水头部设置了气泡幕进行鱼类的驱离（图 2.41），也取得了一定的良好效果。

图 2.41　鱼类对气泡幕的响应研究

电厂应充分利用先进的生物技术，分析厂址条件下的潜在堵塞杂物，研究其对光、电场、声波的敏感性（包括声波的频率、大小、波形范围；光源的频率范围；电场的频率、幅值和脉宽等参数的作用），综合考虑驱离技术的作用、安全性和经济性，筛选有实效的生物驱离技术，以防范游泳生物对取水系统的侵袭。

3）**高新工器具研究**

① 可变孔径拦污网

该型拦污网采用双层结构，通过两网上下移动，改变网孔大小。具体包括：

• 固定层拦污网

固定层拦污网靠外侧布置，通过固定槽固定在水泥墩上。水流先经过固定层拦污网。本层拦污网的材质根据数模试验分析结果选择，以确保网的强度。固定网的框架由防锈金属材料制造，以减少海生物腐蚀和确保网格的牢固。

• 移动拦污网

移动层拦污网靠内侧固定，水流先经过固定网，再到达移动层网，目的为保证移动网相对干净，便于上下移动。移动层拦污网的孔径根据数模试验分析结果选择，以确定合理的堵塞率。移动层拦污网的框架由防锈金属材料制造。在框架的左右两侧安装不锈钢万向球，保证上下移动时的顺畅。

在项目研究中，应进行可变孔径拦污网的抗拉力数模试验和物模试验，以及拦网材料的耐盐雾、耐腐蚀、防附着性和抗剪切等性能试验，以保证拦污网动作灵活、性能可靠。

可变孔径拦污网的研究和应用可以减少拦污网布置数量，并可以根据杂物种类选择合适孔径快速操作、实施拦截，有较好的使用前景。

② 网兜式拦污网快速更换技术

现场应用显示，网兜式拦污网拦污效果良好，但是更换时需要人员驾乘小船对每个网兜进行拆解，出现有网绳、浮漂缠绕时还可能需要潜水员进行操作，总体较为繁琐。本研究将实现对网兜的拦截杂物网体部分进行改型，在其尾部设置悬浮稳定器，可防止其自身出现缠绞现象。同时配有快速拆卸接口，以提高拆装速度，方便拦污网的清理和更换。

③ 拦污网水下监测研究

该项研究目的是及时了解和掌控拦污网的工作状态。

拦网状态监控系统具有视频记录/实时监控功能，能够监控拦网的堵塞情况，包括拦网物理性能监控、拦网视频监控及软件分析系统。其中，拦网物理性能监测系统主要包括水下应变传感器、无线拉力传感器、分析工作站和其他辅助传感器，监测拦网的各项物理数据。拦网视频监控系统主要包括水下摄像机、岸边基站、服务器和图像分析软件，以及其他辅助器件。其中，水下摄像机是为了提供水下图像数据，岸边基站对图像数据进行编码并传输，服务器对基站数据进行接收，并通过水下图像识别软件对水下成像的投影关系进行分析，判断拦网堵塞情况并得出拦网堵塞情况及区域分布图。

该项研究的开展和实施可以减少人员对拦污网水下部分的探视工作，在提高工作效率的同时，也可避免人员的水下操作风险。

4）主动导避型取水方案

主动导避型取水方案的研究和开发，可以从根本上降低堵塞杂物对核电厂影响，相较于防波堤优化，该项研究更期望于在设计源头全面考虑防止和避免杂物进入系统，是明渠各项优化的设计整合。另外，良好的取水方案也可提高核电厂的生态友好性，降低对海生物的影响。

基于典型环境水体水动力条件，系统开展不同取水型式（明渠取水、蘑菇头取水）、取水口布置及取水入口水动力特性等对海生物卷吸效应（卷塞、卷载）影响的研究，在此基础上，总结提出适宜的取水安全主动防御方法、措施。

依托“取水边界层（指取水可能的影响区域）”理论，并结合“避（依托合理的取水位置等避开）、导（依托适宜的取水型式、布置等疏导）、拦（拦截）、清（清除）”等多重防御指导原则，研发将冷源致灾性海生物、杂物导离取水工程或导向特定区域（将海生物、杂物通过导引的方式聚集到指定区域，以便于清除）的技术方法及辅助措施，避免或大幅度减少海生物、杂物进入取水系统。基于重要（保护性）海生物对水流变化的响应关系，研究水流诱导或生物－流体分离等人工干预措施，以期有效减少生物资源的损耗，为兼顾取水安全和减缓核电发展对海洋生态环境的影响提供技术支持。

该课题已经作为华龙二号专项“环境友好性”专题的研究内容之一，目前正在准备通过中国核电自主立项、提前启动课题研究。其内容主要包括：

① 带有鱼类回流系统的取水设施研究

本课题旨在针对游泳动物，提出主动导避型取水方案。课题将主要开展以下两方面内容：

基于鱼类的水动力响应，提出适宜的取水明渠设计方案，建设“导流”设施，诱导鱼类自主回流至外部海域；

基于鱼类的生理生态行为，探究适宜鱼类聚集的相应位置，在适当位置设置“拦挡、收集”装置（如人字型拦鱼滤网、旋转式捞斗），将鱼类拦挡、收集至一定位置，然后利用反冲水流将鱼类施放至外部海域。

② 主动拦污导污工程措施研究

旨在针对浮游动物、漂浮性生物、生活于海水中低层的无游泳能力生物，提出主动导避型取水方案。课题将分别对明渠取水、深层取水方式提出针对性的主动拦污、导污措施。

• 对于明渠取水方式，探究明渠内、外的拦导污措施（如改变取水明渠进流方向和流速、在取水口门处构建综合性拦导污设施等），两重甚至多重防御，以提高拦截效率；

• 对于深层取水方式，同样也通过数模和物模试验，优化取水口设计，提出相应的辅助措施（如喷水、喷气羽流作用等），开展明渠内流场分析和拦导污工程研究。

2.7.6 小结

冷源系统的杂物堵塞现象严重威胁着核电厂安全、稳定运行，近年国内发生的多起堵塞情况，不乏有造成停机、停堆的恶性后果。本节梳理了国内外多起冷源异常案例，总结了在核电厂取水流程的前端（明渠内外）部分杂物聚集并入侵的原因，并结合部分电厂防范杂物的良好实践，提炼出在防波堤布置、拦污网设计等方面有效的优化措施和改造方向，同时，为进一步提升杂物入侵应对效果，明确了核电厂应该重视杂物监测和预警机制的建立，以期对杂物能够“早发现、早预防、早处置”。另外，还指出相关高新技术和工器具的研究能够有助于电厂对杂物的拦截和清理，切实提高核电厂冷源系统运行的安全性和经济性。本节对冷源系统杂物的原因分析和研究对策，将为核电厂处理类似问题提供很好的借鉴意义。

第 3 章　核电厂冷却方式

3.1　冷却方式种类

3.1.1　一次直流冷却系统

一次直流冷却是指蒸汽发电设施从水源体（海洋、河流、湖泊或河口）抽取冷却水，通过循环冷却系统，并将其返回水源体的过程。冷却水通常通过滤网抽取，以去除杂物和水生生物，并由循环水泵向凝气器输送冷却水。汽轮机排放的蒸汽在凝汽器管外表面冷凝，冷凝水返回蒸汽发生器，为汽轮机产生蒸汽。凝汽器冷却水以一定的温升排放回水源水体。典型的直流冷却系统如图 3.1 所示。

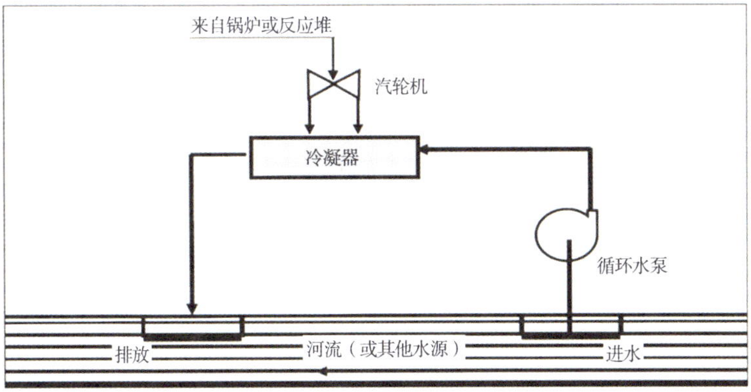

图 3.1　一次直流冷却系统原理图

以滨海核电厂为例，海水直流冷却方式指海水通过循环水泵加压沿循环水进水管道进入凝汽器，汽轮机排出的乏汽通过凝汽器与循环冷却水进行对流换热，排汽在金属管外壁凝结后，凝结水汇集于凝汽器底部热井，由凝结水泵送回汽轮机回热系统，而经过凝汽器升温后的海水，沿循环水排水管道排入虹吸井，再沿排水管道最终排入外海。循环水系统相关建、构筑物主要包括：循环水泵房、循环水进水管道、循环水排水管道、虹吸井。

国内滨海核电厂均采用直流冷却方案，如Q、D、HYH、Y、F、S、T、C和FC等核电厂全部采用一次直流冷却系统，该系统从设计、建造到运行维护都已经积累了丰富的经验，整个系统成熟可靠。

3.1.2 二次循环冷却系统

二次循环冷却（闭式循环冷却）分为很多类型，以二次循环湿式冷却系统为例，其类似于直流冷却，蒸汽在水冷管壳式蒸汽冷凝器中冷凝，但不同之处在于加热的冷却水不会返回到环境中，而是输送到冷却设施，通常是一个湿式冷却塔，冷却水通过蒸发冷却，然后再循环到冷凝器。典型的闭式循环湿式冷却系统如图3.2所示。

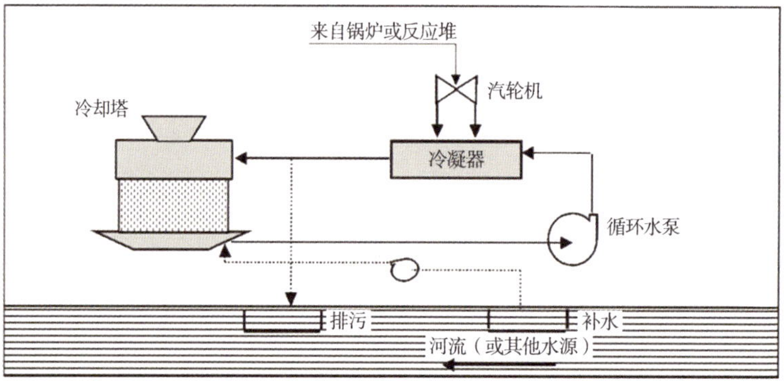

图3.2　闭式循环湿式冷却系统原理图

有关二次循环冷却系统的成本、效率、空间、用水要求，以及与核设施的兼容性各不相同。下面对这些系统进行详细介绍。

（1）湿式冷却塔—机械通风

湿式冷却是通过蒸发一小部分（通常为1%～2%）塔内循环的水来实现的，以便冷却其余98%～99%的水。机械通风塔使用风扇使大气空气与水接触以实现蒸发。图3.3为典型逆流机械通风湿冷却塔的单个单元示意图。图3.4显示了32组逆流机械通风冷却塔。塔的配置方式多种多样，大多数是矩形的，由若干个单独的单元（正方形或长方形）组成，每个单元都有自己的扇形。单元可以排列成串联或背靠背配置。最后，存在一些圆形设计，可以是诱导通风（风机位于风塔顶部，通过风室向上吸入空气）或强制通风（风机位于风塔侧面，通过风室推动空气）。

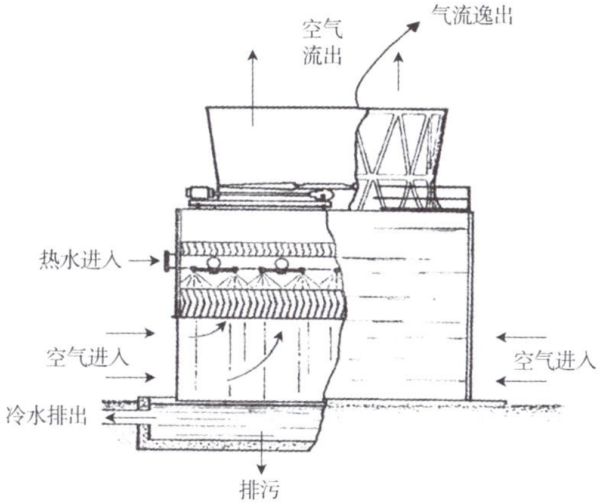

图3.3　典型逆流机械通风湿式冷却塔原理图

图3.4　32组逆流机械通风冷却塔照片

该系统通过将冷凝器中的水泵送到喷淋集管上的热水分配平台上运行。然后，水通过甲板或集管中的喷嘴向下流动，将其分解成液滴，并将液滴均匀地分布在填料上。根据填充物的类型，水在薄膜或液滴中流过填充物，形成一个与空气接触的大界面。新鲜空气通过填料吸入（逆流填料向上，横流填料穿过），并与落水紧密接触。冷却是通过蒸发一小部分（大约1%～2%）的水来完成的。冷却后的水落入填充物下方的冷水收集池中，从中再循环回冷凝器进口。

部分循环水流作为“排污”从系统排放回环境中，以控制随补充水和空气进入冷却系统的总悬浮固体（TSS）和总溶解固体（TDS）的积聚。一些循环水被填充物中的气流夹带成小液滴，其中大部分由位于填料下游的除漂器清除。离开塔的少量液滴称为“飘滴”，目前使用现代高效的飘滴消除器将其控制在循环水流量的0.000 5%左右。较旧的现有装置的飘滴率通常在0.001%～0.002%的范围内。

补充水必须从水源中抽出，并加入循环水回路，以替换蒸发、排污和飘滴所损失的水。替代排污所需的额外补给是补给水水质的一个重要功能，它设定了维持可接受的溶解固体水平所需的排污量，以控制结垢、污垢和腐蚀。所需的总补给水是从水体中提取用于一次性冷却的水的一小部分（通常为2%～10%）。

（2）湿式冷却塔—自然通风

湿式自然通风冷却塔的工作原理与机械通风冷却塔相似，只是利用加热空气的自然浮力效应（而不是风扇）将空气吸入水中。如图3.5所示，它们被设计为一个大型双曲线塔。

塔的顶部和底部都是敞开的。当热循环水加热空气时，这种设计产生了自然通风，增加了浮力，使空气从塔顶流出，同时在塔底吸入较冷的环境空气。因此，这些塔不需要额外的电力来操作用于在机械通风塔中诱导气流的风扇。建造大型双曲线塔的资金成本大于机械通风塔的成本，但是由于没有风机，与机械通风塔相比，自然通风塔运行成本降低，发电量增加。经济上的权衡常常使自然通风塔成为大型基负荷电厂的首选。因此，它们经常被用于核电厂。

从环境角度来看，塔的高度越高，越有助于减少结冰、起雾和微粒沉积相关的问题，但会增加潜在的美学影响。

图 3.5　逆流自然通风冷却塔

(3) 辅助塔

一些电厂在现有的直流冷却系统上增加了冷却塔，而没有转换为闭式循环系统。这种改进通常在炎热的夏季使用，以帮助在排放回水源水体之前，将冷却水温度降低到允许极限以下。为此目的添加辅助塔通常不会修改直流进气系统，包括 CWIS 和包容性屏蔽系统，直流冷却流速保持不变。唯一不同的是，从冷凝器流出的热水在排放到水源水体之前，由塔进行预冷。据统计，世界上共有 6 家核电厂在夏天使用辅助塔，其中有 5 家使用机械通风辅助塔，1 家使用双曲辅助塔。

(4) 干式冷却塔

干式冷却系统将冷凝热直接排到大气中，而不消耗水，其冷却方式与汽车散热器冷却汽车发动机热水的方式大致相同。电厂应用的系统有两种类型，称为直接干式冷却和间接干式冷却。

1) 直接干式冷却

在直接干式冷却系统中，低质量蒸汽通过一系列管道和立管直接从汽轮机排气流至空气冷却式冷凝器（ACC）。ACC 由许多“单元”组成。每个单元都是 a 形框架结构，由一束翅片管组成，从顶部的蒸汽管道向下倾斜，到底部的冷凝水收集管线。在每个单元的底部都有一个大型轴流风机，它从周围的大气中吸入空气，迫使空气穿过管束吸收冷凝蒸汽中的热量。单个单元沿公共蒸汽管道成排（街道）排列，通常有几排，每排都有自己的蒸汽管道，平行排列。

ACC 的尺寸应能在给定的环境空气温度和总蒸汽流量下保持一定的蒸

汽冷凝温度和相应的汽轮机排气压力。典型尺寸的 ACC 具有约 40 ℉的初始温差（ITD)，定义为蒸汽冷凝温度减去环境空气温度。因此，在环境温度可达到 110 ℉或更高的炎热干旱地区，这相当于 150 ℉的冷凝温度和约 7.5 英寸 Hga 的相应汽轮机排气压力。

与上一段中讨论的湿式冷却系统的典型设计点相比，干式冷却时，由于背压较高，电厂性能较低，因此需要一种能够在传统排气压力以上运行的不同汽轮机设计。此外，对于同等容量的电厂，ACC 将：

① 比同类湿式冷却塔占地面积更大；

② 比同等的湿式冷却系统（包括冷却塔和表面冷凝器）要昂贵得多；

③ 与湿式冷却系统的泵和风扇相比，ACC 风扇消耗更多的工作功率。

如图 3.6 所示，其中许多装置安装在炎热干旱地区的化石发电厂上，那里根本没有足够的冷却水来支持湿式冷却；其他装置安装在大型水体附近的化石发电厂上，如图 3.7 所示。使用这种装置的动机是多方面的，包括避免水排放或撞击/夹带对水源水体的环境影响，或消除冷却塔羽流、飘滴及潜在结冰，特别是在机场、高速公路或人口稠密的城市地区附近。在实际工程项目建设中，如有要求冷凝器的背压更高或避免干式冷却器效率过低等情况时，可以采用此种设计思路。

图 3.6　希金斯能源中心的气冷冷凝器

图 3.7　Mystic 电厂的气冷冷凝器

2）间接干式冷却

间接干式冷却系统通常包括一个传统的管壳式表面冷凝器和一个风冷式热交换器（ACHE，不是冷凝器），其中来自表面冷凝器的热冷却水在翅片管中冷却（不是冷凝），通过大型风扇在翅片管上吹送周围的冷却空气。在概念上，间接干燥系统与闭式循环湿式冷却系统相似，在闭式循环湿式冷却系统中，湿式冷却塔被乙酰胆碱酯酶所取代。在这种情况下，过程中不会消耗任何水，也不会将水从环境中抽出或排放到环境中。

间接干式冷却成本更高（增加了表面冷凝器和循环水泵），对电厂性能的不利影响也比直接干式冷却更大。这是由表面冷凝器的终端温差、通过 ACHE 的循环水泵功率要求，以及 ACHE 上较低的温差造成的。目前，美国没有一家工厂使用间接干式冷却来实现全部冷却能力。20 世纪 70 年代的单个化石发电厂装置（圣胡安发电厂 3 号机组）设计在湿电池上方安装一个大型风冷部分，以显著节约用水。然而，管束已被冷凝水冻结严重损坏，迄今为止，这种方法尚未在其他地方使用。许多湿式冷却塔在塔顶有一个小型的干热交换器，用于减少羽流，但与传统湿式冷却塔相比，它们的取水量或耗水量几乎没有减少。

（5）干湿混合冷却塔

术语“混合冷却”通常指具有湿、干冷却元件的冷却系统。根据条件要求，其中一个或两个可用于处理电厂热负荷。湿元件和干元件可以集成在单个结构中，也可以作为串联或并联操作的独立结构进行布置。此外，混合系统的设计目标可以减少羽流或节约用水。将干、湿元件集成在一个塔结构中的塔通常是为减少羽流而设计的，尽管其中一些塔具有显著的节水能力。

1）综合混合塔—羽流消除

羽流消减塔基本上都是湿式系统，采用与湿式塔串联的风冷换热器。干燥部分减少了部分热负荷，因此效果体现为一定量的节水，但幅度也通常不到5%。干燥部分的主要功能是提供加热的干燥空气流，该气流可与系统湿部的饱和排气羽流混合，这可能会导致全湿冷却塔的羽流在白天、寒冷、高湿度运行期间比较明显。冷却塔废气羽流的温度较高，可以用来减少附近机场跑道或道路的雾或结冰。

2）综合混合塔—节水

在新墨西哥州圣胡安的化石发电厂——圣胡安发电厂的3号机组上，唯一一个运行中的综合混合塔发挥了显著的节水效果。它包括一个传统的管壳式蒸汽冷凝器，与一个混合塔相连，混合塔顶部有一个风冷干燥段，该段排放到下面的湿冷却塔中，其设计仅使用所有湿冷却所需水量的30%。系统图如图3.8所示。

如前所述，这种设计没有在美国复制，尽管有一些采用类似方法的装置已在其他国家使用。在美国，为节约用水而采用的混合冷却主要是采用一个带有独立干湿元件的并联系统。

3）混合（并联湿/干）冷却

更常见的混合冷却方法是所谓的“并联湿/干”系统，该系统由单独的冷却回路组成，一个干回路和一个湿回路并联运行。系统布置图如图3.9所示。

该系统能够分流蒸汽流，从而分流干元件（包括ACC）和湿元件（包括表面冷凝器和湿冷却塔）之间的冷负荷。该系统是自平衡的，湿元件和干元件之间的热负荷分配由环境条件决定。当环境温度降到足够低，使ACC可以在可接受的涡轮排气压力下处理全部热负荷时，可以关闭湿式系统。年需水量取决于干湿要素的相对设计能力、气象条件和运行目标。典型设计点的年用水量为全湿系统所需水量的20%～80%。

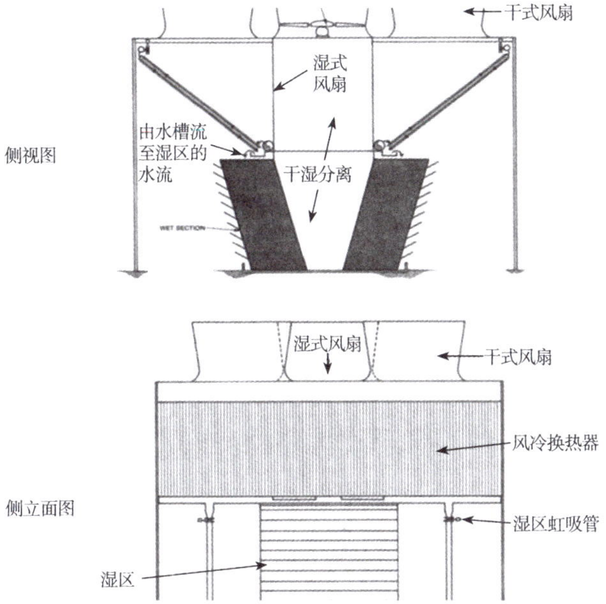

图 3.8　综合节水塔系统图

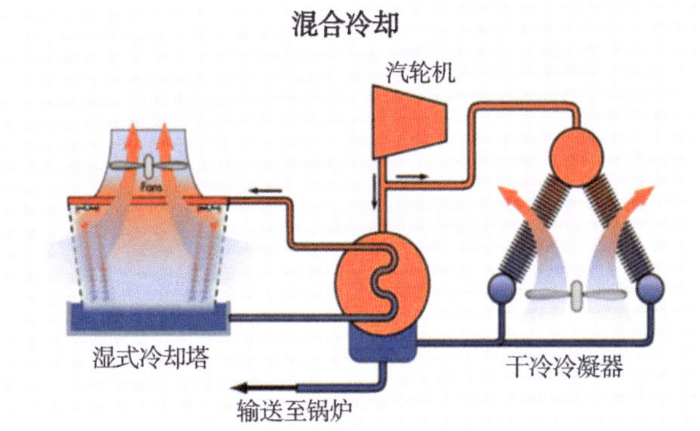

图 3.9　并联湿式/干式冷却系统示意图

混合冷却可以克服全干式冷却的一些缺点，例如炎热天气对电厂产量的影响，同时仍然可以实现显著的节水。可以最大限度地减小湿元件的尺寸，甚至解决在最热的一天汽轮机排气压力升高的问题。然而，其成本仍然明显高于湿式冷却，并且可能接近全干式冷却，这取决于每年的水资源可用性。

除了汽轮机排气压力问题外，改造考虑因素与所有干式冷却的考虑因素类似，涉及到将蒸汽输送至 ACC 的困难，以及找到一个令人满意的位置将 ACC 定位在汽轮机厂房附近。

（6）冷却池

冷却池是建造得足够大的水池，以提供冷凝器冷却水，而无需冷却塔。这种池塘在较干旱的地区最为常见。一旦建造了池塘，在有足够的水流时，通常从附近的河流中填充。同一来源通常用于补充蒸发损失或排放到土壤中。

超过 15%的美国反应堆使用冷却池。冷却池需要大量土地，在许多地形情况下或地下水可能受到影响的地区不可行。尽管前期成本通常更高（建造一个人工池塘或湖泊通常比建造冷却塔更贵），但冷却池的优势是通过对流、辐射热传递将更大比例的废热传输到大气中，以及由于相对于冷却塔的温差较低而导致的较低蒸发速率，从而降低蒸发速率，降低消耗性水损失速率。相比之下，冷却塔几乎所有的热传递都是通过快速蒸发实现的（与之相关的水分含量更高，失水率更高）。冷却池系统保持与直流冷却相关的大流量，但由于这些冷却池专用于电厂冷却，其对环境的影响通常小得多。一些核电厂建在不被视为“美国水域”的人工冷却池上。因此，它们被视为水处理池，不受水生生物和热排放法规的约束。此外，由于 9·11 事件后的安全要求，对在冷却池捕鱼的准入限制有所增加。

3.1.3 其他冷却方式

（1）核电厂的干式冷却

目前，一座是位于德国施梅豪森的小型（约 100 MW）核电厂，采用了具有创新自然通风塔设计的间接干式系统（电厂不再运行了）。另一座是 20 世纪 70 年代在西伯利亚北部的比利比诺建造的一个非常小的 4 台机组的发电厂，每个机组只有 12 MW，为该地区提供区域供暖和一些电力。之所以选择干式冷却，是因为电厂位于永久冻土中，区域内较多分布有自然流动态的河流等水源。这座核电厂的设计在美国是没有许可证的，计划在近几年退役。

主要有 6 种因素使得在核电厂使用干式冷却变得困难：

1）效率低

与水冷相比，干式冷却系统效率极低，主要有以下 3 个原因：

• 随着排汽压力的增加，汽轮机的输出损失

如果运行排汽压力超过设计排汽压力，汽轮机在恒定蒸汽流量下有输出损失。对于相同的蒸汽流量，干式冷却系统通常具有较高的蒸汽冷凝温度（相应的，汽轮机的排汽压力也较高），并且在相同的环境条件下，冷却系统热负荷略高。

风冷式冷凝器的干式冷却通常能够产生比周围干球温度高 35～45 ℉的冷凝温度。闭式循环冷却系统是受周围湿球温度限制的冷却系统。对于带有机械通风湿冷却塔的闭式循环系统，冷凝温度在最热时期预计比周围湿球温度高 30～40 ℉，在一年中较冷时期比湿球温度高 50～60 ℉。

当相对湿度低于 100%时，湿球温度低于干球温度。根据现场气候的不同，夏季干球和湿球温度之间的平均差值可能在 10～20 ℉，最热时的最大差值可能超过 50 ℉。因此，在设计条件下，汽轮机排汽压力的差值可能在 2～5 英寸 Hga 之间。根据汽轮机类型和设计，这可能意味着汽轮机总功率输出减少 5%～10%。平均而言，在一年的时间里，差距较小，通常在 1%～2%。与更高效的直流冷却系统相比，汽轮机的输出损失更大。

• 减少蒸汽流量以保护汽轮机

任何汽轮机的运行都限制在设计最大排汽压力范围内，以避免损坏叶片的最后一级。汽轮机通常设计一个真空保护，在某个背压下发出警报，然后在某个更高的背压下跳闸。为配备直流或闭式循环湿式冷却的机组选择的汽轮机的背压典型值将具有 1.5 英寸 Hga（对于大多数直流系统）到 2.5 英寸 Hga（对于闭式循环湿式系统更为典型）的设计背压。两者通常都有一个约 4 英寸 Hga 的报警点和一个约 5 英寸 Hga 的保护动作点。如果机组拟配备干式冷却，则可能选择“扩展背压”汽轮机，其设计点约为 2～3 英寸 Hga，但报警值为 7～7.5 英寸 Hga，跳机值为 8 英寸 Hga。最近安装的一些汽轮机可以在 9～10 英寸 Hga 下运

行。如果工作背压接近报警值，则正常程序是减少流向汽轮机的蒸汽流量，以将排汽压力降低到更舒适的水平。根据所需的减少量，可以成比例地减少涡轮机的输出，并且在短时间内，可能相当于汽轮机总输出减少 15%～30%。

• 干式冷却的更高运行功率要求

对于相同的蒸汽流量和冷却系统热负荷，干式冷却系统（风冷冷凝器上的风扇）的运行功率要求通常高于湿式冷却系统（冷却塔风扇和循环水泵）的运行功率要求。这种额外的功率需求降低了电厂总功率的净输出。这种差异的大小随系统设计和现场特征而变化，但对于闭式循环冷却电厂，这种差异可能为电厂总输出功率的 0.5%～1.5%。与直流冷却装置相比，这种差异甚至更大，在 3%～6%。

2）冷却设计

核电厂汽轮机承受的背压比化石汽轮机更大。首先，核蒸汽循环在高压汽轮进口温度和压力低于火电机组的情况下运行，因此，排汽条件的变化代表了从两个端点之间运行的蒸汽流中提取的能量的更大百分比变化。能否有制造商提供用于延长或升高背压运行的核涡轮机设计是一个问题，这通常是干式冷却电厂涡轮机所需的。所有在直流或闭式循环湿式冷却条件下设计、建造和运行的现有电厂均配备有背压至约 4～5 英寸 Hga 报警/跳机的涡轮机。即使是非常大的风冷冷凝器，在环境温度高于 100 ℉时也会超过这些限值。因此，在大多数电厂，每年都会有许多情况需要减少蒸汽流量。在许多电厂，一年可以持续数百小时温度超过 100 ℉。

3）成本

作为对现有电厂的改造，干式冷却成本过高。美国环保署承认，无论是在第一阶段的规则制定还是目前的规则制定中，这一选择都是不切实际的。对于新工厂，干式冷却始终作为一种选择进行评估，但在许可过程中一直被拒绝。需要注意的是，直接干式冷却目前不是核电厂的一种选择（出于安全和监管原因），而且间接干式冷却替代方案在资本和运营成本方面要昂贵得多。

4）土地利用

干式冷却需要大量与反应堆直接相邻的空地才能安装。作为对现有核电厂的改造，许多现有场地无法容纳干式冷却。

5）许可和安全

直接干式冷却，从 ACC 蒸汽管道到反应堆蒸汽发生元件的开放、不间断的路径，出于核安全原因，对许可提出了重大挑战。许多瞬态情况（如给水损失、汽轮机跳闸等）下，所有核电厂必须能够证明有足够的安全裕度，直接干式冷却无法满足监管要求。如果跳闸后的“衰变热”可以消散到水冷式冷凝器中，则诸如厂外电源损失之类的瞬态更为良性。干冷却具有较低的热质量，会限制这种热量的排出速度，并可能导致反应堆中的温度或压力瞬态升高。另一个令人担忧的假设情况是 ACC 翅片管泄漏，在某些情况下，这可能导致反应堆蒸汽直接泄漏到环境中。在沸水反应堆（BWR）中，反应堆蒸汽具有轻微的放射性，大部分辐射来自 ^{16}N 衰变，半衰期很短（7 s）。在压水堆（PWR）中，如果使用直接干式冷却，假设的一次到二次泄漏可能会将放射性释放到二次回路中，从而允许汽轮机排汽中存在少量放射性。（如果使用间接干式冷却，则这不是一个问题。）在沸水堆和压水堆中，通过 ACC 翅片管泄漏排放到大气中将缺乏水冷冷凝器的过滤能力。从公共健康和安全的角度来看，这些释放量很小，而且微不足道。然而，它们可能在许可证计算和假设事故情景的安全分析中具有重要意义，并且可能足以在概率风险分析中显示为干式冷却的负面影响。基于这些原因，大型核电厂不太可能完全依靠干式冷却。

6）瞬态条件

ACC 可能会受到阵风引起的可靠性问题的影响，阵风会导致 ACC 排热率的瞬态。这些冷却能力的快速变化可能足以引发计划外的反应性变化，甚至是反应堆瞬态。这反过来又可能带来新的许可问题，需要核安全当局审查和批准。

需要注意的是，在新电厂选址和可用场地的技术选择方面具有一定灵活性的公用事业公司更有可能考虑在冷却水资源充足的场地进行核能发电，而在水资源贫乏的场地，尤其是需要干燥的场地，更可能考虑非核性质的技术（如 NGCC）冷却。事实上，近年来大多数干式冷却电厂都是燃气联合循环电厂。对于这些电厂，通常配备相对较小的汽轮机（175～250 MW），扩展背压设计是常见的，干式冷却更容易适应。

美国新电厂联合许可证申请（COLA）评估所有散热方案。从理论上讲，对于新的发电厂，干冷相对来说比改造现有设施更为可行，因为可以在发电厂设计空间来解决上述一些问题。在核领域，目前正在开发的一些小型先进反应堆概念正在考虑将干式冷却作为选定市场应用的一种选择。然而，计划部署的标准化“第三代＋”先进轻水反应堆（ALWR）都不会使用干式冷却。迄今为止，提交给 NRC 的所有新电厂 COLA 都拒绝了干式冷却，因为发电效率降低，资本和运营成本显著增加，干式冷却对现场不可行或不经济。在可预见的未来，新的核电厂应用很可能会继续青睐那些能够提供足够可靠和长期有保障的水资源的地点，从而避免与干式冷却有关的可靠性、效率和成本损失。

出于类似的原因，美国环境保护署 EPA 拒绝了在第一阶段新设施规则制定（2001 年）和现有设施规则制定中要求干式冷却技术的选择。在其提议的规则中，EPA 指出：“由于核设施需要备用冷却系统和相关的安全需求，干式冷却没有得到证明，不适用于核设施。”

（2）核电厂的混合冷却

核电厂混合冷却的使用面临着使用 ACC 的可接受性问题，正如所有干式冷却所讨论的那样。迄今为止，所有的混合动力系统都已用于火力发电厂，无论是燃煤蒸汽发电厂还是燃气联合循环发电厂。在所有情况下，使用 ACC 的并行布置都是首选设计。对于核电厂，已经提出了混合系统。例如，Dominion 计划中的 North Anna 3 号机组的冷却系统在干旱期使用 ACHE 的串联布置。湿式冷却塔和 ACHE 混合塔的使用可以串联或并联。然而，这种方法的资本成本和运行功率要求都明显高于以 ACC 为干元件的混合动力系统。

尽管前面讨论了完全依赖干式冷却的问题，但对于大型核电厂而言，使用干式冷却来增强主要依赖湿式冷却的冷却系统在技术上是可行的。一些新的核电厂正在考虑增加少量的间接干式冷却，以便在机械通风冷却塔中实现羽流消除功能。用于提供此功能的少量干式冷却足以消除从冷却塔排出的可见羽流，也有助于降低水的消耗率。这些羽流消除系统不构成安全问题。

干冷混合系统也可以用来补偿干旱或夏季热浪期间的供水限制或排放温度限制。例如，Dominion 分析了计划中的 North Anna 3 号机组的干旱情况，并选择在设计中包括一个封闭循环、干湿（混合）冷却塔系统。该系统包括一个湿机械塔，带有一个风冷干燥部分，用于节水，补充水由安娜湖供应，以及一个单独的干燥塔，在特定情况下可以在线。到湿塔的补充水将替换湿塔运行中损失的水，包括蒸发、排污和飘滴造成的损失。混合冷却塔系统将有两种运行模式，即最大节水（MWC）和节能（EC）。在 MWC 模式下，至少有 1/3 的热量通过干式冷却排出电厂。在 EC 模式下，干塔风扇关闭，湿塔 100%的热量通过正常闭式循环冷却被排出。（混合）湿塔的干燥部分继续运行以节约用水。

混合塔的一种变体（与 North Anna-3 号设计不同）将在湿塔段上方使用干燥段，其中较冷的外部空气通过管道吸入，而湿段排出的温湿空气通过管道外部。来自湿段排汽的水在冷却器干段管道表面冷凝，并在离开冷却塔之前流回过程流中，从而减少因蒸发造成的水损失。

如果有非传统水源，核电厂也可以考虑。此选项将在后面的一节中讨论。先进的反应堆设计在技术上和经济上更符合干式冷却的使用（例如高温气体反应堆或 HTGR），可能是未来几代有水限制的核机组的最佳选择。

3.2 冷却方式选择需要考虑的因素

3.2.1 系统设计

（1）冷却规模

一次直流冷却循环水系统相关建、构筑物主要包括：循环水泵房、循环水进水管道、循环水排水管道和虹吸井等。

二次循环冷却系统相关建、构筑物主要包括：循环水泵房、冷却塔、循环水进水管道、循环水排水管道、循环水回水沟道、循环冷却水排水管道、循环冷却水补水管道及相关循环水补水预处理构筑物等。

以某二次循环湿式冷却方案与一次直流冷却方案为例，二次循环湿式冷却方案与直流冷却方案的构筑物配置相比最大的区别在于：取消了取水隧洞、虹吸井、排水隧洞、排水明渠，增设了自然通风冷却塔、循环水补水预处理构筑物（平流式沉砂池、混凝沉淀池、污泥浓缩池、污泥调节池、污泥脱水区）、提升泵房、取水泵房、循环冷却水补水管道和循环冷却水排水管道等。

由此可见，直流冷却系统由于避免了冷却塔的一次性资本成本，避免了运行期间冷却塔的能源需求和定期维护，以及运行期间热耗率的降低，因此其成本一般低于闭式循环冷却。

（2）换热效率

直流冷却系统由于向冷凝器提供比二次循环冷却更冷的水，因而通常能实现更有效的冷凝器冷却，换热效率更高。

3.2.2 电厂取排水工程特点

选择核电厂冷却方式前，需要对核电厂取排水工程特点进行充分分析，包括但不限于：

（1）位置

1）所处水域与厂址距离、水域特点（核电厂取排水工程所处水域形状、面积、深度，以及海水涨、落潮平均流速等）。

2）取水口位置及周边环境。

3）排水口位置及周边环境。

（2）设计

不同季节取水流量设计不同，一般情况下直流冷却循环水量较大，而二次循环冷却方式冷却塔所需补水量较少。

（3）水工结构

取排水工程作为海工工程的一部分，取水工程水工结构的布置需要与排水工程及护岸、大件码头等综合考虑，尤其是排水工程，不同的取水工程方案也会影响温排水的扩散稀释效果，进而影响排水工程的布置方案，因此，两者不是完全独立的，需要同步研究、同步设计。

以 Z 核电项目为例，在核电厂址北侧约 9 km 处是漳江口红树林保护区，取水明渠位于排水口和保护区之间，明渠的导流堤会形成一道屏障，将温排水影响局限于厂址区域，不会进入保护区。而对比其他形式的取水工程，没有导流堤时，温排水会随潮流直接上溯至保护区海域。取水工程形式会直接影响到温排水是否会进入保护区，该因素是方案成立与否的关键，也是 Z 核电项目最终选择明渠方案的原因之一。

3.2.3　海域环境特点

选择核电厂冷却方式前，需要对核电厂周围海域环境进行充分调研和分析，包括但不限于表 3.1 所示内容。

表 3.1　核电厂周围海域环境调研和分析要素及评价

序号	重要要素	指标及评价
1	生物多样性指数	底栖生物、浮游植物和浮游动物等生物多样性指数
2	海水水质情况	Ⅰ类、Ⅱ类以及其他类海洋环境功能区内的 COD、无机氮、活性磷酸盐、铜、铅和阴离子表面活性剂等水质指标
3	海洋生物质量 海洋沉积物质量	对海洋生物质量、海洋沉积物质量进行调研和评价
4	渔业资源	鱼类、虾类、蟹类和头足类等
5	重要水生生物“三场一通”	多种重要水生生物的“三场一通”（产卵场、索饵场、越冬场和洄游通道）
6	自然保护区	周边距离较近的自然保护区范围及其现状
7	当前环境问题	当前存在的环境问题，如富营养化状况、赤潮等

3.2.4　温排水

直流冷却系统和二次循环冷却系统都需要考虑温排水的影响，但较二次循环冷却系统而言，直流冷却系统中温排水的影响范围和面积更大。闭式循环冷却显著降低了热排放。

(1) 温排水的影响

温排水的排放对环境的影响备受关注，在很早之前，人们就意识到热污染会对生态结构和功能产生影响。很多研究表明热排放会通过改变光合作用、新陈代谢、生长速率和降低溶解氧来改变水生群体的结构。热污染还会改变鱼类产卵、聚集和迁徙的时间和地点，还会导致一些物种的热触死亡率。

不利的温度影响是水生生态系统遭受其他的环境压力源，例如高生化需氧量水平、沉积物污染或者病原体。热污染通过影响病原体的生长和传播速率来间接影响鱼类和其他脊椎动物。

热污染对生态系统影响的大小取决于设施的特点，包括取水量和排水量的体积、其他热压力、水交换速率、附近生态保护区的存在及附近鱼的种类。

(2) 温排水排放相关法律标准

1) 国内温排水相关法律标准

《近岸海域环境功能区管理办法》规定："各类近岸海域环境功能区应当执行国家《海水水质标准》(GB 3097—1997) 规定的相应类别的海水水质标准。""对入海河流河口、陆源直排口和污水排海工程排放口附近的近岸海域，可确定为混合区。确定混合区的范围，应当根据该区域的水动力条件，临近近岸海域环境功能区的水质要求，接纳污染物的种类、数量等因素，进行科学论证。混合区不得影响邻近近岸海域环境功能区的水质和鱼类洄游通道。"

2) 国外温排水相关法律标准

美国清洁水法 (CW316a) 就温排水对水体的潜在影响进行了规定。对于任何规定的点源，其使用者或运行者在公众听证会后需要满足监管机构的要求，这些点源排放流出物的温度限值比用于维持排放水体中平衡的固有的贝类、鱼类和野生生物种群的规划和发展的要求高。监管部门可能对上述点源执行流出物限制 (考虑了热成分与其他污染物的相互作用) 以确保排放水体中平衡的固有的贝类、鱼类和野生生物种群的规划和发展。

（3）温排水排放相关法律标准

我国当前滨海核电厂均采用直流冷却，温排水的影响范围和面积较大。我国设置混合区时考虑了该位置的水文条件（是否有利于散热），以及不影响邻近近岸海域环境功能区的水质的要求。但目前有关是否影响鱼类洄游通道的分析和论证有待进行，混合区设置的合理性有待进一步论证。

3.2.5　取水系统对海生物或杂物的冲击与夹带

冲击和夹带（IM&E）的程度和区域影响一般与取水流量和区域水生生物特点有关，直流冷却系统较二次循环冷却系统取水流量更大，面临更多的取水系统对海生物或杂物冲击与夹带的问题。闭式循环冷却降低了相关的鱼类和贝类死亡率（即撞击和夹带死亡率）。

（1）冲击与夹带的定义

冲击（Impingement，IM）指的是取水过程中，在取水结构的外部或在筛选装置上截留的各个生命阶段的鱼和贝类大量聚集情况，这种短时间内的生物大量汇集使得过滤装置通流面积减少，过水流量降低，甚至无法满足后续水泵的吸入要求而导致机组冷却水中断，另外，滞留在拦截装置上的生物会对过滤装置形成较大的载荷，严重时还会压垮拦截装置。能够形成冲击影响的物种包括那些被最大间距为 0.56 英寸（1.42 cm）的筛收集或截留的物种，并且不包括那些通过拦截装置的物种。

夹带（Entrainment，E）指的是经过取水结构筛网（过滤装置）并进入冷却水系统冷凝器、热交换器等管路的较小尺寸的生物，在通过筛网过程中可能导致不同生长阶段的鱼类、贝类死亡。另外，在此过程中电厂如果还使用化学抑制方法以避免尚成活的生物在后续取水流道中生存（其在取水系统中生存、繁殖会堵塞后续流道），则这些残存的生物将受机械应力、泵和管道的压力变化，以及杀菌剂的影响。

（2）冲击与夹带的影响

冲击和夹带会导致：

1）对濒危物种产生影响；

2）重要水生生物（包括生态系统生物链中重要的元素）数量减少；

3）生物种群代偿储备减少；

4）本土物种、经济鱼类及观赏鱼类数量减少；

5）对整个生态种群和系统的压力（多样性的下降或其他生态结构和功能的改变）。

（3）减小冲击与夹带的方式

关于减小冲击与夹带的影响，保护渔业资源和水生生态系统，美国、欧盟、英国一般给予两个选择：

1）采用二次循环冷却方式降低取水量；

2）使用能够减小取水设施负面环境影响的技术和运行措施，能将影响减小至与闭式循环系统相当的水平。

3.2.6 其他环境影响

采用二次循环虽然对水域的影响减少，但同时增加了如下环境问题：

（1）羽雾、飘滴和荫屏

冷却塔的羽雾在自然风下的扩散将对环境造成影响，需进行评价，并采取应对措施。冷却水在冷却塔内溅落过程中，产生大量的细小的水滴，被上升气流顶托带出塔外，形成飘滴，飘滴从空气中沉降对环境的影响需进行评价，并采取应对措施。羽雾在地面形成的荫屏减少冷却塔周围太阳辐射，对动植物也造成一定的影响。

（2）盐沉积

由于循环冷却水中包含各类杂质，如盐和悬浮物，会随着飘滴落在冷却塔周边区域，在地面上产生相应的盐沉积，将对冷却塔周围环境、构筑物和设备带来一定的影响，需进行评价，并采取应对措施。

（3）冷却塔噪声

核电厂大型冷却塔噪声主要是水滴下落冲击池水面产生的连续性噪声，同时在水滴冷却水回收池、淋水板及支柱等表面上冲击也产生冲击性噪声，这些噪声通过冷却塔下部吸风口传出，会给冷却塔周围环境带来一定的影响，需进行评价，并采取应对措施。

3.2.7　经济性

从静态投资看，综合考虑循环水系统和常规岛部分，直流冷却方案和二次循环冷却方案固定投资需要具体讨论。

从额定发电功率、厂用电等对发电量的影响看，直流冷却方案能在一定程度上提高发电量，发电成本也低于二次循环冷却方案，且二次循环冷却方案运行维护成本较高。因而，如考虑到运行带来的效益，一般直流冷却方案的整体经济性较高。

3.3　相关研究与展望

1. 目前有多种二次循环冷却系统可使用。带冷却塔的二次循环冷却系统在常规火电厂和国外核电厂中均有应用。目前国内核电厂采用带冷却塔的循环水系统也仅处于设计阶段，且仅有 THJ、DB、HX 等几个项目（未开展施工），目前核电厂缺少相关建造及运行经验，后期需要对冷却塔进行更详尽的研究。

2. 直流冷却面临的温排水问题。关于减小温排的影响，可以参考国际做法，根据水体水质标准及水体代表性生物特点来确定更加合理的混合区范围。此外也可以开展利用温排水的相关研究，从而减少温排水对环境的影响。

3. 直流冷却面临海生物的冲击与夹带问题，有多种鱼类保护技术和操作措施可以研究，以达到降低撞击和夹带死亡率的目的。这些技术的实用性、成本和性能往往因使用环境不同而有所差异，这是因为不同厂址物种的特性、取水口附近的水力条件和水深、水体类型和用途，以及其他因素方面存在差异，可就此开展相关研究。

4. 核电厂中水冷却塔研究，将中水作为核电厂冷却塔的补给水，能有效提高水资源利用率。我国淡水资源有限，然而城市中水回水率很低，为了保护有限的淡水资源，提高中水利用率已成为趋势。邻近大城市、有充足中水供应的地区可以考虑使用中水作为冷却塔的补给水。

第 4 章　海工系统设计

4.1　核电厂冷源系统设计体系

核电厂的海工设施、重要厂用水系统、循环水系统历来是核电厂安全审评与环境保护审评的重点，每个厂址均会结合本厂址的海洋特征，开展大量的与取水安全、防浪、岸滩稳定、泥沙淤积和温排水影响等相关的研究工作，以确定取水、排水方案的可行性，但由于在超大循环水流量前提下，对海洋堵塞物认知不足，设计上尚缺乏对海洋悬浮物与漂浮物影响有针对性的工程措施。近年来，由于海洋漂浮物与悬浮物对核电厂海水系统的影响，发生几十起停机停堆事件，积累了大量的经验数据，运营方和设计方开展了基础性研究工作，目的是为设计与运维领域提供更可靠的依据，为电厂稳定运行提供可靠保障。

4.2　海域取水工程设计

4.2.1　传统设计内容

（1）设计依据

海域取水工程作为滨海核电厂海工工程的一部分，与其他海工工程（排水工程、护岸工程和大件码头工程等）同步实施，密不可分，不能简单地视为一个独立工程。因此，相应的设计标准规范和设计过程按照整体海工工程的设计考虑，执行和参考的设计标准、规范详见表 4.1。

表 4.1　海工工程系统设计标准清单

类别	标准清单
1. 海工工程设计	
1.1 核安全法规、导则	《核动力厂设计安全规定》(HAF 102) 《核电厂厂址查勘》(HAD 101/07) 《滨海核电厂厂址设计基准洪水的确定》(HAD 101/09) 《核电厂厂址选择的极端气象事件》(HAD 101/10) 《核电厂设计基准热带气旋》(HAD 101/11) 《核电厂的地基安全问题》(HAD 101/12) 《核动力厂抗震设计与鉴定》(HAD 102/02) 《核电厂设计中的质量保证》(HAD 003/06)
1.2 部门管理规章	《福岛核事故后核电厂改进行动通用技术要求(试行)》(国核安发〔2012〕98 号文附件) 《核动力厂取排水环境影响评价指南(试行)》(HJ 1037—2019) 《核电厂取水工程堵塞物防控设计指南》(国核安发〔2022〕123 号) 《核电厂取水安全运行和异常响应管理指南》(国核安发〔2022〕123 号)
1.3 国标	《压水堆核电厂物项分级》(GB/T 17569—2013) 《大中型火力发电厂设计规范》(GB 50660—2011) 《堤防工程设计规范》(GB 50286—2013) 《核电厂抗震设计标准》(GB 50267—2019) 《核电厂工程测量技术规范》(GB 50633—2010) 《核电厂工程水文技术规范》(GB/T 50663—2011) 《海滨观测规范》(GB/T 14914—2006) 《海洋工程环境影响评价技术导则》(GB/T 19485—2014) 《核电厂岩土工程勘察规范》(GB 51041—2014)
1.4 行标	《核电厂水工设计规范》(NB/T 25046—2015) 《核电厂海工构筑物设计规范》(NB/T 25002—2011) 《核电厂取排水隧洞结构设计规范》(NB/T 20389—2016) 《核电厂温排水环境影响评价技术规范》(NB/T 20299—2014) 《港口与航道水文规范》(JTS 145—2015) 《海港总体设计规范》(JTS 165—2013) 《防波堤与护岸设计规范》(JTS 154—2018) 《防波堤与护岸施工规范》(JTS 208—2020) 《水运工程抗震设计规范》(JTS 146—2012)

续　表

类别	标准清单
1.4 行标	《港口工程荷载规范》(JTS 144—1—2010) 《水运工程地基设计规范》(JTS 147—2017) 《水运工程爆破技术规范》(JTS 204—2008) 《疏浚与吹填工程设计规范》(JTS 181—5—2012) 《波浪模型试验规程》(JTJ/T 234—2001) 《海岸与河口潮流泥沙模拟技术规程》(JTS/T 231—2—2010) 《水运工程测量规范》(JTS 131—2012) 《水运工程岩土勘察规范》(JTS 133—2013) 《水工隧洞设计规范》(SL 279—2016) 《冷却水工程水力、热力模型技术规程》(SL 160—2012)
2. 冷源相关系统及子项设计	
2.1 核安全法规、导则	《核电厂质量保证安全规定》(HAF 003) 《核电厂的地震设计与鉴定》(HAD 102/02) 《用于沸水堆、压水堆和压力管式反应堆的安全功能和部件分级》(HAD 102/03) 《核电厂反应堆冷却剂系统及其有关系统》(HAD 102/08) 《核电厂最终热阱及其直接有关的输热系统》(HAD 102/09) 《核动力厂防火与防爆设计》(HAD 102/11)
2.2 国标	《泵站设计规范》(GB 50265) 《核电厂防火设计规范》(GB/T 22158) 《建筑设计防火规范》(GB 50016) 《回转动力泵 水力性能验收试验 1 级和 2 级》(GB/T 3216) 《泵的噪声测量与评价方法》(GB/T 29529) 《泵的振动测量与评价方法》(GB/T 29531)
2.3 行标	《压水堆核电厂重要厂用水系统设计准则》(NB/T 20188) 《核电厂水工设计规范》(NB/T 25046) 《火力发电厂水工设计规范》(DL/T 5339) 《压水堆核电厂核岛机械设备制造规范》(NB/T 20001) 《压水堆核电厂核岛机械设备焊接规范》(NB/T 20002) 《核电厂核岛机械设备无损检测》(NB/T 20003) 《压水堆核电厂核岛机械设备理化检验规范》(NB/T 20004)

（2）设计过程

根据表 4.1 所列设计标准、规定，按照滨海核电厂海工工程所承担的功能，通过一系列专题研究，确定工程方案，结合厂址参数分阶段开展可研、初设和施工图的设计工作。海工工程的大致设计流程如图 4.1 所示。

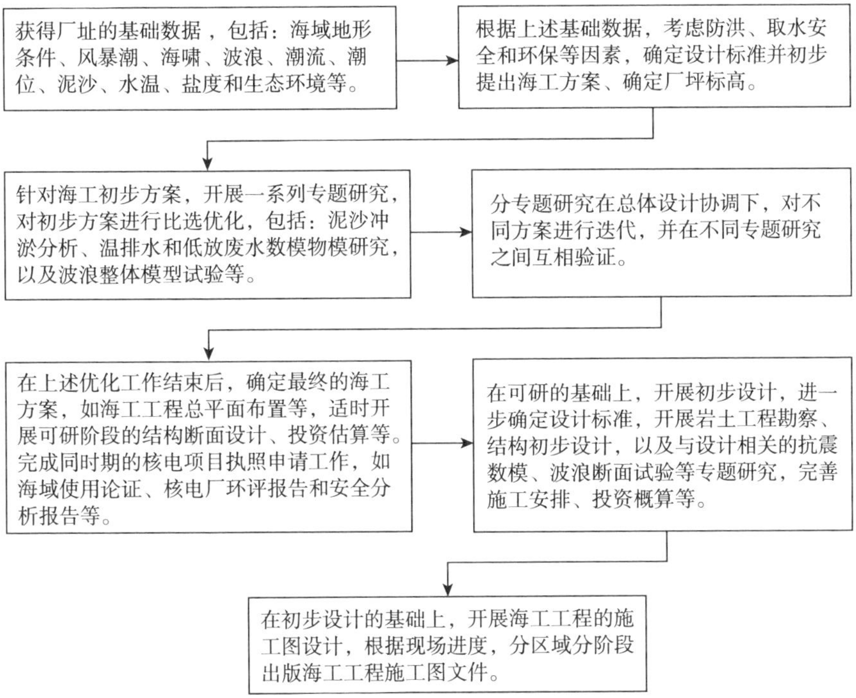

图 4.1　海工工程设计流程

在不同阶段的主要设计工作说明如下：

1）可研阶段

本阶段需要开展一系列专项工作，初步确定海域取水工程平面布置方案和基本形式。包括：

① 获取工程海域基础条件

- 工程海域水下地形测量；
- 工程海域水文站建站观测 1 年；
- 工程海域季度潮流测验；
- 工程海域岩土工程初勘；

• 工程海域生态环境调查；

• 工程海域潮位、波浪、水温等参数的统计分析。

② 根据海工工程需要考虑的因素，提出初步的工程方案，从波浪、泥沙和温排水等影响方面开展试验研究，验证工程方案的合理性，并进一步提出优化方案反复迭代，对不同方案的不同方面影响进行综合分析后，确定推荐的工程方案。

• 温排水及液体流出物数值模拟计算和物理模型试验；

• 海工工程波浪整体数值模拟计算和物理模型试验；

• 岸滩稳定性及泥沙冲淤数值模拟计算和物理模型试验；

• 漂浮物数值模拟计算和物理模型试验；

• 施工期悬沙、溢油数模研究。

③ 确定总平面布置方案后，开展可研阶段的结构设计等，主要包括：

• 取水工程水力计算；

• 断面设计及地基和结构稳定性分析；

• 配套工程设计；

• 施工安排及进度；

• 投资估算。

④ 执照申请工作

根据核电项目的管理方式，项目核准前需要取得相关管理部门的意见。与海工工程相关的工作，主要是向自然资源部（国家海洋局）和生态环境部（国家核安全局）提交海域使用论证和核电厂环境影响报告书、厂址安全分析报告，征求管理部门对于海工工程方案的意见。由于海工工程涉及的因素复杂，需要综合考虑各个影响方面以确定相对平衡的工程方案，但对于上述管理方来说，可能更关注海工工程的其中某些方面，关注方面的侧重不同和局部性，也使得设计中考量的因素按管理要求会出现很大的不确定性，考量因素的反复也进而影响了最终的工程方案。相关工作如下：

• 海域使用论证；

• 环境影响报告书；

• 安全分析报告。

2）初步设计阶段

根据可研阶段的推荐方案，开展初步设计工作。进一步开展岩土工程详勘工作，对结构断面进行细化设计，并开展抗震数模计算、波浪断面物理模型试验等工作，优化结构断面，以满足功能要求，并进一步细化水力计算、投资概算等内容。

① 岩土工程详勘；

② 波浪断面物理模型试验；

③ 拦网波浪物理模型试验；

④ 抗震数模计算；

⑤ 水力计算；

⑥ 断面设计及地基和结构稳定性分析；

⑦ 配套工程设计；

⑧ 施工安排及进度；

⑨ 投资概算。

3）施工图设计阶段

进一步细化与厂内边界的接口资料，根据现场进度需求，分区域分阶段完成出版海工工程施工图文件。

（3）考虑的主要因素

1）取水安全

① 取水水深

需要保证重要厂用水（厂用水）系统和循环水系统在相应设计标准情况下的取水要求，即考虑工程海域的地形条件、设计水位和泥沙淤积等情况，保证取水安全。

以 F 核电海域取水工程为例，厂址海域设计基准低水位为 −5.87 m，泥沙冲淤研究专题结果表明取水渠道的平均淤积强度为 0.56 m/a，最大骤淤厚度为 0.8 m，结合厂址海域的水下地形条件，最终将取水口位置布置在地形 −9 m 位置处，可以保证极端水位情况下的取水要求。

② 抗震能力

根据重要厂用水系统的取水要求，需要保证在极端地震情况下的取水安全，即 SL-2 地震情况下的重要厂用水系统取水安全。需要对结构形式开展专项分析，重要厂用水系统的结构形式受厂址区域的地震烈度、地质条件及重要厂用水系统自身所选择的类型等因素影响很大，需要开展专项分析。从目前已建项目来看，采用明渠方式，抗震裕度较大，有更好的厂址适应性，尤其在条件相对较差的厂址中体现更为突出。例如 Z 核电项目，厂址 SL-2 级地面运动基岩水平向峰值加速度达到了 0.30g，为国内核电项目的最大值，厂址海域的淤泥厚度大，局部能达到 20 m 厚，在这种条件下，即使采用抗震裕度较大的明渠方式，其明渠导流堤在局部区域也会发生破坏，根据专项研究的成果，导流堤在水平向和竖向的破坏程度约为 1～2 m，但是相比取水明渠宽度大于 120 m 的情况，完全可以保证重要厂用水系统的取水安全。

③ 外部事件影响

取水工程设计中还需要考虑漂浮杂物、油污、小型失事船舶的影响，常规情况下在取水明渠内设置一道拦污网及浮油栏，以应对上述事件。并且，取水明渠内的拦污网通常还会承担核电厂实体保卫的功能，作为海域的一道屏障与陆域的围栏连接，形成一道封闭的边界。从近几年发生的外部事件看，海洋漂浮物与悬浮物对核电厂的运行造成了极大的困扰，常规做法在一些海域不足以应对海洋条件的变化。

2）防洪安全

海工工程不仅包括取水工程，还包括排水工程、护岸和码头等设施，取水工程在满足取水功能的基础上，还要兼顾核电厂的防洪功能。防洪方面一般考虑以下方面：

① 设计基准洪水位

通过水文站观测、长期站数据收集，综合分析厂址海域的洪水事件，如天文潮、海啸、假潮和风暴潮等，确定厂址的设计基准洪水位。核电厂的厂坪标高应高于该水位，以满足防洪的基本要求。在此基础上，综合考虑土石方平衡、循泵扬程和台风浪防护等方面，确定合适的厂坪标高。

② 波浪

考虑在设计基准洪水位基础上的可能最大台风浪，假如厂坪标高足够高，高于该综合影响，则无需海域的工程措施作为进一步防护的措施。但目前的核电厂址大多数难以实现，在这种情况下，则需要海域的护岸及取排水导流堤承担防浪功能。以 F 核电项目为例，厂址的设计基准洪水位为 8.58 m，考虑此基础上的可能最大台风浪，会远高于厂坪标高 11 m，因此，取水明渠的北侧导流堤需要与护岸共同承担北向浪的防护功能，通过开展波浪的模型试验研究，确定合理的防波堤高度，以保证设计基准洪水位情况下可能最大台风浪的防洪安全。

3）环保要求

① 泥沙冲淤

除了从取水水深条件方面考虑泥沙淤积问题外，还需要考虑取排水工程的建设造成的周边海域的冲淤变化，从这个角度，明渠方案相比暗管方案是劣势的，但是叠加考虑抗震能力等方面因素，明渠方案还是具有优势。针对明渠在该方面的劣势，通过开展泥沙冲淤模型试验研究，对取水明渠方案进行细化研究分析，包括导流堤的长度、采用浅堤等形式，选择冲淤影响尽量小的工程方案。

② 温排水、取水影响

作为海工工程的一部分，取水工程的布置需要与排水工程及护岸、大件码头等综合考虑，尤其是排水工程，不同的取水工程方案也会影响温排水的扩散稀释效果，进而影响排水工程的布置方案，因此，两者不是完全独立的，需要同步研究、同步设计。

但是在温排水方面，目前尚缺少各方能达成一致可执行的量化标准，多采用专家评审法，一事一议，因此也经常会出现专家意见的不一致，造成方案的反复变化，在向自然资源部（国家海洋局）申请用海，开展海域使用论证工作中尤其明显。此外，生态环境部在审理核电厂环境影响报告书时，也同样关注该问题，多方管理造成意见统一的难度更大。此外，生态环境部在关注温排水影响之外，又提出了对于取水影响的分析要求，2019 年发布的《核动力厂取排水环境影响评价指南（试行）》给出了一套新的评价程序，但也存在缺少量化标准的问题，目前还处在新开展项目的试行阶段，后续需关注。

4）管理要求

① 通航影响

取水工程对于周边航道的影响也是取水工程方案的考虑因素之一。需要通过开展通航评估工作，验证不同工程方案在航道通行方面的合理性。

② 养殖影响

取排水工程的建设，以及温排水的影响，都会对周边的养殖造成不利影响，需要结合养殖情况，包括养殖区域、养殖品种等，通过工程方案相应的温排水、施工悬沙影响研究，选择影响较小的方案，具体要求也是在海域使用论证工作中重点关注的方面。

③ 其他工程影响

取排水工程的布置还要考虑工程周边其他海域工程的影响，如港口码头、跨海大桥和其他电厂等，需要考虑互相影响的叠加。这些情况在目前已建核电项目中均有出现，如 T 核电、Q 核电附近新建跨海大桥；T 核电、Z 核电附近均有已建或规划港口作业区等。

5）经济性

① 工程造价

不同的取水工程方案，还需要结合具体厂址条件、设计标准，在技术可行的基础上，进行不同方案工程造价的比较，选择工程费用较合理的方案。

② 运行效率

主要是考虑排水工程的温排水对取水口造成的取水温升影响。电厂取水水温的提高会降低机组的发电效率，因此在开展整体取排水工程方案研究时，应按照尽量降低取水口温升值的原则开展优化比选，以提高核电厂的运行经济性。

综合考虑以上因素，开展充分论证并通过核准审查，最终确定项目海工方案。

4.2.2 根据研究成果新开展的论证体系及相关设计

在传统设计模式下，海洋堵塞杂物等外部事件在取水工程设计环节中占的比重很小，但由于这些年海洋条件的变化，这部分的影响权重越来越大。为了应对近年来核电厂发生的冷源安全事件，需以“主动防御、纵深设置、梯级过滤、永临结合”为导向，从系统设计、设备选型和工艺布置等方面以系统性的手段综合提高机组的冷源安全。

设计方据此已开展了系统性的研究工作，并取得了一定的成果。根据研究成果，针对取水系统前端的海域部分，提出需要建立取水堵塞物海域防控系统，在特定海域为减少冷源致灾物的入侵创造条件，并为电厂的应急响应获得宝贵的时间窗口。取水堵塞物海域防控系统包括开展冷源堵塞物调查、利用取水流场对悬浮物或漂浮物进行主动导避、在明渠内对拦污设施进行梯级布设，以及在取水口建立监测预警系统等，旨在从前端取水部分综合而系统性地提高机组的冷源安全。具体内容如下：

（1）冷源堵塞物调查

冷源堵塞物调查主要调查核电厂及其邻近海域冷源堵塞物的种类组成和数量分布特征，评估冷源堵塞物的时空分布动态，并梳理和编制冷源堵塞物名录、风险等级目录和风险月历，为取水口的海工设计，以及堵塞物的综合防范和科学治理提供数据支撑，为后续冷源风险性堵塞物预警、应急处置、冷源小组决策等提供科学依据。针对冷源堵塞物调查，设计院已建立了相关调查体系，并已将该调查体系应用于核电新项目。

（2）取水流场分析

取水流场分析旨在利用取水明渠的流场特征，结合拦污导污设施的布置，将悬浮或漂浮类污物随水流主动引导至取水口外，减少其进入取水系统；或将进入明渠的杂物引导至易打捞、无致灾风险区域，以提高拦导污设施的自清洁能力和耐用程度，减轻运行维护的压力。有效的导流措施可从源头大大降低进入取水系统的杂物体量，大幅度降低取水系统各级拦截设备的污物负荷，大力提高核电厂冷源对潜在堵塞物的防御能力。

目前，基于取水流场分析对取水口的设计改造已在 C 核电项目有所应用，具体过程如下。

2016年C核电1、2号机组鼓网处出现大量垃圾，造成鼓网前后压差高、循泵停运，以致机组停机停堆；2018年4月北部湾海藻暴发，运行机组泵房鼓网处出现大量海藻，造成鼓网压差高、循泵跳闸，最终停堆。两次事件的根本原因是取水明渠内风浪大、明渠内设置的拦网破损，导致海域取水工程失去拦截功能。为此，开展了取水工程优化工作，通过以问题为导向实施的一系列专项研究分析，最终确定在已有明渠基础上，延长取水东导流堤569 m对明渠进行掩护，并在改造后的明渠内设置5道拦污网，进行梯级过滤。开展的专项研究主要包括：

1）波浪整体物理模型试验

针对不同的优化方案，开展波浪数学模型和物理模型试验，验证不同方案的波浪掩护效果。研究过程中共开展了5种不同方案的分析，根据波浪掩护效果，结合漂浮物轨迹分析、泥沙回淤情况和工程费用，确定了延长569 m导流堤的方案。

2）漂浮物轨迹分析

针对验证波浪掩护效果开展的5种优化方案，开展了漂浮物轨迹分析工作，以生活垃圾的来源作为应对对象，采用粒子追踪法对水面漂浮物的运动进行研究，结果也显示延长569 m导流堤方案的拦截效果较好。

3）贝壳类碎屑水力特性研究

针对泵房中收集的贝壳类碎屑，开展了波流水槽试验，分析其可能来源，根据试验结果判断碎屑来自海域的可能性很小。同样根据试验结果，在明渠改造、风浪减小后，碎屑出现的可能性更小。

4）拦污网波浪模型试验

通过对取水口附近海域波浪场研究优化拦污网布置型式，验证不同水位、波浪、拦污网堵塞率组合条件下，拦污网系缆结构、墩台结构的稳定性，测定各工况下墩台结构波浪力、浮托力及主缆绳拉力等，为拦污网施工图设计的荷载条件和使用期堵塞率监控要求提供依据。

5）抗震数模

针对改造后的取水明渠导流堤，开展抗震数模分析工作，验证地震情况下的取水安全。根据 C 核电项目改造后的运行经验反馈得知，现有取水口型式对于冷源堵塞物的导避效果显著，大大降低了进入取水系统的杂物量。

（3）拦污网的梯级布设

除需基于明渠流场特征对拦导设施进行布设外，还需对拦污网进行系统性的梯级过滤配置，并结合永临结合的理念，达到将污物逐级进行拦截的目的。我方对此开展了相关研究，并获得规律性的结论。

对于核电厂的取水系统（尤其对于取水系统污物的大规模暴发具有一定周期规律性的厂址），在杂物大规模入侵时，通过梯级过滤的工程措施将杂物逐级滤掉，以减轻下游过滤设备的运行负荷，同时延缓设备的损坏。梯级过滤的理念已在 T 核电项目有所应用，T 核电站 1 至 6 号机组分别通过增设拦污网、增设重要厂用水取水构筑物和过滤系统的整体优化有效提升了海水取水系统的过滤能力，有效减少了机组由于大规模杂物（如麦秸秆、浒苔或紫菜等）入侵造成非计划停堆的风险。目前 X 核电项目正在基于梯级过滤的理念开展明渠拦污设施梯级布设的初步设计工作。

除梯级过滤的系统性研究和设计外，我方还针对明渠拦污设施的具体设备进行了优化和研发工作，如研发了可快速拆卸网兜以对明渠内堵点进行及时有效的清理。目前该设备已完成了专家评审并已应用于 X 核电项目初步设计阶段。此外，还研发了可变孔径拦污网以应对机组运行时的不同污物工况，目前该设备已完成了概念设计、样机制造及相关的数模和物模验证。

（4）监测预警系统

通过在取水口设置监测预警系统，实现针对致灾物暴发的早期预警功能，为运行单位在冷源事件发生前或发生时的提前响应、人为干预提供条件。电厂应把监测预警系统当作应对冷源事件的必备运维手段，并需将监测预警系统的设计纳入设计范畴。此外，运营电厂需结合厂址特征、致灾物调查结果及取水系统的设置特点，建立具有针对性的电厂运行冷源安全应急预案体系，并与电厂的监测预警体系达到实时有效的联动，以及时延缓冷源致灾物入侵对电厂运行造成的冲击，减轻不良后果。

取水口监测预警体系的具体设计主要包括通过在取水口区域设置致灾物监测预警系统，建立立体化监测网络，通过综合利用多种监测设备互补监测盲区，覆盖近距离（如 300 m）、中距离（如2 km）、远距离（如 5 km）海域，以获取并分析多源致灾物监测数据，实现针对致灾物暴发的早期预警功能。监测预警体系宜实现对大规模致灾物运动轨迹的跟踪，建立对水文、气象和生态等数据的监视或链接，并实现与相关部门的联动（包括监测数据的共享、应急响应行动的协作实施等)。此外，电厂通过监测预警体系的搭建，对厂址堵塞物特征值不断进行采集、积累与人工智能学习，通过预警模型的不断学习和优化，逐渐完善形成针对本厂址特征的监测预警体系，不断提高预警准确度。

目前，设计院已完成了监测预警系统平台的联合研发工作，成果已应用于 C 核电厂，取得了良好效果；同时，该监测平台已应用于 X 核电项目初步设计阶段，并计划应用于 Z 核电项目。该监测预警系统平台可实现提前 48～72 h 的预警功能，当已发生或将发生冷源事件时，监测预警体系根据级别划分发出不同级别的预警信号，最终应与电厂的应急响应预案相适应。

综上所述，针对取水系统前端的海域部分，需建立取水堵塞物海域防控系统，通过开展冷源堵塞物调查、利用取水流场对悬浮物或漂浮物进行主动导避、在明渠内对拦污设施进行梯级布设、在取水口建立监测预警系统等手段，从源头抵御冷源致灾物的入侵，并与电厂应急体系有效联动，系统性提升取水海域部分的冷源致灾防御能力。

4.3 冷源相关系统及子项设计

4.3.1 传统设计内容

冷源相关系统主要包括循环水系统、重要厂用水系统，以及为这两个系统提供滤后海水的过滤系统。冷源相关重要子项为泵房，冷源相关重要设备多数布置在泵房内，明渠结合隧洞取水厂址的部分过滤设备则布置在取水头部。

循环水系统从热阱海水中取水向常规岛提供冷却水，该系统的设计和运行与核电厂的发电经济性相关。重要厂用水系统从核电厂最终热阱海水中取水，与设备冷却水一起为核岛提供冷却水，该系统的设计和运行与核电厂的安全性相关。过滤系统对循环水和重要厂用水系统的水源进行过滤，避免进入系统的杂物过多导致管路、设备运行不畅甚至堵塞而影响核电厂运行的经济性甚至安全性。

所有设计的出发点都可以归纳为实现用户需求。循环水和重要厂用水系统作为冷却水系统，设计需满足换热设备的需求；泵房的设计则需要满足冷源关键设备运行和维护的需求，并综合考虑电厂建设和运行经济性。

换热设备的主要需求可以概括成两点：热量传导和避免堵塞。循环水系统将凝汽器的热量带走，重要厂用水系统则负责带走设备冷却水系统热交换器的热量。因此，循环水和重要厂用水系统的换热能力主要由换热设备需要被带走的热量确定，系统的流量、温升和水损则根据规范要求、设计经验、布置情况、一次投资和运行经济性综合确定。除了满足换热量要求外，为避免杂物堵塞影响换热性能，进而影响电厂发电经济性甚至运行安全性，换热器对冷却水中的杂物尺寸也有相应要求，过滤系统的设计目的则是为了避免换热设备被堵塞。

冷源关键设备运行和维护的需求包括设备布置空间、滤水和取水深度、供电、通风、通信、吊装和检修等需求，泵房设计应全面考虑。

下面对冷源相关系统和子项设计现状作简要介绍。

（1）系统设计

1）循环水系统

循环水系统不具备安全功能，系统冷却容量根据凝汽器需要带走的热量确定。结合厂址水温、总平面规划、循环水系统排水温升限值、设备费、土建费和成本电价等影响因素，通过冷端优化确定冷端配置，即确定凝汽器面积、背压、循环水系统流量和供排水管道尺寸等，并确定循环水系统是否需要实现流量调节功能。若循环水系统需要根据水温情况变流量运行，则需结合泵房布置，从技术和经济的角度比选采用多泵或变频等调节流量的方案。目前，中核核电项目中采用流量调节方案的项目包括：T 核电 3、4 号机组和 X 核电 1、2 号机组分别采用 1 机 3 泵和 1 机 4 泵的多泵方案；T 核电 5、6 号机组和 X 核电 3、4 号机组采用 1 机 2 泵变频方案。中核其他核电项目均采用 1 机 2 泵定速方案。

凝汽器为管式换热器，管束直径通常为 25 mm，直径较大不易堵塞。循环水系统内设置过滤器（二次滤网），过滤孔径根据工程经验通常设置为 5 mm，暂未收到该过滤器经常被堵塞的运行反馈。循环水在到达凝汽器前通过过滤器（二次滤网）过滤后向凝汽器提供冷却水，暂未收到过凝汽器被杂物堵塞的运行反馈。

2）重要厂用水系统

重要厂用水系统具有安全功能，为安全级设备冷却水系统热交换器提供冷却水，系统冷却水量根据电厂各运行工况下热交换器需要带走的热量及厂址 T7 温度确定。系统设计执行单一故障准则、实体隔离、应急供电、定期试验、灾害防护和环境鉴定等要求。

设备冷却水系统的热交换器通常为板式热交换器。板式热交换器的板片间距通常介于 0～8 mm 之间，理论过流颗粒最大直径为 4 mm，供货商推荐通过板式热交换器的冷却水内杂质尺寸不大于 2 mm，因此重要厂用水系统在板式热交换器前设置贝类捕集器，过滤孔径 2 mm。但是，部分电厂反馈 2 mm 过滤孔径的贝类捕集器堵塞频繁，检修频率较高。一些杂物较多的电厂通过改造换型，将贝类捕集器的过滤孔径由 2 mm 改为 3 mm，实际运行反馈良好。

3）过滤系统设计

虽然在循环水和重要厂用水系统中已经设置了过滤设备，但是海水中的杂物过多时，系统容易形成堵塞，导致鼓网压差高，因此不能只靠管路系统中设置的单一过滤设备承担拦截过滤功能，应在系统取水源头开始过滤，也便于清污。过滤系统的设置就是为循环水和重要厂用水的取水提供过滤功能。过滤系统设计采取梯级过滤的理念，通过逐级减小过滤设施的栅条间距或网孔直径，将海中的杂物逐级分配在各级过滤设施上，避免某一级过滤设施承担过大的过滤负荷而被完全堵死甚至压垮。梯级过滤的级数越多，每一级的过滤负担则越小，但是一次投资和运维费用也会相应增加，需要进行利益代价分析。

目前，循环水和重要厂用水共用过滤系统的经验梯级配置多为：栅条间距 100～200 mm 的粗格栅、栅条间距 50 mm 的细格栅和网孔孔径 3 mm 的鼓型滤网。对于循环水和重要厂用水分设过滤系统的项目，以 T 核电项目的良好实践梯级配置为例：T 核电项目取水方式为明渠结合隧洞取水，海水通过隧洞进入配水构筑物，然后分别向循环水泵房和重要厂用水泵所在厂房配水，在取水隧洞起始端设置栅条间距 100 mm的粗格栅和栅条间距 50 mm 的细格栅，在取水隧洞末端的配水构筑物设置网孔尺寸为 10 mm×10 mm 的板框滤网，在循环水泵取水前设置网孔尺寸为 4 mm×4 mm 的板框滤网，在重要厂用水泵取水前设置栅条间距 20 mm 的细格栅和网孔尺寸为 3.5 mm×3.5 mm 的板框滤网，过滤系统整体运行效果良好。

(2) 关键构筑物设计

1) 泵房

冷源相关系统中的关键设备多数布置在泵房内，主要布置过滤设备和水泵，通常分为过滤区和泵区。泵房设计需要进行方案比选，比选内容主要包括：

① 循环水和重要厂用水系统共用或分设过滤系统。

② 分设过滤系统的循环水泵房和重要厂用水泵房分建或合建。

③ 循环水泵采用混凝土蜗壳泵或金属斜流泵。

④ 循环水系统采用变频泵或多泵配置方案。

⑤ 旋转滤网采用鼓型滤网或板框滤网。

⑥ 粗、细格栅清污方案选择等。

泵房布置时还应关注：

① 水泵叶轮淹没高度，保证设备运行安全。

② 过滤设备滤水有效面积和布置标高确定。

③ 安全级设备布置的实体隔离要求。

④ 辅助系统（给排水、暖通、电气、仪控和吊车）布置空间要求等。

2) 冷源相关系统和子项设计遵循的标准

冷源相关系统和子项设计主要遵循的导则、规范包括：

① HAD 102/08《核电厂反应堆冷却剂系统及其有关系统》。

② HAD 102/09《核电厂最终热阱及其直接有关的输热系统》。

③ NB/T 20188《压水堆核电厂重要厂用水系统设计准则》。

④ NB/T 25046《核电厂水工设计规范》。

⑤ GB 50265《泵站设计规范》。

除上述导则、规范外，冷源相关系统和子项的设计还应满足其他国家核安全法规、导则的相关规定，满足国家标准、行业标准的相关要求，并参考国外标准要求等。

但是，这些标准中均未对暴发性海洋堵塞物的设防提供指导。

4.3.2 设计改进内容

由于近年来海洋堵塞物的影响，海水取水、过滤和换热设施出现了不同的堵塞情况，有些是多发性的长期状况，有些是暴发性的堵塞物入侵。为保证冷源安全，应重点关注冷源相关系统的取水稳定性和安全性、输水畅通性和可达性、过滤设备自清污的高效性、过滤和换热设备堵塞后检修并恢复投运的快速性。

针对近年来核电厂发生的冷源安全事件，主要从取水稳定、过滤设备高效清污、降低过滤和换热设备堵塞风险等方面开展了系统性的科研和设计改进工作。

(1) 取水稳定

保证取水稳定的关键因素包括外在因素和内在因素。外在因素是液位，即实际运行时，水泵吸水池液位不应低于水泵安全运行液位。内在因素是设备自身取水的稳定性。

1) 保证取水稳定的外在关键因素

对于外在因素，主要从 4 个方面进行改进：降低实际运行时的泵前水损、监测水泵吸水池液位、循环水系统变流量设计和避免其他设备故障影响水泵取水稳定。

① 降低实际运行时的泵前水损

采取隧洞取水方式的核电厂，若厂址海域附近存在较多附着类海生物，则电厂运行期间，该类海生物容易在隧洞内壁大量附着，如图 4.2 和图 4.3 所示，从而增加泵前水损，严重情况下可能导致在某些潮位下实际运行水位低于水泵的安全运行液位。

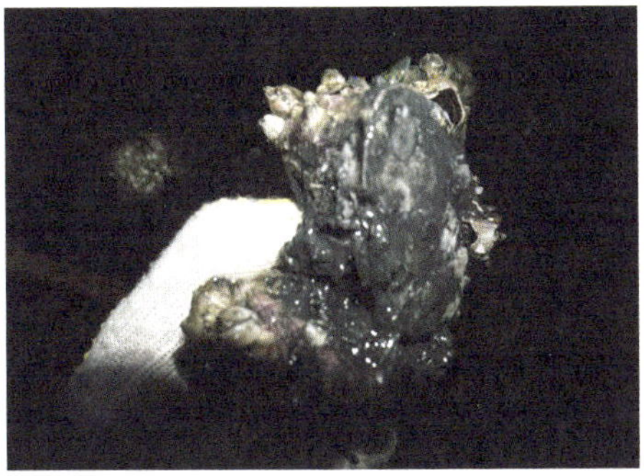

图 4.2　隧道内附着的成体藤壶

图 4.3　隧道内附着青口贝
（外形尺寸约 15 cm）

藤壶类海生物在发育成熟期，需要在一稳定表面依附。成熟后的贻贝类和藤壶更喜欢将一个合适的稳定表面作为它们的栖息地，而不像它们的幼虫喜欢随波漂流。

水力损失计算公式：

$$h_{fj}=\frac{2gl_i}{C_i^2R_i}\times\frac{v_i^2}{2g}\qquad C_i=\frac{1}{n}R_i^{1/6}$$

C_i——舍齐系数；

R_i——水力半径；

l_i——隧洞某一段的长度；

v——流速；

n——糙率系数。

水力损失与糙率系数的平方成正比；和半径的 4/3 次方成反比。

针对不同混凝土表面糙率系数的选取详见表 4.2。

表 4.2　不同混凝土表面糙率系数的选取表

	不同混凝土表面	糙率系数参考值
混凝土	抹光的水泥沙浆面	0.0120～0.0130
	金属模板浇筑，平整顺直，表面光滑	0.0120～0.0140
	刨光木模板浇筑，表面一般	0.0150

续 表

	不同混凝土表面	糙率系数参考值
混凝土	表面粗糙，缝口不齐	0.0170
	修整及养护较差	0.0180
	预制板砌筑	0.0160～0.0180
	预制渠槽	0.012～0.0160
	平整的喷浆面	0.0150～0.0160
	不平整的喷浆面	0.0170～0.0180
	波状断面的喷浆面	0.0180～0.0250

某核电工程取水水力损失计算成果如下：

洞径 5.0 m，n＝0.018，水力损失 2.28 m；

洞径 4.8 m，n＝0.018，水力损失 2.72 m；

洞径 4.8 m，n＝0.022，水力损失 3.82 m；

洞径 4.8 m，n＝0.025，水力损失 4.78 m。

综上所述，如果不定期清理海生物，隧道表面糙率系数将变大，同时断面减少是水力损失变大的主要因素。水力损失大意味着增加循泵的功率，泵吸入口水位降低，因此必须长期监测水位，判断水损变化趋势，决定是否需要在大修期间清理隧道附着物。T 核电实际n 值测算为 0.018～0.020，C 核电实际 n 值测算为 0.025 以上。

从设计角度海生物在隧道大面积附着的解决方法主要如下：

• 优化进水口门布置：进口流速接近或低于海域天然流速，减少由卷吸效应导致的海生物进入取水流道。

• 增加拦截设施：通过设置拦污网、格栅和滤网等多重拦截设施，避免海生物大规模进入取水流道，影响电厂运行。

• 头部加药：取水口投加次氯酸钠，抑制或杀死海生物，避免流道内海生物繁殖、附着。

• 增加防腐涂层：在电厂海水系统设备、管道上采用涂料，通过涂料中杀虫剂或低表面能预防海生物附着。

• 变更管道材质：取水流道尽可能选择海生物不易附着的材质，如光滑的玻璃钢管道，管道宜设置为能够检修维护。

从运维的角度，只能采取人工或机器（图 4.4）清理隧道表面的方法，将每个寿期附着在隧道表面的海生物清除。

图 4.4　隧道海生物清理机器人

对于传统加氯的海水处理方式，应在隧洞起始端采取连续加药并辅以冲击加药的方案；如取水隧洞过长，可考虑在隧洞中段位置增加药点。若采用其他海洋生物杀生药剂，要充分论证其功能及环境许可凭证。

② 监测循泵吸水池液位

设置液位计实时监测循泵吸水池液位，当液位下降至警戒值时报警通知现场运行人员，现场运行人员可结合明渠监测预警系统（如有）判断采取何种应对措施。如果液位持续下降可能影响到重要厂用水的取水稳定，可以通过停运循环水泵或降低循环水泵流量（变频泵）的方式保证重要厂用水泵的吸水池液位高度，进而保证核电厂的运行安全。

③ 循环水系统变流量设计

以往工程循环水系统采用变流量设计主要从运行经济性的角度出发，对于冬、夏季水温差异大的厂址采用多泵或变频泵方式，冬季运行时可以通过减少水泵运行数量或降低水泵功率的方式节省运行费用、降低厂用电率。但是，从近几年核电厂发生的冷源事件总结的经验来看，如果循环水系统采用变流量设计，当冷源事件发生时，可以主动降低循环水系统的流量，进而减少进入泵房取水流道内污物的总量，减小过滤设备的过滤负荷和堵塞风险，通过主动降流的方式保证水泵的取水稳定。目前循泵采取变流量设计有3种方式：凝汽器进出口阀门节流，可以减少40%流量，例如C核电厂1、2号机组；采用变频泵，夏、冬两季海水温度温差大的厂址可以优先考虑采用，可以有效降低厂用电率，例如T核电5、6号机组；采用调节叶轮角度来调整流量，例如S核电厂1、2号机组。

④ 避免其他设备故障的影响

除了因为自身故障导致循环水泵自动停运外，与循环水泵自动停运连锁的另一个逻辑是：鼓型滤网前后液位差值达到警戒值。这个逻辑控制的目的是保护鼓型滤网不被压垮。因此，应避免鼓型滤网液位差计测量的误差或仪表故障导致循环水泵误停运，从而影响循环水系统的取水稳定性。

鼓型滤网前后液位差计采用“3取2”报警和连锁控制的模式，并且应选用不同测量原理的液位差计避免共模失效。通过实际验证，雷达液位计稳定性相对较高。此外，液位差计的故障也不应导致循泵误停运，若液位差计出现故障，应明确逻辑退化原则。

2）保证取水稳定的内在关键因素

对于保证取水稳定的内在因素，即水泵自身取水的稳定性，主要考虑水泵的选型和叶轮布置标高的优化。

① 重要厂用水泵选型

目前核电厂多采用立式重要厂用水泵，占地空间小，但是部分核电厂反馈其运行时存在振动的问题。卧式重要厂用水泵能较好地解决振动问题，但设备和吸水管路的占地空间大。对于重要厂用水泵的选型，可以结合联合泵房的布置方案进行技术经济比较，从而确定采用立式泵还是卧式泵。

② 叶轮布置标高优化

为保证水泵稳定运行，水泵的叶轮需要具有一定的淹没深度。循环水泵的叶轮标高布置应遵守相关的规范要求，并考虑泵前过滤设施的水损，从而确定水泵叶轮标高。重要厂用水泵叶轮布置标高应结合循环水泵停泵液位，在堵塞物入侵的极端情况下还应按照保证为上游系统连续提供 72 h 冷却水容量的要求进行优化。

(2) 过滤设备高效清污

过滤设备是应对堵塞物的关键设备。中国核电工程有限公司主要从新型设备研发和鼓型滤网改进两个方向对过滤设备开展相关设计改进工作。

1) 新型设备研发

通过开展新型高效清污设备的研发工作，研发了可自动为粗格栅清污的液压抓斗清污机和提高细格栅清污效率的回转式清污机。液压抓斗清污机已应用于 T 核电工程，清污效果良好；液压抓斗清污机和回转式清污机计划应用于 X 核电工程。

2) 鼓型滤网改进

鼓型滤网作为过滤系统中的最后一道屏障，对堵塞物的拦截起到至关重要的作用。结合各个电厂多年运行经验的反馈和积累，针对鼓型滤网也进行了一系列的改进和优化，包括优化捞污斗的角度、提高鼓网电机功率、适当提高鼓网反冲洗压力和优化鼓网控制逻辑等。目前中广核正在开展外进内出式鼓型滤网研发工作。

需要特别指出的是，泵房或取水构筑物内的过滤设备只应承担对常规或长期出现的堵塞物的过滤功能。由于泵房内过滤设备的过滤面积远小于取水明渠内多道拦污网的过滤面积，因此当大规模堵塞物入侵时，首先应该由明渠内的拦污网承担拦污功能，泵房内的过滤设备选型时不应过多考虑大规模堵塞物入侵的因素。当大规模堵塞物入侵的情况发生时，若有部分堵塞物通过拦污网进入泵房，增加了泵房内过滤设备的瞬时负荷，可通过现场应急措施缓解泵房内过滤设备的负荷，如现场运行人员人为打捞泵房进水流道内的堵塞物、使用临时高压冲洗装置清洗鼓网或格栅，从而避免泵房内的过滤设备被堵塞。

(3) 过滤设备高效清污

降低过滤和换热设备堵塞风险可以从三方面考虑，分别是考虑过滤设备的设计裕量、以通代阻的过流理念和新型设备研发。

1）考虑过滤设备的设计裕量

重要厂用水系统执行安全功能，对于单独设置过滤系统的重要厂用水系统，为保证其取水稳定，过滤系统设计时应适当增加过滤设备的设计裕量，提高其应对堵塞物入侵的能力，如增大过滤设备尺寸、增加过滤设备数量和增加备用进水流道等。T核电和X核电项目采用了增加过滤设备设计裕量的方式，T核电项目经过了多年的实践，也经历了堵塞物暴发的考验，运行反馈良好，X核电项目目前正在建设中。

2）以通代阻的过流理念

① 贝类捕集器：部分电厂反馈2 mm过滤孔径的贝类捕集器堵塞频繁。贝类捕集器为上游设备冷却水系统板式热交换器提供过滤后的海水，板式热交换器供货商根据经验要求贝类捕集器的过滤孔径不能大于2 mm，但是板式热交换器的理论最大过流颗粒尺寸为4 mm。F、C、N和HYH核电对贝类捕集器进行了改造，过滤孔径由2 mm扩大至3 mm，堵塞情况改善，紧急拆解冲洗的情况减少，并且经过一个大修周期的检验，板换堵塞情况、流量满足性、板换磨损情况均良好，与扩孔前数据相比基本无变化。贝类捕集器扩孔对板换的影响还需要继续跟踪运行情况来确定。C核电3、4号机组基于C核电1、2号机组的改造运行反馈，贝类捕集器在设计阶段已采用3 mm的过滤孔径。

② 板式热交换器：F核电1、2号机组板换曾经堵塞严重，平均半年检修1次，L核电因为笔帽螺入侵事件出现过板换堵塞的问题。这两起事件的共同起因之一是板换前的贝类捕集器孔径较大，为3 mm×15 mm，而板换的理论最大过流颗粒尺寸为4 mm。F核电1、2号机组贝类捕集器经过改造，孔径缩小至3 mm后，板换运行效果良好，堵塞情况缓解，L核电目前正在进行贝捕缩孔的改造工作。通过增大板换的板片波纹深度，增大板片间距，让更多的杂物穿过板换而非被阻塞，可以有效降低板换的堵塞风险。由此可得，可以进一步扩大板换前贝类捕集器的孔径，甚至可以扩大鼓型滤网的孔径，进而降低梯级过滤设施的堵塞风险。板换堵塞概率与板片间距和过流颗粒尺寸的关系还需要展开进一步的研究。

如果贝类捕集器或板式换热器被堵塞，现场应具备就地检修的空间，同时现场也应配备相应的检修设备，运行检修人员也需要熟练掌握检修流程，能够达到快速清污并再次投运的效果。目前贝类捕集器熟练拆检时间通常约 8 h，板式热交换器熟练拆检时间通常约 60 h。板换也可以不用拆检，而是通过化学手段快速清洗，或通过物理手段使用工业吸尘器清理。

3）新型设备研发

结合以通代阻的过流理念，借鉴常规岛内凝汽器和辅助冷却水系统换热器均采用管式换热器且未反馈堵塞问题的实际经验，采用新型高效换热材料，研发用于重要厂用水系统的核级抗震管式热交换器。另外采用非能动设计理念，将安全级重要厂用水降为非核级，替换掉板式换热器，实现核岛、常规岛全管式换热器。

4.4　核电厂冷源系统设计与研究展望

4.4.1　冷源安全研究思路

冷源安全防控体系的设计与研究，需以“主动防御、纵深设置、梯级过滤、永临结合”为导向，从系统设计、设备选型和工艺布置的角度入手，针对取水系统前端的堵塞物调查、流场主动导避、明渠拦截设施的配置，到岸上联合泵房及相关构筑物的设计、循环水系统与重要厂用水系统的配置、两系统过滤系统的合建与分建，以及监测预警与电厂应急体系的联动等方面，从海域到岸上，从源头到用户，从设计到运营，通过开展多维度、保深度、重细度的综合性研究，全面而系统性地提高机组的冷源安全性。

冷源安全防控系统是一个包含多环节、多步骤的完整体系，各个环节和步骤之间息息相关且互相影响。如图 4.5 所示，冷源安全防控体系包括冷源堵塞物调查、流场主动导避、梯级过滤、泵房设计及监测预警多个环节。

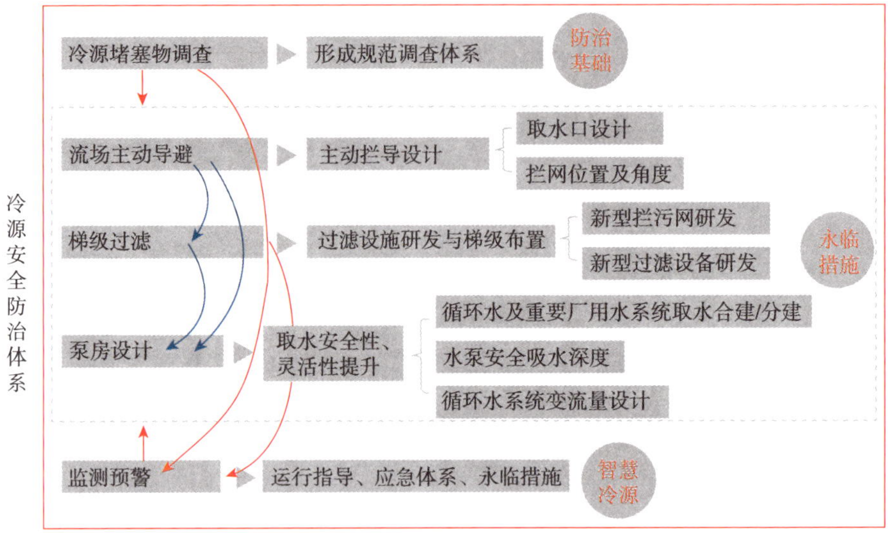

图 4.5　冷源安全防治体系示意图

冷源堵塞物调查是冷源安全防控的基础。冷源堵塞物调查可得到目标厂址的潜在致灾物种类，以及每个月份的潜在风险级别。堵塞物调查在冷源安全防治体系中的基础作用表现在如下几个方面：(1) 调查结果与取水口海域特征相结合，可以指导主动拦导设施的设计（包括取水口设计及拦网布设方案）；(2) 调查结果为梯级过滤设施及泵房设施设计的依据之一；(3) 潜在堵塞物的种类及特征（包括粒径、密度、透明度和聚集性等）为监测预警系统设计的重要输入，致灾物风险月历为电厂应急预案形成的主要依据之一。

取水流场分析可为明渠口门的设计与明渠内拦污导污设施的布置提供依据。梯级过滤的系统设计为取水堵塞物海域防控系统中取水明渠内拦污网的梯级配置和循环水过滤系统中岸上过滤设备的梯级配置提供基础；且对于每一级的拦截设施（如拦污网、过滤设备等），应尽量提升其清污效率并减小运维难度；此外，可将过滤系统的部分参数纳入监测预警体系。

泵房相关设计中的循环水系统与过滤系统的合建与分建，从对滤网孔径的影响及安全取水的冗余度等方面综合考虑取水系统应对冷源致灾物的能力；水泵吸水深度的保证为安全取水的前提，泵前液位与前端过滤设施的梯级配置、设备的污堵情况与系统的运行工况等均有直接联系；循环水系统作为核电厂取水系统的主体，其系统的变流量调节作为电厂应对冷源致灾物入侵的手段之一，通过大幅减低取水量，延缓灾害对电厂运行的冲击。

此外，从重要厂用水系统的用户板式热交换器角度入手，研究在保证换热能力的前提下，提高板式热交换器的过流通径，从用户需求的改变入手，影响前端梯级过滤的配置，从而提高系统应对杂物入侵的能力。

监测预警是防治体系日常运维及有效运作的重要依据。监测预警系统的设计受堵塞物调查结果的影响，并为电厂永临措施的采取及应急预案的响应提供重要依据。

4.4.2　冷源安全研究展望

冷源安全研究以问题为导向，充分收集与发掘冷源问题，为冷源问题提供深入细致的技术研究成果，指导设计与现场的运行。中国核电工程有限公司自 2015 年开始开展相关研究，期间曾与 NNL（National Nuclear Library，英国国家核能实验室）开展合作研究，2018 年起与中国核电合作开展应用性研究，并申报了一系列的研究课题，目前已经取得一定的阶段成果。

未来计划完成如下科研的架构建立与成果获取：国内外杂物影响案例库的建立、致灾物预警及监测技术选择与配套软件、冷源设施的评估与改进优化措施、冷源风险识别标准化体系的形成、水文动力对杂物影响研究等。经过数年沉淀后，将在如下几个方面进一步扩展研究：生态友好型取水技术研究、不同致灾风险的配套技术组合研究和冷源系统对电厂经济性贡献研究等。冷源安全研究将逐步向综合性、完整性和前沿性扩展，把环境保护和冷源安全有机结合，为建设环境友好型核电厂打下坚实的基础。

第 5 章　冷源堵塞物调查及其潜在风险评估

5.1　研究背景

国内外冷源事件统计分析表明，近几十年来，包括亚洲、欧洲、美洲和非洲的核电厂均面临冷源堵塞物的威胁，有的国家同一个厂址甚至多次遭受同一种或不同类型堵塞物的威胁（图 5.1）。例如，印度的 Madras 核电厂因污损生物附着影响冷却水的正常取水；俄罗斯 Kalinin 核电厂和加拿大的 Pickering 核电厂均受污损生物斑马贻贝（*Dreissena polymorpha*）附着的影响导致跳闸；1987—2014 年期间，法国多座核电厂因浮冰、水草、海藻和幼鱼等堵塞物的影响导致设施堵塞、机组降功率或自动停堆；韩国的核电厂曾因太平洋磷虾（*Euphausia pacifica*）和梭形纽鳃樽（*Salpa fusiformis*）等浮游生物的暴发影响取水安全；加拿大的核电厂 2016 年 5 月和 11 月分别因海藻和碎片的高度聚集导致机组停堆运行；1997—2018 年期间，美国多座核电厂因浮冰、美洲牡蛎（*Crassostrea virginica*）、海藻、海月水母（*Aurelia aurita*）和鱼类等冷源堵塞物的暴发或聚集导致冷却器损坏、机组降功率运行或停堆；早在 20 世纪 60 年代，日本沿海电厂就发生了海月水母阻塞冷源系统的事件，2011 年岛根核电厂因水母暴发导致机组降功率运行；冷源安全经常遭受水母威胁的还有南非的 Koeberg 核电厂、瑞典的 Oskarshamn 核电厂和以色列的 Hadera 核电厂等，轻则导致机组降功率运行，重则导致机组紧急停堆；英国的核电厂也经常遭受海藻、水母和鱼群的影响，其中 Torness 核电厂的冷源堵塞风险最为突出，2011 年 6 月和 2021 年 11 月 2 次遭受水母堵塞而紧急停堆，2013 年 5 月和 11 月、2016 年 11 月 3 次因海藻暴发导致机组停堆运行。整体而言，各国核电厂遭受冷源堵塞物威胁的形势较为严峻，冷源事件有愈演愈烈的发展趋势。

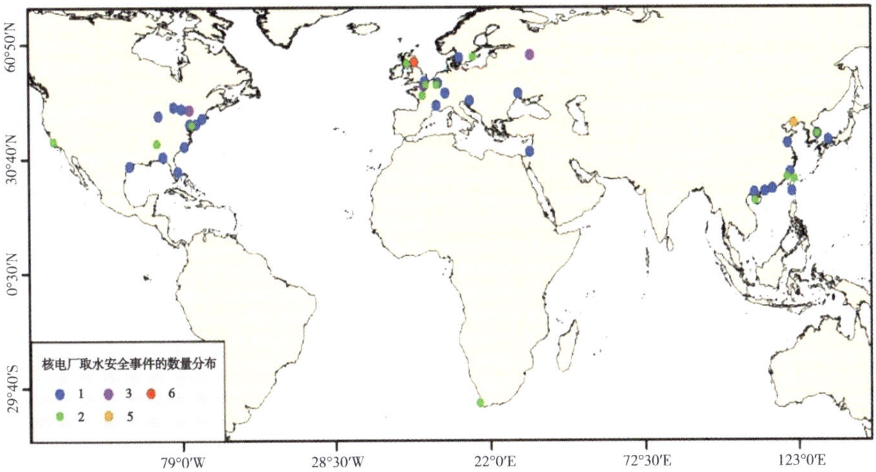

图 5.1　全球核电厂取水安全事件的数量分布

国内核电厂和火电厂同样遭受冷源堵塞物的威胁，2007—2023 年期间，我国多座核电厂分别因麦秸秆、垃圾杂物、大型海藻、棕囊藻（*Phaeocystis* spp.）、尖笔帽螺（*Creseis acicula*）、海月水母、毛虾（*Acetes* spp.）和海地瓜（*Acaudina molpadioides*）等大量聚集严重影响冷源取水安全和电网的安全。例如，2014 年 7 月、2015 年 7 月、2017 年 5 月、2020 年 7 月和 2023 年 7 月 HYH 核电厂多次因海月水母和大型海藻堵塞而停堆；2015 年 1 月和 2016 年 1 月 L 核电厂连续 2 年受毛虾暴发的袭扰，2020 年 6 月又因尖笔帽螺暴发威胁取水安全；2015 年 8 月 N 核电厂受台风影响，发生海地瓜聚集堵塞取水口，引起机组停堆运行；2016 年 10 月和 2018 年 4 月 C 核电厂分别因垃圾杂物和大型海藻造成机组停堆；2020 年 3 月 Y 核电厂因毛虾等海洋生物暴发造成 6 台机组陆续停堆。整体而言，国内滨海核电厂的取水安全形势不容乐观。

5.2　代表性冷源堵塞物

冷源堵塞物是指暴发性增殖或高度聚集时能引起管道、水渠、隧洞、鼓网和拦污网等取水和过滤设施堵塞或损坏，并影响水体正常流动的一类致灾性的海洋生物或非生物集合体。世界核营运者协会发布的《重要运行事件报告》显示，在已发生的冷源事件中，由海洋生物暴发性增殖或高度聚集引起的堵塞事件最为常见，除了海洋生物，垃圾杂物、海冰和泥沙淤积引起的堵塞威胁也较为常见。根据冷源堵塞物的形态特征及其迁移能力，可将冷源堵塞物归为以下 5 种类型。

1. 海漂垃圾和底栖生物

指一类几乎没有或仅有较弱的运动迁移能力，依靠潮汐、水流或吸力带动进入取水口的生物或非生物，包括海漂垃圾和底栖生物。例如：浮冰；秸秆、垃圾和养殖浮筏等海漂垃圾；马尾藻、浒苔和长松藻等大型藻类；细螯虾、脊尾白虾和虾蛄等优势虾蟹类成体和幼体；还有星虫、泥螺、壳蛞蝓、螠虫和海地瓜等；另外，沙蚕在生殖季节或月光刺激下能大量群浮于海面进行婚舞繁殖，据报道每年 4 月在中国山东省的海阳、即墨沿海一天就可捕获沙蚕数万斤之多。这类生物或非生物一般密度较小，在水体中呈漂浮或悬浮状态，在水动力或吸力，尤其是风暴潮的作用下进入拦截网或管道，进而威胁冷源安全。

图 5.2　海漂垃圾和底栖生物

2. 大、中型浮游动物

指一类具有较弱运动能力，主要依靠潮汐、水流或吸力进入拦截网或取水管道的生物集合体，主要包括大、中型浮游动物，如图 5.3 所示。例如：白色霞水母、海月水母和黄斑海蜇等大型水母；双生水母和球型侧腕水母等中小型水母；梭形纽鳃樽等被囊类；毛虾、莹虾、磷虾和糠虾等小型虾类；长尾类无节幼虫、短尾类溞状幼虫等阶段性浮游生物。这类生物个体一般较轻，以胶质状和软甲类浮游动物为主，可分布于整个水柱，如水母类主要分布于表层和次表层，而毛虾更喜好栖息于近底层。这类生物在合适的自然条件下易大量繁殖暴发，在水流和吸力的作用下堵塞拦截网，对冷源安全的危害性极高。

图 5.3　大、中型浮游动物

3. 聚群性鱼类

指一类具有相对较强运动迁移能力，能够自主进入或逃离拦截网的鱼类，主要关注的目标为聚群性的小型鱼类或优势鱼群的幼体阶段，如图 5.4 所示。这类鱼群具有数量多、主动逃离能力弱的特点，容易受水动力或吸力的作用误入拦截网或鼓网。例如：篮子鱼、带鱼和蓝圆鲹等幼鱼；小公鱼、沙丁鱼等聚群性小型鱼类等。

4. 赤潮生物

在适宜的自然条件下大量繁殖并引发赤潮的海洋生物，包括浮游生物、原生动物和细菌等，如图 5.5 所示。例如在中国近岸海域，棕

图 5.4　聚群性鱼类

囊藻、海链藻和夜光藻等赤潮的潜在危害较大，这类赤潮易聚团成胶质囊或胶质块。赤潮生物几乎没有运动迁移能力，依靠潮汐、水流或吸力作用进入取水口。虽然赤潮的暴发不常见，但暴发时其暴发量、持续时间和危害性均较大。

图 5.5　赤潮生物

5. 污损生物

是指附着在拦截网、隧洞壁和格栅等人工设施上的一类大型污损生物，这类生物几乎终生不迁移，定居于某处，如图 5.6 所示，包括具有钙质化外壳的固着生活的藤壶、牡蛎、贻贝、盘管虫和苔藓虫等，也包括附着或自由活动的水螅虫、海葵、端足类和水虱等。这类生物的群落结构组成和生长繁殖规律一般相对稳定，大量附着可造成网具透水性下降、隧洞管道变窄，从而影响取水效率。

图 5.6　污损生物

部分具有潜在堵塞风险的海洋生物类群如表 5.1 所示。

表 5.1　部分具有潜在堵塞风险的海洋生物类群

类别	类群	中文学名	拉丁学名
大型海藻	红藻门	紫菜	*Porphyra* spp.
	褐藻门	马尾藻	*Sargassum* spp.
		海带	*Saccharina japonica*
		铜藻	*Sargassum horneri*
	绿藻门	石莼	*Ulva* spp.
		刚毛藻	*Cladophora* spp.
		长松藻	*Codium cylindricum*

续 表

类别	类群	中文学名	拉丁学名
大型底栖动物	多毛类	双齿围沙蚕	*Perinereis aibuhitensis*
	螠虫动物	短吻铲荚螠	*Listriolobus brevirostris*
	软体动物	泥螺	*Bullacta caurina*
		经氏壳蛞蝓	*Philine kinglipini*
	甲壳类	脊尾白虾	*Palaemon carinicauda*
		细螯虾	*Leptochela gracilis*
	海参纲	海地瓜	*Acaudina molpadioides*
		棘刺锚参	*Protankyra bidentata*
大中型浮游动物	水母类	白色霞水母	*Cyanea nozakii*
		黄斑海蜇	*Rhopilema hispidum*
		沙海蜇	*Nemopilema nomurai*
		海月水母	*Aurelia aurita*
		球型侧腕水母	*Pleurobrachia globosa*
		双生水母	*Diphyes chamissonis*
		多管水母	*Aequorea forskalea*
	被囊类	软拟海樽	*Dolioletta gegenbauri*
		梭形纽鳃樽	*Salpa fusiformis*
	糠虾类	宽尾刺糠虾	*Notacanthomysis laticauda*
		黄海刺糠虾	*Orientomysis hwanhaiensis*
	磷虾类	中华假磷虾	*Pseudeuphausia sinica*
		太平洋磷虾	*Euphausia pacifica*
	樱虾类	中国毛虾	*Acetes chinensis*
		日本毛虾	*Acetes japonicus*
		中型莹虾	*Belzebub intermedius*
	毛颚类	肥胖箭虫	*Flaccisagitta enflata*
	翼足类	尖笔帽螺	*Creseis acicula*
	阶段性浮游幼虫	短尾类溞状幼体	Brachyura zoea

续　表

类别	类群	中文学名	拉丁学名
聚群性鱼类	鳀科	康氏小公鱼	*Stolephorus commersonnii*
		日本鳀鱼	*Engraulis japonicus*
	鲱科	青鳞小沙丁鱼	*Sardinella zunasi*
		鲱鱼	*Clupea pallasii*
	带鱼科	带鱼	*Trichiurus lepturus*
	龙头鱼科	龙头鱼	*Harpadon nehereus*
	鲻科	鲻鱼	Mugil cephalus
	鲹科	蓝圆鲹	*Decapterus maruadsi*
大型污损生物	海葵	亚洲侧花海葵	*Anthopleura asiatica*
	水螅	中胚花筒螅	*Ectopleura crocea*
	多毛类	华美盘管虫	*Hydroides elegans*
	贻贝	翡翠贻贝	*Perna viridis*
		斑马贻贝	*Dreissena polymorpha*
	牡蛎	僧帽牡蛎	*Saccostrea kegaki*
	藤壶	网纹纹藤壶	*Amphibalanus reticulatus*
	苔藓虫	大室别藻苔虫	*Biflustra grandicella*
	海鞘	皱瘤海鞘	*Styela plicata*
赤潮生物	棕囊藻	球形棕囊藻	*Phaeocystis globosa*
	海链藻	双环海链藻	*Thalassiosira diporocyclus*
	夜光藻	夜光藻	*Noctiluca scintillans*
	束毛藻	红海束毛藻	*Trichodesmium erythraeum*

5.3　研究的必要性

在全球暖化和人类活动干扰加剧的背景下，掌握滨海核电厂取水口冷源堵塞物的暴发规律并对其加以有效控制依然是核电业界普遍共识的世界性难题，相关研究的针对性、全面性和前瞻性尚有诸多不足之处，面临的许多问题亟待解决。首先，目前的研究更多聚焦在少数已暴发过的种群，如大型水母、小型虾类等，缺乏对其他的潜在风险种群的全面研究，尤其是 2015 年 8 月 N 核电厂海地瓜和 2020 年 6 月 L

核电厂尖笔帽螺的暴发引起业界的关注和反思；其次，对容易暴发性增殖或高度聚集的风险种群的时空分布及发生发展规律我们还知之甚少，尚未建立科学有效的监测、预警、防控和风险评估体系；最后，相关的前期研究工作往往与防控方案设计错配甚至脱节，在开展冷源风险防控和决策过程中，普遍存在着针对性不足，对防控对象、时机和目标不明确，耗费大量的人力物力后仍难以奏效的被动局面。

与欧美等发达国家相比，我国有关冷源堵塞物调查、识别与评估的研究起步相对较晚，以往开展的堵塞物调查主要参考海洋生态调查方法进行，堵塞物的潜在风险评估依据也多以海洋生态环境影响评价的方法为主（表 5.2）。对于冷源堵塞物调查而言，以往的调查、识别与评估方法往往针对性和全面性不足，调查方法不甚合理，常规的生态调查几乎无法涉及中大型水母、毛虾和海漂垃圾等，识别筛选和风险评估方法有待改进，简单地将优势种等同于堵塞物，最终的调查结果也难以为工程设计、运营和安全管理提供服务和依据。

表 5.2　海洋生态调查与冷源堵塞物调查的区别

项目	海洋生态调查	冷源堵塞物调查
受众	环保部门、科研机构、评审专家	工程设计、安全管理和运营管理等部门
目标	海洋生物生态保护	堵塞物治理和防控
专业性	专业、规范	通俗、易懂
聚焦点	科学性	应用性
范畴	普适性	针对性
数据来源	现场、定量调查为主	定量、定性相结合 调查、调研、调访、文献资料相结合
标准规范	海洋调查规范、海洋监测规范	暂无
调查依据	生物分类学	堵塞物来源分布（溯源）
调查维度	单一、平面化	多维度、立体式
调查方法	生物分类法	堵塞物的形态特征及其迁移能力
调查要素	微生物、叶绿素、初级生产力、浮游植物、浮游动物、底栖生物、污损生物、游泳动物	赤潮生物、大中型浮游动物、大型海藻、大型底栖动物、大型污损生物、聚群性鱼类

第一，海洋生态调查主要为涉海工程的海域使用论证和海洋环境影响评价服务，其强调的是海洋生物多样性和生态保护，最终的报告形式体现的是专业性、规范性和科学性。而冷源堵塞物调查主要为冷源系统设计、运营和安全管理提供服务，其强调的是堵塞物的治理和防控，最终的报告形式则应通俗、易懂，更加体现其应用性。

第二，海洋生态调查以《海洋调查规范》（GB/T 12763—2007）和《海洋监测规范》（GB 17378—2007）等规范和标准为主要调查依据，调查方案更趋向单一化和平面化。而冷源堵塞物调查更加注重全面性，目前尚缺乏相关的规范和标准，调查方案强调的是针对性、多维度和立体式，比如堵塞物调查一般针对成体粒级＞2 mm 的个体，应补充有关入海河口、海冰、入海垃圾、养殖垃圾、风暴潮和生物暴发期等问题，调查范围包括岸上—潮间带—海面—水体—海底。

第三，海洋生态调查一般以现场的定量调查为主，调查方法以传统生物分类学为基础，以微生物、叶绿素和初级生产力、浮游生物、底栖生物、潮间带生物和游泳动物等不同生物类群分开调查。而冷源堵塞物调查采取的是定量与定性调查相结合，现场、调访、文献资料相互补充和佐证，空间覆盖的调查方法，以及遥感观测与现场调研、潮间带调查、水体大面站调查、海底大面站调查、污损生物调查、综合调访、应急跟踪监测、资料搜集和整编等综合手段，可最大限度地利用各方数据和资料，有助于我们全方位地了解冷源堵塞物的种类组成和数量分布的时空动态，有利于我们分析冷源堵塞物的主要源头及其发生发展规律。

第四，海洋生态调查仅注重海洋生物群落结构特征，其报告形式以各生物群落的种类组成、数量分布和物种多样性特征为主。而冷源堵塞物调查不仅关注海洋生物的堵塞问题，也关注非生物类型（海漂垃圾、养殖垃圾等）的堵塞威胁，还关注非常规性、偶发性的潜在堵塞风险，为了便于工程设计、运营和安全管理部门的理解，以及后续有关防治防范措施的提出和开展，有必要重新归纳和梳理冷源堵塞物的分类表述。

第五，海洋生态调查强调的是现场和现状调查。而冷源堵塞物调查不仅强调其现状，还需关注其未来可能的发展态势，最大限度地探讨其发生发展规律；应分析堵塞物的个体大小和分布水层，为防治防范措施的提出提供数据支撑；应对冷源堵塞物进行溯源，追踪其可能的分布源头，并结合水动力条件和地形地貌特征，探讨堵塞物的迁移路径，对可能的堵塞物来源进行前瞻性的预警。

第六，污损生物附着主要受温度、盐度、水深、流速和光照等环境因素的影响，取水口的模拟挂板试验与取水设施上（如隧洞、格栅和鼓网等）污损生物的附着特征具有一定的差异性。因此，不同于生态调查，冷源堵塞物调查中的污损生物调查采用模拟挂板试验和隧洞内原位取样相结合的方式，了解污损生物每月的幼体附着特征及其时间累积效应，重点分析优势种的幼体附着期、种群动态及其生活史策略，提出具有针对性的、前瞻性的海洋污损生物防治措施，探索经济、高效、环保的污损生物治理方案。

冷源事件的经验反馈表明，绝大多数的冷源堵塞物种类为相对低等的海洋生物或非生物，如大型海藻、水母、毛虾和海漂垃圾等，这些生物对光波、声波等主动驱离手段的敏感度较低，目前尚未有科学有效且成熟的主动驱离手段应用于冷源堵塞物的防控；另外，多数有致灾风险的冷源堵塞物种类没有或仅有较弱的自主游动能力，需要或主要依靠水流和潮汐等水文动力进行迁移扩散。因此，“以防为主、防治结合”的手段是目前开展冷源堵塞物防治的最优选择，梳理和编制影响取水安全风险的堵塞物名录、风险月历和风险等级，结合核电厂取水口附近海域的海底地形地貌和水文潮汐特征，掌握堵塞物的暴发规律和迁移路径，开展源头治理是当下最基础可行的防控手段。

冷源堵塞物对滨海核电厂取水安全的潜在风险及其防控研究逐渐引起主管部门和运行单位的高度重视。国务院 2020 年 12 月发布的《新时代的中国能源发展》白皮书指出，核安全是核电发展的生命线，坚持采用最先进的技术、最严格的标准发展核电。国家发改委、能源局和核安全局等部门高度重视，对取水安全问题先后多次发文，相继发布了《发改委关于加强冷源管理确保核电运行安全的通知》（2016，996 号）、《关于近期海洋生物或异物影响核电厂取水安全事件的通报》

（国核安发〔2016〕91 号）、《关于转发国家能源局综合司关于海南昌江核电厂 1、2 号机组紧急停运事件的通报的通知》（2018，497 号）、《关于进一步加强核电运行安全管理的指导意见》（发改能源〔2018〕765 号）、关于印发《核电厂取水工程堵塞物防控设计指南》和《核电厂取水安全运行和异常响应管理指南》的通知（国核安发〔2022〕123 号）等文件，提出核电厂要建立完善监测预警系统，要求加强运行安全管理，提高核电厂取水安全可靠性，确保核电运行的绝对安全。

5.4　冷源堵塞物调查及风险评估技术方法

5.4.1　技术思路

冷源堵塞物专题调查需根据核电厂取水口及其附近海域的环境特征、海工工程特点及取水安全需求，综合设置科学的、有针对性的调查方案。通过海上大面站、海底大面站、潮间带断面和渔业定置网等调查，污损生物模拟挂板（必要时开展模拟隧洞和原位对比取样），应急跟踪监测（可同步开展环境因子监测）和长期定点监测（针对已运行电厂），遥感观测、现场调研、社会调访、专家咨询和资料搜集等多种手段，全面了解核电厂取水口海域的气象、水文、地形地貌和底质类型、入海河口和海上养殖设施及规模等基础环境资料，调查堵塞物的种类组成和数量分布特征，包括漂浮物（非生物）、近岸水草、赤潮生物、浮游动物、大型海藻、大型底栖动物、聚群性鱼类和污损生物等具有潜在风险的堵塞物类群，结合堵塞物的生物学特征/属性及其时空动态特征，梳理出潜在的堵塞物名录、风险等级目录及其风险月历，探讨堵塞物的发生发展规律，着重分析重点防控种类的繁殖期、生活史、暴发条件、时空动态、个体大小及其主要来源，从月历防控、重点堵塞物防控、立体防控、源头防控、天气与潮位管理、取水工程构筑物的优化和物理拦截设施的布设与管理等方面提出具有针对性和前瞻性的堵塞物防控建议和应对措施，探索经济、高效、环保的堵塞物治理方案，为核电厂取水口的海工设计/优化，以及堵塞物的防治提供科学依据，为长效预警机制的建立提供基础数据，为后续冷源堵塞物预警、应急处置和冷源小组决策等提供可靠依据。

技术路线如图 5.7 所示。

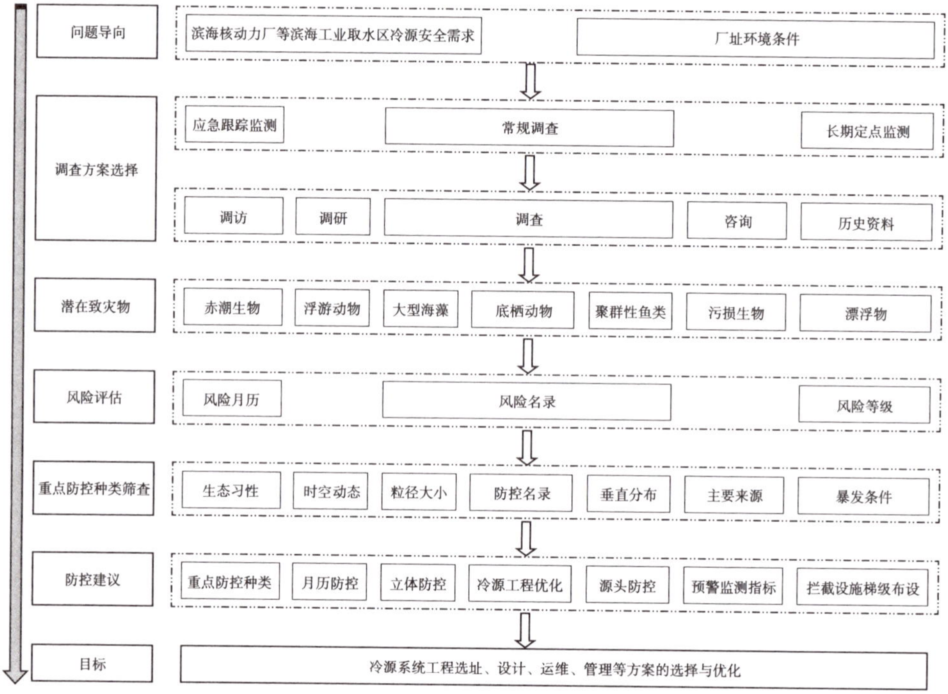

图 5.7 冷源堵塞物调查技术路线图

5.4.2 参考依据

项目开展将主要参考以下法律法规、标准规范和文献资料（但不限于此）：

(1)《中华人民共和国环境保护法》，2014。

(2)《中华人民共和国海洋环境保护法》，2017。

(3)《中华人民共和国海域使用管理法》，2001。

(4)《核动力厂取排水环境影响评价指南（试行）》（HJ 1037—2019）。

(5)《海洋调查规范》(GB/T 12763—2007)。

(6)《海洋监测规范》(GB 17378—2007)。

(7)《近岸海域环境监测规范》(HJ 442—2008)。

(8)《海洋观测规范 第 2 部分：海滨观测》(GB/T 14914.2—2019)。

(9)《海洋监测技术规程 第 7 部分：卫星遥感技术方法》(HY/T 147.7—2013)。

(10)《海洋赤潮监测技术规程》(HY/T 069—2005)。

(11)《绿潮生态调查与监测技术规范》(HY/T 0331—2022)。

(12)《海洋工程环境影响评价技术导则》(GB/T 19485—2014)。

(13)《环境影响评价技术导则》(HJ/T 2.1～2.4—1993)。

(14)《建设项目对海洋生物资源影响评价技术规程》(SC/T 9110—2007)。

(15)《海洋渔业资源调查规范》(SC/T 9403—2012)。

(16)《海洋垃圾监测与评价技术规程（试行）》(自然资源局生态环境保护司，2015.10)。

(17)《核电厂水工设计规范》(NB/T 25046—2015)。

(18)《滨海核电厂冷源取水区致灾物监视、预报与处置指南》(T/CAOE 28—2021)。

(19)《核电厂冷源致灾物防控技术导则》(T/CNEA 023—2022)。

(20)《核电厂质量保证安全规定》(HAF 003—1991)。

(21)《核电厂取水工程堵塞物防控设计指南》和《核电厂取水安全运行和异常响应管理指南》(国核安发〔2022〕123 号)。

(22) 关于近期海洋生物或异物影响核电厂取水安全事件的通报(国核安发〔2016〕91 号)。

(23)《关于进一步加强核电运行安全管理的指导意见》(发改能源〔2018〕765 号)。

5.4.3　适用范围

本技术方法规定了滨海核电厂及其他滨海工业取水口冷源堵塞物的调查内容、技术要求及其风险评估方法。适用于指导滨海固定式核电厂取水口冷源堵塞物调查与风险预测分析，包括新厂址取水口的选址和冷源工程设计，老厂址冷源系统的优化改造和冷源安全管理措施与应急预案的制定，火电厂、化工和淡化水等滨海工业取水亦可参照使用。

5.4.4 调查方案设计的基本原则

冷源堵塞物调查需科学性和针对性并重，调查方案应考虑：

（1）滨海核电厂建设的不同阶段，包括选址、设计、运维和管理。

（2）不同冷源系统的特点，包括旋转滤网规格、取水口位置、取水方式（明渠或暗涵）和取水量等。

（3）调查海域的地理位置、水深、水文动力（洋流、潮流、潮汐）、地形地貌和底质类型等环境特征。

（4）调查海域入海口、滨海植被、垃圾堆放场和海上养殖等易产生或引起冷源堵塞物聚集的区域。

（5）包括搜集调查海域冷源堵塞物的暴发记录及其相关调查资料，包括水文、气象、地质、化学和生物资料等。

（6）历史调查资料的利用和挖掘，以便后续数据和资料的对比。

5.4.5 调查范围和站位布设

调查范围和站位布设需根据核电厂取水口环境特征和取水安全需求，按一厂一策进行差异化定制，调查范围和站位的整体布设需考虑：

（1）根据调查海域的水文动力条件和海底地形地貌特征确定调查范围，一般而言，港湾型厂址调查范围至少覆盖以取水口为中心 20 km 内的范围，开敞式近岸厂址调查范围可适当延伸至取水口中心 30 km 内的范围。

（2）易引起冷源堵塞物暴发的环境敏感目标，如入海口、近岸水草、垃圾堆放场和海上养殖等，入海径流量较大的区域应适当考虑在入海口上、中、下游设置漂浮物调查或观测点。

（3）采用直流冷却方式的厂址可适当加大调查范围，采用二次循环方式的厂址可适当减小调查范围。

（4）在取水口及其附近海域的主潮流通道上（潮沟、深槽等），以及通过前期调研预判的冷源堵塞物多发区域内布设重点调查断面；对于区域较大且流场复杂的，可将调查海域分为若干单元，以全面覆盖、近密远疏、重点代表为原则，以取水口为中心向四周延伸呈放射状；并充分参考厂址海域有关海洋生物或生态调查的历史站位，设置固定调查站位，用于获取完整时间系列的定量数据。

（5）对于冷源风险较为明确的厂址海域，在充分考虑水文动力等环境条件下，应在冷源堵塞物多发区域或主要迁移扩散路径上布设重点断面。

（6）应急跟踪监测的站位一般为随机布设，根据冷源堵塞物暴发的种类和区域，充分考虑暴发区域与取水口的相对位置，以及流场对堵塞物迁移扩散的影响，根据冷源堵塞物的暴发面积或程度在区域内、外水域分别设立观测站和对照站。

（7）针对已运行滨海核电厂，可根据工程实际在取水明渠拦污网或旋转滤网反冲洗收集槽等设施设置长期定点监测站位。

5.4.6　调查时间和航次设计

为了能科学、综合地反映海洋生物的发生发展规律并形成完整而准确的风险月历，调查时间和间隔频次须尽可能同时兼顾四季的全面性和旺发季的代表性。

（1）对于冷源堵塞风险尚不明朗的厂址海域，春、夏两季（每年3—8 月期间）应加密调查（建议每 1～2 个月调查 1 次），秋、冬两季可适当减少调查频次（建议每 2～3 个月调查 1 次）。

（2）对于潮差较大的厂址海域，应尽量在大潮期间开展调查。

（3）对于冷源堵塞风险较为明确或相关资料比较丰富的厂址海域，应根据实际情况进行调查时间和频次的科学布局，在冷源堵塞物易暴发的季节增加调查频次。

（4）对于渤海和黄海等北方海域，应考虑结冰期和融冰期（约 1—3 月）对取水安全的影响。

（5）应重点考虑台风高发季（约 6—9 月）对取水安全的影响。

（6）对于小型虾类和大型水母易暴发的海域，应考虑小型虾类和大型水母迁移习性对取水安全的影响，适当在暴发增殖期间增加调查频次。

（7）对于入海径流量、秸秆和漂浮垃圾等输入量较大的海域，应考虑暴雨或梅雨季节对取水安全的影响。

（8）对于海上养殖活动较为密集的海域，应考虑在生产、收割和极端天气下养殖垃圾、养殖藻类或筏架对取水安全的影响；应在冬季期间开展至少 1 次遥感观测和现场调研。

（9）对于天然大型海藻易暴发的海域，应在冬季生长期和春夏季脱落期增加调查频次。

（10）污损生物挂板实验至少贯穿全年 12 个月，以获得连续的月板、季板、半年板、年板和月累积板；污损生物原位取样可利用滨海核电厂停机检修期间进行。

（11）应急跟踪监测需对冷源堵塞物的暴发性增殖或高度聚集全程开展跟踪监测，直至了解暴发种类、数量及其生长—聚集—暴发—消亡过程。

（12）长期定点监测可结合日常的冷源系统管理和维护进行，以及根据当地海域的潮汐规律调整采样频次，适当增加大潮期间、夜间、风暴潮期间及其他异常情况下的取样频次。

（13）最终实施方案确定之前，事先通过咨询、调研和调访等手段了解并初步判断重点关注的堵塞物类型及其旺发周期，应根据现场调研、社会调访和专家咨询的结果完善调查时间和频次。

5.4.7 调查项目及技术方法

调查项目及技术方法详见表 5.3。调查项目可根据滨海核电厂冷源系统工程特点及其实际防控需求进行针对性和差异化设置，如有更高或其他特殊需求可进行适当增减。冷源堵塞物常规调查（普查和详查）、应急跟踪监测和长期定点监测项目可按表 5.3 内容适当增减。对于详查或应急跟踪监测，可根据特殊目的需要增加气象、水文、水质和沉积物质量等环境调查，以及分析生物繁殖期、种间竞争和捕食食物链对冷源堵塞物暴发性增殖的影响。

表 5.3 调查项目、调查范围和站位布设计划方案

序号	调查项目	调查方法	数量	调查范围	调查频次
1	漂浮物	水平拖网、定置网	3～5 条断面，≥12 站	20～30 km	≥6
2	赤潮生物	水采	3～5 条断面，≥12 站		
		网采	2～3 条断面，≥6 站		
3	大中型浮游动物	网采、拖网、定置网	3～5 条断面，≥12 站		
4	大型海藻	样带法、样框法、拖网	3～5 条断面，≥15 站		
5	大型底栖动物	潮间带采泥	3～5 条断面，≥15 站		
		潮下带采泥	3～5 条断面，≥12 站		
		潮下带底栖拖网	2～3 条断面，≥6 站		
6	聚群性鱼类	定置网	≥3 站	≤15 km	
7	污损生物	模拟挂板	≥108 块	冷源取水口	≥12
		原位取样	≥20 站	隧洞、格栅	依实际而定
8	遥感观测与现场调研	遥感影像、无人机观测等，配合岸上和海上调研	≥12 个观测点	20～30 km	≥2
9	社会调访和专家咨询	问卷调查	≥30 份	—	—
10	应急跟踪监测	依暴发种类选择适用方法	2～3 条断面，≥6 站	20～30 km	随机
11	长期定点监测	对明渠拦污网和旋转滤网样品进行登记和收集	依实际而定	取水口	每月≥2 次
12	环境因子监测	依实际需求而定	待定	暴发区域	待定

5.4.8　冷源堵塞物识别、筛选与风险评估

（1）筛选原则

1）个体一般较大，成体或聚团后的个体大小＞2～3 mm，具体可根据工程实际防控需求确定所需筛查的个体大小。

2）体型一般较轻，日常生活状态或脱落后或迁移扩散过程中在水体中呈漂浮或悬浮状（污损生物除外）。

3）数量一般较大，在生物群落中或收集样品中占优势。

4）一般较易聚群，群体或幼体阶段呈聚群状态。

5）游动能力一般较弱，在水中多呈漂浮或浮游状态，移动主要靠水流和潮汐。

6）污损生物群落中，影响取水效率的物种一般具有钙质化外壳或呈丛状。

7）致堵性海洋生物一般具有较强的繁殖能力、较快的生长速度和较短的生命周期。

（2）筛选方法

调查数据经筛选流程（图 5.8）后明确形成具有潜在堵塞风险的冷源堵塞物名录。

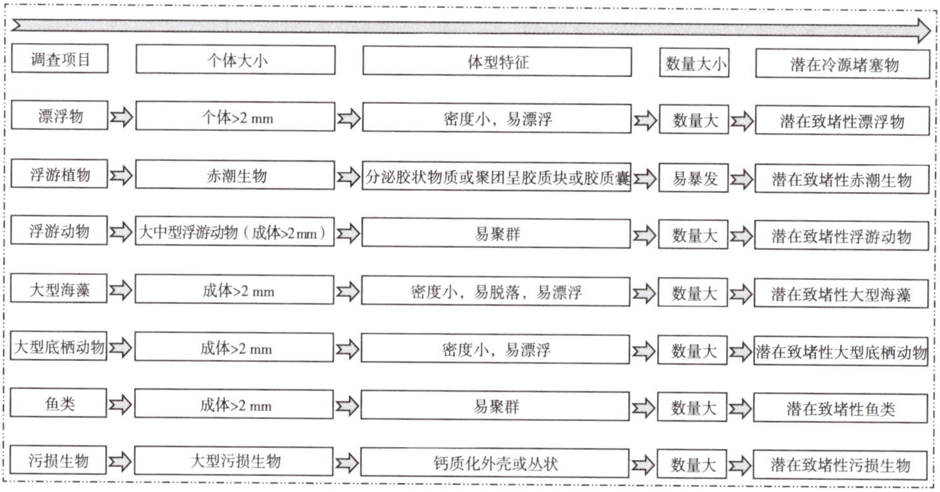

图 5.8　冷源堵塞物筛选流程

（3）风险等级评定依据

根据冷源堵塞物的暴发条件和暴发数量，并结合气象、水文、地质和海洋化学特征，分别给出每种冷源堵塞物的风险等级次序。

根据冷源堵塞物的个体大小、体型、暴发状态、分布面积、与取水口的相对距离、数量、聚群能力、暴发历史及其受极端气候或环境影响程度，对冷源堵塞物的风险等级按五级进行评定，即：潜在、低、中、高和极高风险，风险等级评定依据见表 5.4。

（4）重点防控种类筛选

基于调查、调研、调访和咨询结果，充分搜集和对比分析厂址海域相关调查数据和文献资料，根据堵塞物的数量分布、出现频次、生态习性和历史记录，并结合当地海区的气候条件、水文动力、地形地貌和环境质量特征，依据表 5.5 进行重点防控种类的筛选。

（5）风险名录和风险月历

基于冷源堵塞物的生物学/物理属性及其繁殖期和生态习性，根据冷源堵塞物的数量分布和季节演替规律，按月给出冷源堵塞物的月历分布情况。

按照冷源堵塞物的季节变化、生态习性及其风险等级高低，制定冷源堵塞物风险名录和风险月历，用于滨海核电厂冷源堵塞物预警防控。冷源堵塞物风险防控表可参照表 5.6 进行编制。

（6）报告编制

冷源堵塞物调查及风险评估报告应包括以下全部或部分内容，依据工程实际和目的要求，可参见表 5.7 对部分章节及内容适当增减。

表 5.4 冷源堵塞物风险等级评定依据

调查项目	风险等级	个体大小/mm	体型	暴发状态	面积/km^2	离取水口距离/km	聚群能力（弱/较弱/较强/强）	受极端气候或环境影响程度（小/中/大）	暴发历史
漂浮物	潜在	＞2	—	漂浮/悬浮	＜1	＞30	弱	小	无
	低				1～5	20～30		小	无
	中				5～10	10～20		中	无/有
	高/极高				＞10	＜10		大	无/有
赤潮生物	潜在	＜2	分泌胶质物	漂浮/悬浮	＜10	＞30	较强	大	无
	低	＞2	胶质块/胶质囊		10～50	20～30	较强		无
	中				50～100	10～20	较强		无/有
	高/极高				＞100	＜10	强		无/有
浮游动物	潜在	＜2	—	浮游	—	—	较弱	小	无
	低	＞2					较强	小	无
	中						较强	中	无/有
	高/极高						强	大	无/有
大型海藻	潜在	＞2	—	不易漂浮	＜1	＞30	弱	小	无
	低			漂浮/悬浮	1～5	20～30	较弱	小	无
	中				5～10	10～20	较强	中	无/有
	高/极高				＞10	＜10	强	大	无/有

续　表

调查项目	风险等级	个体大小/mm	体型	暴发状态	面积/km^2	离取水口距离/km	聚群能力（弱/较弱/较强/强）	受极端气候或环境影响程度（小/中/大）	暴发历史
大型底栖动物	潜在	>2	轻盈，胶质/软甲	漂浮/悬浮	—	—	弱	小	无
	低						较弱	小	无
	中						较强	中	无/有
	高/极高						强	大	无/有
鱼类	潜在	>2	—	强游动能力	—	—	弱	小	无
	低			弱游动能力			较弱	小	无
	中						较强	中	无/有
	高/极高						强	大	无/有
污损生物	潜在	—	胶质/软甲/其他	自由	—	—	较强	小	无
	低		钙质/胶质/丛状	固着/脱落				中	无
	中							中	无/有
	高/极高							中	无/有

表 5.5　重点防控种类筛选流程

<table>
<tr><th colspan="2">风险等级</th><th>数量特征</th><th colspan="3">潜在风险堵塞物特征</th><th colspan="8">重点防控种类特征</th></tr>
<tr><td>低</td><td>★</td><td>数量少/偶见种</td><td rowspan="4">1. 成体一般＞2 mm，在水中易漂浮或悬浮（污损生物除外）、数量多（优势种或易大暴发）、易聚群</td><td rowspan="4">2. 生长速度快、繁殖能力强、生命周期短、游泳能力弱和群聚能力强</td><td rowspan="4">3. 附着能力强，具有钙质化外壳，附着或脱落后影响隧洞、网具和滤网等冷源设施取水效率及其通透性的污损生物</td><td colspan="8">—</td></tr>
<tr><td>中</td><td>★★</td><td>数量少</td><td colspan="8">—</td></tr>
<tr><td>高</td><td>★★★</td><td rowspan="2">数量大</td><td rowspan="2">4. 在国内外其他核电厂已发生过类似堵塞事件的物种</td><td rowspan="2">5. 文献资料、历史数据和公开报道相邻或类似海域曾发生过大规模暴发的物种</td><td rowspan="2">6. 通过分析在其整个生命周期或某个生命阶段具备大规模暴发可能性且具备冷源堵塞物特征的物种</td><td rowspan="2">7. 结合遥感影像和现场验证，海域存在的大规模的养殖平台、筏架、竹竿、绳索、浮球、浮筒、养殖品种、附生藻类等物种</td><td rowspan="2">8. 易受台风、寒潮等风暴潮或天文大潮期影响，存在大规模暴发或聚集的物种</td><td colspan="3">—</td></tr>
<tr><td>极高</td><td>★★★★</td><td>9. 通过多方咨询和调访并确认的该海域曾发生过大规模暴发的物种</td><td>10. 曾导致核电厂冷源过滤器压差快速上涨或冷源启动预警的物种</td><td>11. 通过现场调查获得的数量极大的物种</td></tr>
</table>

表 5.6　冷源堵塞物风险防控表

类群	中文名	拉丁名	风险月历												综合风险等级	个体大小/cm
				低级 绿色预警			中级 蓝色预警			高级 橙色预警			极高 红色预警		极高★★★★ 高级★★★ 中级★★ 低级★	
			1 月	2 月	3 月	4 月	5 月	6 月	7 月	8 月	9 月	10 月	11 月	12 月		

表 5.7 冷源堵塞物调查及风险评估报告内容与格式要求

一级目录	二级目录	主要内容
1. 前言		任务来源、工作目标和技术要求等
2. 工程概况		工程位置、取水工艺和冷源安全需求等
3. 海域概况		地理位置、气候、水文、地质和环境质量等
4. 实施方案与完成情况	4.1 调查站位布设	任务的实施过程和完成情况
	4.2 调查航次信息	
	4.3 调查项目及技术方法	
	4.4 完成情况	
5. 调查结果	5.1 漂浮物	各航次各调查要素的种类、密度、生物量的组成和分布
	5.2 浮游植物（赤潮生物）	
	5.3 大中型浮游动物	
	5.4 大型海藻	
	5.5 大型底栖动物	
	5.6 聚群性鱼类	
	5.7 污损生物	
	5.8 遥感观测与现场调研	海域与环境概况，以及敏感目标的时空概况
	5.9 社会调访	堵塞物种类及其暴发历史的补充验证
	5.10 应急跟踪监测	冷源堵塞物暴发期的全过程监测
	5.11 环境因子监测	辅助分析冷源堵塞物暴发及其主要影响因子
	5.12 资料搜集	历史调查数据、环境资料、暴发记录和国内外同行经验反馈等

续　表

一级目录	二级目录	主要内容
6. 冷源堵塞物筛查	6.1 筛查与评估方法	冷源堵塞物筛查与风险评估方法
	6.2 潜在风险名录及其堵塞风险分析	不同风险等级冷源堵塞物名录及其堵塞风险分析
	6.3 低风险名录及其堵塞风险分析	
	6.4 中风险名录及其堵塞风险分析	
	6.5 高风险名录及其堵塞风险分析	
	6.6 极高风险名录及其堵塞风险分析	
7. 冷源堵塞物风险评估与防控建议	7.1 冷源堵塞物风险月历	冷源安全风险评估、防控和管理，冷源工程的设计与优化
	7.2 重点致灾物种类防控	
	7.3 月历防控	
	7.4 不同水层防控	
	7.5 主要源头防控	
	7.6 污损生物防除	
	7.7 赤潮防治	
	7.8 天气与潮位管理	
	7.9 拦污网梯级布设、打捞与维护	
	7.10 冷源工程设计与优化	

附录：
浮游植物及赤潮生物名录、浮游动物名录、潮间带大型底栖生物名录、浅海大型底栖生物名录、聚群性鱼类名录和污损生物名录。
附件：
两纲评审意见、中期报告评审意见、最终报告评审意见；现场图片和记录表等。

5.5 小结

滨海核电厂冷源堵塞物的研究从实践中来，到实践中去，是基于现阶段滨海核电和其他临海工业取水安全面临的紧迫性问题而开展的应用基础研究，需基于海洋科学理论和生物学规律，为滨海核电厂取水口的海工设计和拦截设施的布设与管理提供堵塞物的预警与防控对策。相关工作的重点和难点包括：

1. 复杂多变的环境条件

我国海域辽阔，海岸线长，东西横跨约32个经度，南北纵贯44个纬度；近岸海域冬、夏季风交替显著，为季风气候区，其中渤海、黄海为暖温带季风气候区，东海为亚热带季风气候区，而南海大部分海域为热带季风气候区；渤海、黄海、东海主要受黑潮外海水和渤海沿岸流、黄海沿岸流、东海沿岸流和辽南沿岸流等低盐沿岸水的影响，而南海主要受南海暖流和闽浙沿岸流（东海沿岸流）的影响；再加上不同厂址条件所处的海域开敞程度、水深变化、潮汐类型和潮差大小等环境差异，造就了我国近岸海域海洋生物多样性和生态系统类型复杂多样。为了能科学、综合地反映海洋生物的发生发展规律并形成完整且准确的风险月历，调查时间和间隔频次须尽可能同时兼顾四季的全面性和旺发季的代表性，调查方案需根据厂址环境特征，按一厂一策进行差异化定制。

2. 多种视角，多年数据，全面了解

对堵塞物的充分了解需基于运用多种视角，并对多方来源的数据进行深入分析。采用陆、海、空、天立体式全覆盖的调查方案可从源头上全方位多角度地了解堵塞物的主要来源，而定量与定性调查方法的结合，以及现场调查、调访咨询、文献资料和历史数据的相互补充和佐证，可最大限度地利用各方数据和资料，全面了解调查海域存在的潜在风险的堵塞物类型，有助于全方位地了解冷源堵塞物的种类组成和数量分布的时空动态，为后续堵塞物的精准识别和重点防治对象的风险评估提供数据支撑。

3. 关注非生物和偶发性的堵塞风险

世界核营运者协会发布的《重要运行事件报告》显示，除了海洋生物引起的取水安全事件，垃圾杂物和泥沙淤积引起的堵塞威胁也不容小觑。我国核电周边区域常见有大量渔业养殖及渔业捕捞设施，有些核电厂址位于入海河口附近，这使得养殖设施、海漂垃圾、海冰和近岸水草等垃圾杂物均对核电厂冷源系统构成威胁。另外，海洋生物大暴发具有间断性或偶发性特征，尤其是在当今全球变暖、栖息地破坏、过度捕捞和水体富营养化的大背景下，海洋生态平衡长期处于破坏和重建中，海洋生物（水母、毛虾、鱼群）的暴发规律变幻莫测，因此，冷源堵塞物的防控需坚持最保守的应对之策。

4. 重要防治对象的生物学特征

我国绝大多数核电厂的取水安全需求主要应对个体大小＞2 mm 的冷源堵塞物种类，因此采用的调查方法和手段均有别于常规的生态调查。冷源堵塞物识别与评估的重点和难点是筛选并摸清重要防治对象的生物学特征、主要分布源头及时空动态，探索前瞻性的堵塞物综合治理方案。其中垂直分布特征可为拦截网的科学和合理布设提供数据支撑；个体大小可为拦截网孔径的选择提供数据支撑；对海地瓜等底栖生物分布现状的了解可为取水渠海底的工程优化、海底硬化提供参考依据；对调查海域海上养殖现状、入海河口和入海垃圾，以及风暴潮和生物暴发期的综合了解和风险评估可为取水渠的海工设计或优化提供参考依据。

5. 污损生物附着期

污损生物最有效的防治措施是在其幼体附着期进行集中防除，因此，了解污损生物每月的附着特征、月累积效应、垂直分布和群落演替规律，重点分析优势种的幼体附着期，并结合温度、盐度、流速和光照等环境条件和文献资料，分析优势类群的种群动态及生态习性，探索经济、高效、环保的污损生物治理方案，减少因大量使用生物防治剂造成的环境污染，以及在成体杀灭期造成的大量死壳碎壳引起的二次堵塞，为核电厂取水口和冷源系统的生物防治和安全管理提供科学依据。

因此，了解核电厂取水口及其周边海域冷源堵塞物的潜在风险名录及其空间分布格局，掌握堵塞物重点防控种类的生物周期现象和生态习性，是开展冷源风险防控，以及构建科学有效的监测—预警—防控技术体系的基础和先决条件。开展冷源堵塞物风险评估，暴发机理、威胁机制、主动驱离、防御技术、预警模型研究，以及冷源系统性优化等是滨海核电厂冷源风险防控亟待解决的关键性问题。基于目前的研究现状，冷源风险防控应遵循“因地制宜，据时调整，科学防控，综合治理”的总体方针。

第 6 章　预警监测系统

6.1　概况

6.1.1　背景

自 2007 年 7 月 T 核电站海水取水口麦秸秆堵塞，国内首次核电厂因海水冷源堵塞导致大幅降功率运行事件以来，截至 2023 年 10 月，我国因海水冷源堵塞而导致停机停堆或大幅降功率的运行事件约 13 起。对核电厂造成了巨大的经济损失，同时也对核电厂的安全可靠运行提出了新的挑战。由于核电厂分布于不同地理空间，其致灾物大规模聚集的种类和时间各异，现阶段关于冷源致灾物大规模聚集的成因分析与监测预警方法研究较少，监测设备单一，大数据积累匮乏，预警模型算法置信度低，对冷源致灾物的全天候监测、分级预警和协调机制尚不完善，无法提前准确预警致灾海生物的暴发和入侵时机。

因此核电厂有必要研制取水口致灾物监测预警系统，深入研究多源数据获取与处理，并建立致灾物智能预测模型。该系统能够提高核电厂冷源风险应对能力，进一步指导电厂从冷源各个风险防范环节入手，完善和优化现有的冷源风险防范行动，弥补现有防范行动的不足之处，从纵深防御的角度协调致灾物预警、探测和防范等措施的功能关系，为全面提高核电厂冷源可靠性提供技术支持。

6.1.2　国内外冷源预警监测设施现状

从 2015 年起，国家能源局、国家核安全局相继多次要求核电营运单位建立预警和预防机制。2023 年 9 月 25 日，国家发改委等五部委联合发文（发改能源〔2023〕1315 号），明确要求强化监测预警体系。文中强调“综合使用多种监测手段和大数据、智能化等技术，建立取水致灾物监测预警系统平台，与气象、海洋等部门建立信息共享机制，提升对周边海域的监测预警能力。在风险多发地区和时段，要提前启动应急响应预案，加强监测和人员物资准备”。国内核电厂开展了一系列分析研究和技术改进，现已初步应用水下声学、光学、浮标和水下机器人等探测手段技术。

（1）D 核电

D 核电站取水口监测系统设备主要针对集群浮游动物（水母）和游泳生物（毛虾），取水口声呐多位置布置并同时工作，实现了多声呐组网立体探测，以直观的图像界面将被测物体数据呈现出来。

（2）FC 核电

FC 核电厂取水口监测系统设备主要针对集群浮游植物（棕囊藻）、水面垃圾等，采用光学成像设备进行监测，成像细节表现清晰，可满足监测区域全天候视频取证，如图 6.1 所示。

FC 核电厂取水口目前在取水口 4 个点位分别安装了 1 台双光谱光学摄像机，通过组网和图像拼接将取水口海域水面完整呈现，探测范围包括取水明渠内及进水口、取水口近海域 1.5 km 范围内。

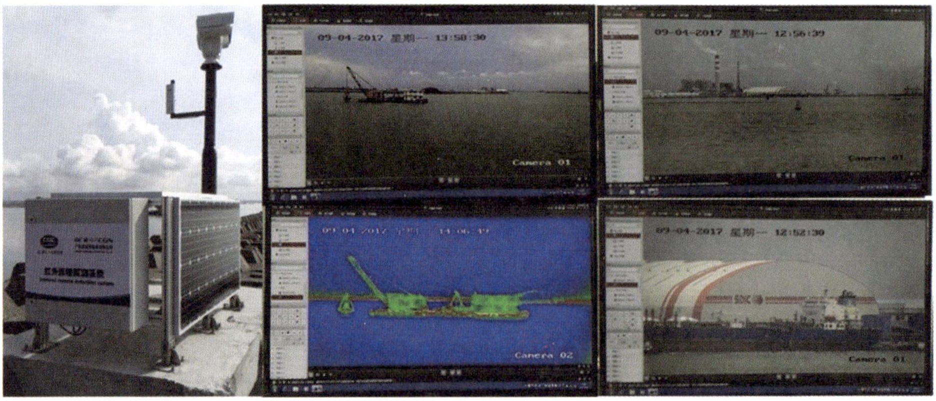

图 6.1　远红外＋热成像探测系统

（3）N 核电

N 核电厂取水口监测系统设备（图 6.2）主要针对水面垃圾（竹竿）、浮游动物和集群浮游动物（水母），目前主要采用 1 台宽频数字声呐、1 台便携式 2D 成像声呐和 1 台双光谱光学摄像机实现取水口的实时监测。

宽频数字声呐对块状分布水生物和集群性游泳生物的集群、移动状况进行监测；双光谱网络摄像机主要实现取水口前端水域水面垃圾(竹竿)、浮游动物和船只识别，并配合宽频数字声呐的监测；另外，受 N 核电取水口水质影响，配置一套 2D 成像声呐，主要用于观察水下细节，例如海地瓜的水下分布和拦截网堵塞状况。

图 6.2　N 核电取水口海生物监测预警系统

(4) 美国核电费米 2 核电厂

国外核电冷源的预测系统已广泛应用，美国核电费米 2 核电厂功率为 1 200 MW，位于密西根 Erie 湖西岸，历史上曾发生入口被藻类堵塞的事件（图 6.3）。为应对藻类大量涌入所带来的威胁，费米电厂与密歇根科技大学（MTU）合作开发了一项预测工具，预测藻类衰老、脱离及到来时间。

图 6.3　Fermi 综合早期预警系统概览

（5）Diablo Canyon 电厂

Diablo Canyon 电厂（DCPP）拥有 2 台核电机组，装机容量为 2 298 MW，DCPP 开发了巨藻攻击小组（KAT）模型。KAT 模型基于过去的运行经验、历史事件收集的海洋数据，以及数据权重因素。该模型的输入包括：实时预测电厂近海某处的波能量（高度和周期）、浪向、潮汐条件、事件时间序列、杂物负荷的预估。KAT 模型评估工具输出 1～10 的对电厂潜在影响分值（图 6.4），大于 8 的评分会引发“高波浪涌警告”，需立即执行取水口管理的操作规程。

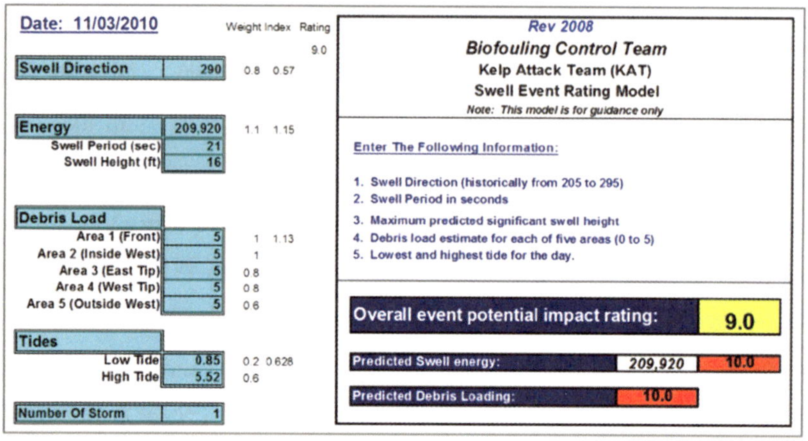

图 6.4　DCPP 电厂巨藻袭击小组（KAT）模块

当前最基本的监测预警方法是基于时间序列的分析预测法。然而，海洋致灾物暴发现象的数据大多是非线性的，这些复杂的数据关系通过传统的线性预测方法处理精度不高。为了改进对于非线性系统的预测，人们已经提出许多非线性预测模型的方法。由于冷源致灾物具有海洋生态环境的高度复杂非线性特点，预测模型需具备高度的学习和泛化能力，并在新领域研究中深度学习；具备超强的数据整合和提取能力，能够从大量数据的多维影响因素中发现特征因子。

冷源致灾物暴发问题是全世界核电厂共同关注的一个难题，欧美核电厂主要分布在内陆靠近湖泊河流的地区，研究应用的监测技术和早期预警预测方法主要针对淡水域取水口，对于海洋取水口的冷源监测预警的研究还处于空白阶段；国内核电厂主要分布在沿海地区，虽然初步研究了致灾物监测技术，但未深入研究早期预测方法。因此，需要构建多手段、多节点一体化的监测预警网络，在深度学习框架基础上，形成冷源致灾物预测模型，用于核电厂取水口致灾物监测预警系统研究和实际应用。

6.2　冷源致灾物监视方法

监视是通过人工巡查、仪器设备自动在线查看及其他跟踪查看方式，对冷源取水区及其附近周边水域的致灾物种类和规模等进行持续观察、测量和统计的过程。

6.2.1　一般规定

核电厂应定期开展取水邻近海域的致灾物调查，了解可能形成冷源取水系统堵塞风险的致灾物类别。核电厂应在取水构筑物结构完整性、致灾物过滤和拦截设施的阻挡效果等方面执行和保持监视操作。

6.2.2　致灾物调查

核电厂应对取水区及其邻近海域的致灾物进行调查，调查范围应覆盖以核电厂取水区中心为半径至少 20～30 km 范围海域。核电厂应收集致灾物相关历史数据和文献资料，梳理和遴选取水区及其邻近海域常见和优势致堵性物质的种类，并分析其发生、发展规律及暴发驱动要素，编制致灾物名录、风险等级目录和风险月历，并结合核电厂运行及其他因素（如不同季节不同物种的活跃程度不同）开展侧重点不同的调查方式，如春季为赤潮高发期，可增加对浮游植物调查的航次和密度，而对其他当季非活跃物种可以适当减少频次，以探索开展致灾物调查合理的频次和周期。

致灾物调查应分两方面进行，包括厂址海域海洋生物暴发和其他杂物（漂浮物、海冰和水草等）大量聚集的历史资料收集，以及取水区及其临近海域对冷源系统安全有潜在威胁、需重点防范的种类和相关环境要素调查。致灾物调查应结合核电厂邻近海域的地理位置、生态环境特征和致灾物的组成特点，根据全面覆盖、近密远疏、重点代表的原则进行，对不同致灾物采用有针对性的调查设备和调查方法。

6.2.3 监视方法

根据对致灾物信息的获取方式不同，监视方法可以分为人工巡查、在线监视和其他监视等。监视方式及监视要素示例见表 6.1。

表 6.1 监视方式与监视要素

监视要素		监视方式							其他		
		目视	无人潜航器	无人机	抵近观察（含潜水员）	雷达	声呐	摄像（水上/水下）	气象/水文/水质站	共享国家监测预报系统修改数据（如卫星等）	设置仪器在线/离线测量采样（非官方）
海洋生物	海藻、浒苔类等漂浮植物	√	/	√	√	/	√	水上	√	√	√
	鱼、虾	√	√	/	√	/	√	水下	√	/	√
	水母	√	√	/	√	/	√	水下	/	/	/
	笔帽螺等贝类	/	/	/	√	/	√	水下	/	/	√
	海地瓜、藤壶等底栖生物	/	√	/	/	/	/	水下	/	/	√
海漂垃圾	树枝、秸秆及塑料等生活垃圾	√	/	√	√	/	√	水上	/	/	/
	泥沙、碎屑等重质杂物	/	/	/	√	/	/	水下	√	/	/
海冰		√	/	√	√	√	√	水上	/	√	/
取水设施		水上部分	水下部分	水上部分	√	/	/	√	/	/	/
拦污设施		水上部分	水下部分	水上部分	√	/	/	√	/	/	/

续　表

监视要素		监视方式									
		目视	无人潜航器	无人机	抵近观察（含潜水员）	雷达	声呐	摄像（水上/水下）	其他		
									气象/水文/水质站	共享国家监测预报系统修改数据（如卫星等）	设置仪器在线/离线测量采样（非官方）
水文指标	海流流向、流速	/	/	/	/	/	/	/	/	√	√
	水温	/	/	/	/	/	/	/	√	√	√
	浪向	/	/	/	/	/	/	/	√	√	√
	浪高	/	/	/	/	/	/	/	√	√	√
	水位	/	/	/	/	/	/	/	√	√	/
气象指标	气温	/	/	/	/	/	/	/	√	√	/
	风力	/	/	/	/	/	/	/	√	√	/
	风向	/	/	/	/	/	/	/	√	√	/
	风速	/	/	/	/	/	/	/	√	√	/
生态指标	盐度	/	/	/	/	/	/	/	√	√	√
	pH	/	/	/	/	/	/	/	√	√	√
	溶解氧	/	/	/	/	/	/	/	√	√	√
	活性磷酸盐	/	/	/	/	/	/	/	√	√	√
	铵盐	/	/	/	/	/	/	/	√	√	√
	硝酸盐	/	/	/	/	/	/	/	√	√	√
	亚硝酸盐	/	/	/	/	/	/	/	√	√	√

注1：表中“√”表示适用，“/”表示不适用；

注2：表中给出了通用的监视要素，核电厂可根据厂址条件及监视设备功能删减或增加要素项目。

现有海洋监测技术能够实现水下、水面和空间等多方位监测，采集海生物暴发的关键数据，如水文水质、洋流环流、海生物密度和质量，以及海域实时图像等，具体根据核电厂取水口海域环境和监测需求，选择适合的监测手段形成全方位立体化监测网络，参见表6.2～表6.3。

为了提升全方位立体化监测网络的有效性，需有效组合多种监测手段，针对各监测技术手段特点（表 6.2），提出以下建议：

（1）水面光学监测建议远近结合对海面进行联动监控。

（2）水下摄像监测范围小且水质要求高，建议在水质清澈环境中对水下拦网的网孔等细节部分进行监控。

（3）水下声学监测设备布置时需要考虑水深对监测范围影响，主要针对海生物集群进行有效监控。

（4）水下机器人日常使用成本较高，建议在特殊情况（海生物突然暴发、辅助监控拦网等）下使用。

（5）浮标监测、卫星遥感、雷达监测多用于长期监测，通过大范围和长期的海洋环境气象数据采集，为早期预警风险分析提供致灾物集群密度、洋流、海温和赤潮等周边海域数据源。

表 6.2　不同监视手段的特点

序号	监视手段	特点	范围	目标物
1	水面光学监测	1. 全天候监测 2. 高清成像	海面探测 0～5 km	浮游生物集群（水母、藻类等）、大型船只、海洋垃圾
2	水下摄像	1. 全天候监测 2. 水下高清成像，成像效果受水质浑浊影响	水体中 0～10 m（最大距离与水体浑浊程度相关）	水下拦污网、海生物
3	雷达监测	1. 全天候监测 2. 跟踪并记录目标轨迹	海面探测 0～10 km	赤潮、大型水母、较大面积的海洋垃圾
4	水下声学监测	1. 全天候监测 2. 扫描图像不受浑浊的水体影响	最大范围与水深相关 1. 单波束扫描声呐 0～1 000 m； 2. 成像声呐 0～100 m	海生物集群（水母、藻类等）
5	浮标监测	1. 全天候监测 2. 集成度高，搭载多物理传感器	投放点所处水域	海洋数据、气象数据、水质生态监测

续　表

序号	监视手段	特点	范围	目标物
6	卫星遥感	1. 全天候监测 2. 根据区域获取大面积和多时相影像数据，资源有限	海洋表层或近表层观测范围大	洋流、赤潮、大型水母、鱼群、较大面积的海洋垃圾
7	航空遥感	1. 根据需求航拍 2. 覆盖范围内的高分辨率影像数据	海洋表层或近表层观测范围有限	溢油、赤潮、大型水母、鱼群、较大面积的海洋垃圾
8	水下机器人	1. 机动性监测重点区域 2. 集成度高，搭载传感器和摄像机	监测点可操控，范围与搭载传感器有关	海底结构、水下拦污网、海生物集群（水母、藻类等）

6.3　冷源致灾物预报方法

预报是利用监视所得数据和历史资料对冷源取水区运行状况进行预测和评估，分析致灾物聚集可能对冷源安全形成的影响，并根据相关报警指标状况向有关部门发出警示报告的过程。

6.3.1　一般规定

核电厂冷源致灾物的预报包括取水区状态预测评估和报警两个部分，即电厂冷源工作人员应及时对监视所得的致灾物数据进行整理汇总，根据其分布、聚集状况，预测并评估取水区状态，并选择适合厂址条件的报警指标参数，按指标不同阈值划分不同的系统警示状态，当出现超阈值情况时发出报警。

表 6.3　国内部分核电厂取水口致灾物监视方法

地点		D	N	HYH	FC	Y	C
已发生事件	致灾物	日本毛虾	海地瓜	海月水母/海草、浒苔	棕囊藻	日本毛虾	海藻
	事件	降功率运行/停机停堆	机组停机、紧急停堆	跳机、跳堆	影响机组热试进展	切换至中速运行	降负荷、自动停堆
潜在致灾物	浮游植物	球形棕囊藻	棕囊藻	浒苔	夜光藻	球形棕囊藻	马尾藻
	浮游动物	黄斑海蜇、霞水母等	黄斑海蜇、霞水母和尾刺糠虾等	海月水母帽、铃水母等	黄斑海蜇、霞水母和长尾住囊虫等	水母类、小齿海樽和软拟海樽等	双生水母、球型侧腕水母
	游泳动物	口虾蛄、长毛对虾等	中国毛虾、底栖虾类幼体	中国毛虾、底栖虾类幼体	日本毛虾、周氏新对虾等	口虾蛄、幼鱼等鲱科鱼类	褐篮子鱼等鱼类
	底栖生物	多毛类奇异稚齿虫	海仙人掌	日本倍棘蛇尾、紫贻贝	海地瓜	海地瓜、光滑倍棘蛇尾	藤壶、贝壳
监测技术	水质	有	有	有	有	有	无
	声呐	有	有	无	正在安装	有	正在安装
	视频	有（水面）	有（水面）	有（水下）	有（水面）	有（水面、水下）	有（水面）
	水下机器人	有	无	无	无	有	有
	雷达	无	无	有	无	有	正在安装
	原位成像	无	无	无	无	有	正在安装
	气象	无	无	未知	未知	有	有
	水文	无	无	未知	有	有（海流、潮位）	有（潮位）

6.3.2　预测和评估

核电厂应对冷源取水区构筑物及致灾物拦截设施、设备按生产系统相关规定进行管理，包括绘制流程图、赋予系统编码和运维管理等。应结合厂址特点、历史数据和监视获得的要素数据，预测致灾物的暴发时机。通过相关监测手段，评估取水区状态，包括但不限于以下内容：

（1）根据监视获取得到的致灾物种类，评估拦截装置类型及网目尺寸是否适合。

（2）根据致灾物出现位置及即时风向、风速和海流参数评估和预测致灾物是否能够被取水构筑物疏导和阻挡，预测致灾物到达取水区拦截设施的时间。

（3）根据对现有拦截设施状态的监视结果，评估其拦截功能是否正常。

（4）根据致灾物数量和规模，结合气象等辅助要素，评估拦截设施是否有能力充分拦截。

（5）取水区气象条件异常时评估是否可能造成大规模的致灾物被卷吸和聚集，拦截设施对致灾物的拦截和收集容量是否足够。

（6）核电厂取水区的预测和评估过程应持续进行，频次可进行调整。当评估结果显示无威胁核电厂冷源安全情况的可能时，可低频次进行；当存在致灾物聚集影响核电厂冷源安全的可能时，应增加频次进行。

6.3.3　报警

（1）原则

核电厂应结合自身厂址条件和拦截设施布置方式选择合适的报警指标，指标类型应包括衡量致灾物规模的数据、气象和水文参数，以及构筑物完整性等。报警应分级设置，如报警指标超过阈值，则启动相应级别报警流程。

（2）报警设计

报警包括单一设备报警和综合报警两种方式。单一设备报警通过设定报警阈值触发报警，监测数据达到或超过该阈值时，触发报警。另外要根据实际运行情况和报警记录，定期对报警阈值进行调整，以提高系统的预警精度和可靠性。综合报警会考虑的各种设备采集到的数据，结合单一设备报警阈值评估当前风险等级，给出一个合理的风险值。综合报警处理流程如图 6.5 所示。

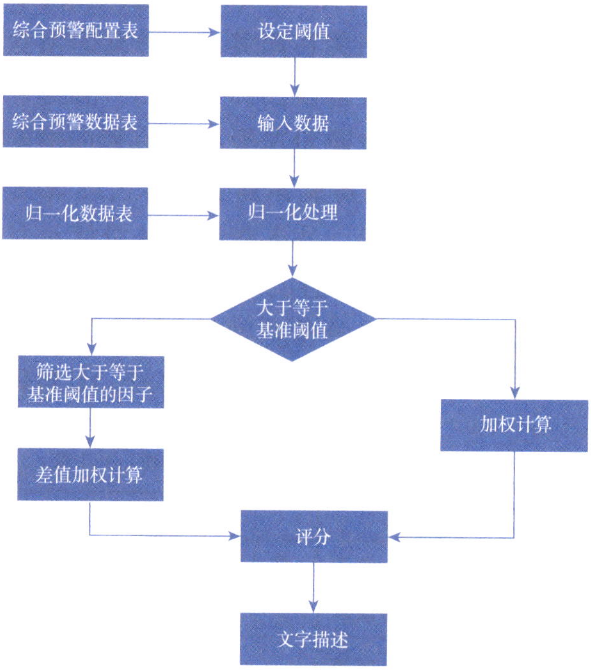

图 6.5　综合报警流程图

综合报警将设备报警阈值表和设备数据作为输入，前端设备采集到的数据经过清洗、转换后进行归一化处理，归一化处理后的数据均为 0～10 之间，通过与设定的基准阈值比较，当某一个或多个采集数据大于等于设定阈值时，将按照设定的差值加权计算方法进行评分，如果数据显示各个设备风险等级都处于低风险状态下时，将按照另一加权算法进行计算。数据经过计算后将获得最终评分，并将最终风险数据以报告形式呈现。

（3）报警分级

致灾物报警可从低至高设置为三级，即三级报警、二级报警、一级报警，但启动时无须逐级启动，可根据各阈值是否达到直接启动相应级别报警。

报警指标及相应级别的触发条件见表 6.4、表 6.5。

表 6.4　报警指标及触发条件（海洋生物、海漂垃圾类）

序号	报警指标		是否单指标触发	三级报警（蓝色报警）	二级报警（橙色报警）	一级报警（红色报警）
1	A. 致灾物因素	A1. 拦污网堵塞率①	是	[10%，15%)	[15%，20%)	≥20%
2		A2. 水面致灾物总面积②/m^2	否	[150，225)	[225，300)	≥300
3		A3. 水体致灾物总体积③/m^3	否	[150，225)	[225，300)	≥300
4	B. 设施及装置状态	B1. 拦污网破损率④	是	[1.5%，3%)	[3%，5%)	≥5%
5		B2. 取水构筑物损坏⑤	是	轻微	一般	严重
6	C. 辅助因素	C1. 致灾物与取水口之间的距离⑥	否	[5 km，2 km)	[2 km，1 km)	[1 km，0.5 km)
7		C2. 风速（风向与取水口来水方向一致）⑦	取水口处水深小于 6 m 时可启动单指标触发	≥7 级	/	/
8		C3. 波高⑦	取水口处水深小于 6 m 时可启动单指标触发	≥2 m	/	/
9		C4. 海流流速⑧（流向朝取水口方向）	否	≥1 m/s	/	/
10		C5. 台风预计到达时间⑨	是	≤72 h	/	/

注：单指标触发条件达到报警值时启动相应级别的报警，非单指标条件达到报警限值时，需结合其他指标状况共同确定是否触发报警；

A 类指标因素与 C 类指标因素中的非单指标触发条件同时出现触发相应级别报警情况时，报警级别以高级别为准；

其他指标触发条件同时出现时，各核电厂可结合厂址条件自行设置；

表中“/”表示不适用；

以上指标数据为建议值，各核电厂可结合厂址条件自行设置；

① 拦污网设计上堵塞率达到 15%时应及时清理，考虑核电厂主动安全和保守决策原则，三级报警触发限值设定为 10%；堵塞率以致灾物实际对拦污网的堵塞面积与取水流道断面比值获得；

② 致灾物在海水表面平铺面积，可通过无人机或摄像途径获得；

③ 考虑致灾物在拦污网处堆积情况，本示例中根据现场经验以拦污网堵塞面积 3 倍展开取值；

④ 以拦污网破损面积与取水流道断面比值获得；

⑤ 以运行中构筑物破损时进入取水流道的致灾物经验数量取值；
⑥ 具体数值由摄像监测功能、致灾物漂流至取水口时间和运维调整响应时间需求共同确定；
⑦ 核电厂可独立设点取得，也可共享政府网站数据获得，与取水区波浪破碎带形成和影响状况相关，取水头方式取水暂不适应本条；
⑧ 电厂可独立设点取得，也可共享政府网站数据获得，与核电厂厂址海域潮流方向有关，可结合核电厂期望的报警时限要求确定；
⑨ 与核电厂厂址条件及相关应急预案相关。

表 6.5　报警指标及触发条件（海冰类）

序号	报警指标		三级报警（蓝色报警）	二级报警（橙色报警）	一级报警（红色报警）
1	大块浮冰	与取水口距离[①]/km	(5，10]	(2，5]	<2
2	碎冰下潜	取水口处冰量占比[②]/%	[30，50)	[50，70)	≥70
3	冰凌、冰絮	取水口处表层水温[③]/℃	(−1.4，−1.35]	(−1.5，−1.4]	≤−1.5

注：以上指标数据为建议值，各核电厂可结合厂址条件并考虑气象、水位等因素自行设置；
① 应结合取水口海域潮汐涨、落潮及海平面水位选择，可由雷达或卫星等方式取得；
② 应考虑取水口海域浪高、浪向和取水口湾内是否被大冰盖等情况，通过雷达或视频等方式监测；
③ 应根据核电厂地理位置海域的盐度及冰点等值明确海水结冰温度值，可由相关政府或气象等部门的数据共享获得。

（4）报警指标的获取方法

核电厂对于报警指标的获取，应采用多种方法获得，包括但不限于表 6.6 所示。

表 6.6　报警指标及其获取方式

指标类型	获取方法	备注
拦污网堵塞率	水面及以上部分致灾物堵塞状况可由人工目视； 水下部分可由潜水员下潜、水下摄像机视频或无人潜航器抵近观察获得	由于拦污网多为全断面布置，恶劣条件时可根据致灾物特点（如比重状况）估算
致灾物面积	无人机巡查获得； 水面摄像头获得； 人员目视	
致灾物体积	声呐扫描及其系统计算处理获取； 根据致灾物比重及表面积估算	
拦污网破损率	同“拦污网堵塞率”的获取方法	
构筑物损坏状况	同“致灾物面积“的获取方法	

续　表

指标类型	获取方法	备注
致灾物与取水口间距离	水面摄像； 无人机飞巡观察； 抵近观察	
波高、海流方向、海流流速和风速等辅助因素	政府公网相关资源和数据； 依据核电厂自建气象站功能获得	

注：对于报警指标的获取，表中提出了初步的方法，核电厂应结合自身条件充分发掘可能和更好的获取方法，尤其是应提高相关高科技手段和装置的使用程度，以保证报警指标的可靠获取。

6.4　致灾物预测模型与算法研究

基于核电冷源系统致灾物监测信息数据库，实现根据当前监测数据预测未来发生灾害的可能性程度，因此建立一种基于数据驱动的预测模型是冷源系统早期预警技术的重要环节。

6.4.1　基于深度学习的冷源致灾物灾害预测模型

（1）RBM 建模

限制玻耳兹曼机（RBM）是一种基于能量的模型，通过把输入的各种参数组合与一个合适的能量函数相联系来获取输入参数之间的依赖关系。对于所有能量模型来说，能量的大小与各种参数组合的概率成反比。因此在给定一组参数数据下，可以通过不断训练模型来找到使对应能量值最小的那些参数的配置组合。

图 6.6 为 RBM 结构图。由图 6.6 可知，整个 RBM 模型分为可视层（v_1，v_2，v_3，v_4，…，v_m）和隐含层（h_1，h_2，h_3，…，h_n）两层，第一层可视层也称输入层，用于输入作为训练预测的观测参数。第二层的隐含层可看作特征提取器，用来提取输入观测参数每个维度之间的特征依赖关系。

在给定可视单元的状态时，第 j 个隐含层单点的激活概率为：

$$p(h_i=1 \mid v)=\sigma(c_i+W_i v) \tag{1}$$

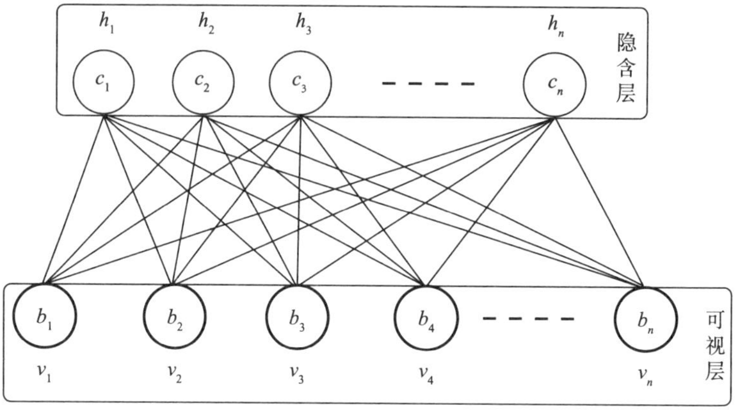

图 6.6　RBM 结构图

其中：σ 为激活函数，$\sigma(x)=\dfrac{1}{1+e^{-x}}$。

求得所有隐含层单元后，根据 RBM 的对称结构，可得可视层单元的激活概率为：

$$p(v_j=1 \mid h)=\sigma(b_j+W_jh) \tag{2}$$

因此 RBM 训练的目的就是求出最优的模型参数 $\{b_j, c_i, W_{ij}\}$，进一步从原始数据参数中抽取特征数据。

（2）DBN 建模

经典深度学习模型－深度信念网络（DBN）的逐层监督训练方法（图 6.7）分为两个学习阶段，首先通过逐层的 RBM 预训练从原始数据中抽取数据特征，得到一个合理的模型初始化参数值，然后采用传统的 BP 训练算法对网络参数进行微调，进一步优化 DBN 模型，具体训练步骤如下：

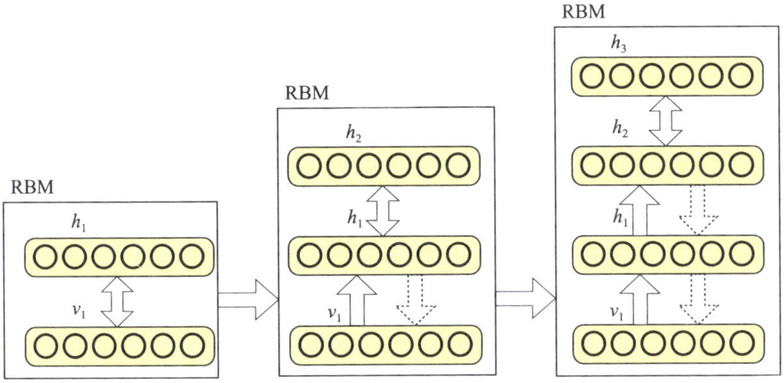

图 6.7 DBN 训练过程

深度学习能够利用大量数据对现象进行逐层特征抽象，通过超强的数据整合和提取能力从多维的影响因素中发现主导特征因子。本课题尝试将深度学习理论应用于冷源致灾物预测研究中，重点分析预测模型的架构、具体学习算法。整个模型基于 3 层 DBN 网络架构，包含 1 个可视层，3 个隐含层，组成了 3 个 RBM，具体如图 6.8 所示。

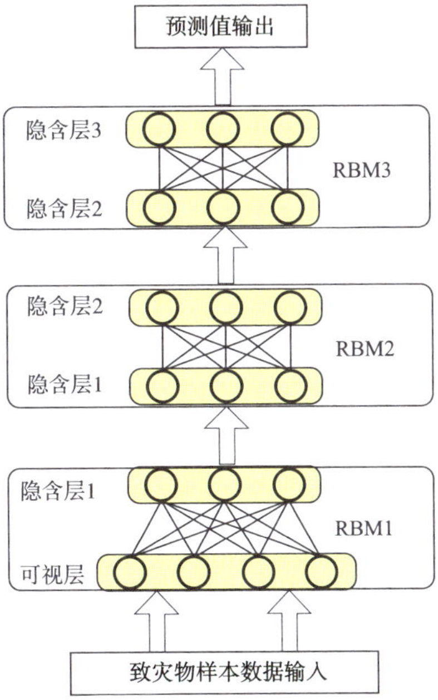

图 6.8 基于深度学习的致灾物预测模型

整个预测模型分两个阶段进行学习：首先通过无监督的预训练，逐层提取影响因子的特征向量，多个 RBM 训练后得到初始值已很好地接近全局最优解。再通过收敛训练，使用 BP 算法将预训练后的数据微调。这种深度学习网络可以很好地从大量多维数据中提取特征数据，进行准确预测。

在深度学习领域，该系统需采用集成学习方法，通过整合多个不同的模型，其中包括 INFORMER、CNN-INFORMER 和 LSTM 模型，进行多模型融合以达到提高整体性能的目的。这一策略的关键在于通过整合多个模型，不仅通过投票、平均等方式减轻了对单一模型可能存在的过拟合风险，还能够更全面地捕捉数据的特征，从而增强模型对复杂关系的学习能力。多模型融合使模型更加适应海洋环境多样化和致灾物动态变化的输入场景，提高了整体鲁棒性。这种科学方法不仅有助于提高预测准确性，还为应对现实世界中多变的数据和任务提供了更为强大的解决方案。

6.4.2 基于多源数据融合的典型海洋致灾物行为模型

海洋致灾物灾害是一个高度复杂的现象，其发生原因涉及气象、水文和生物化学等多个因素的交织影响。不同海域的主导因素各异，呈现出高度复杂的非线性特征。因此，对于海洋致灾物的预测，需要具备强大的学习和泛化能力，而深度学习通过多层次的特征抽象，能够从海量数据中提取关键影响因子，挖掘复杂的关联性，较传统的统计回归模型和机器学习模型更具优势。其中，基于因果卷积自注意力的 CCN-Informer 模型突破了梯度消失和梯度爆炸问题，克服了 Transformer 在长时间序列预测中的局限，对 Attention 机制构成的网络结构引入概率稀疏化，从而有效降低模型计算复杂度，提高了预测模型的准确性。

鉴于海洋致灾物本身易受近期环境等不确定因素的干扰，难免会出现异常波动的情况，从而增加海洋致灾物预测难度。本方案将采用 CCN-Informer 模型，考虑了气象、水文和季节等多种影响因素对海洋致灾物的影响，在自注意力机制中引入因果卷积神经网络增强局部信息提取能力，捕获周围对时间点影响较大的异常波动信息并进行学习，同时保留了序列数据之间重要的位置顺序和时间信息，对输入数据的每个序列位置和时间信息进行编码。利用概率稀疏自注意力层和蒸馏层，控制编码器的样本计算成本，最终使用生成式结构编码器实现海洋致灾物长时间序列预测。相较于传统的短期方法，CCN-Informer 模型为海洋致灾物的长时间序列预测提供高效、精准的解决方案。以下将详细介绍预测模型的架构、算法。

基于因果卷积自注意力的 CCN-Informer 长时间序列海洋致灾物预测模型如图 6.9 所示。模型架构整体分为 4 个部分，分别为输入层、编码层、解码层和输出层。在输入层进行数据的预处理和辅助变量选取，即数据缺失值异常值检验，并进行辅助变量筛选和数据集的划分。编码层和解码层是预测模型的结构参数，主要进行位置编码、时间编码，加入因果卷积网络结合自注意力机制特性，优化模型性能。输出层对网络产生的输出进行全连接得到结果，计算其均方根误差、平均绝对误差和平均绝对百分比误差。训练过程采取梯度下降（Adam）来优化模型。

按照上述步骤进行模型建立，并通过对模型持续优化，基于因果卷积自注意的 CCN-Informer 海洋致灾物预测模型将能够在复杂的海洋环境中实现更为精准、鲁棒的海洋致灾物预测，从而为核电厂海洋灾害应对提供有效的决策支持。

6.5　系统设计与实现案例

通过分析已有核电厂监测预警系统可知，利用单一生物特征和物理手段，难以实现对致灾物的准确监测。必须构建多手段、多节点一体化的监测网络，同时结合致灾生物成因分析、海洋环境参数及历史统计信息，建立致灾物全海域在线监测平台，并构建本地已发生威胁和潜在威胁海生物大数据平台，研究致灾物精确探测方法、集群定位和目标识别算法。最后，在此基础上搭建一套致灾物集群暴发的预测模型和智能化应急决策支持体系，为滨海核电厂的安全运行和应急指挥提供科学高效的处置方案。

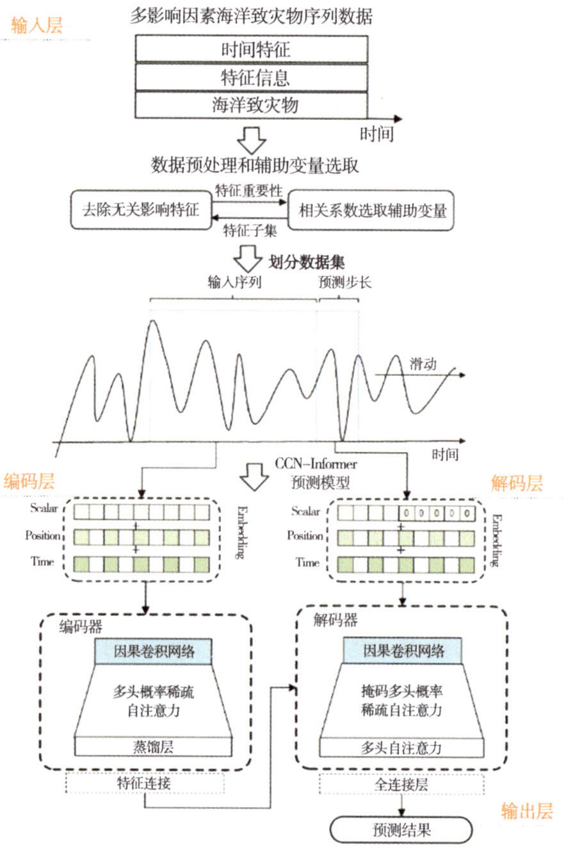

图 6.9　基于 CCN-Informer 的海洋致灾物预测模型

6.5.1　监测系统布置

C 核电有限公司联合中船重工七一九研究所对致灾生物监测技术进行调研及现场试验，完成声呐装置、白光高清摄像装置、红外摄像装置和热成像装置的安装调试和实地探测，并完成标志物投放探测试验和监测软件平台开发。结合冷源堵塞物调查及识别研究成果，建立了预警监测系统监测数据输入类型，搭建了预警模型试验及体系，形成了 C 核电取水口致灾物监测预警系统设计方案。

C 核电厂冷源取水口濒临北部湾，处于海南省西部工业走廊带，该水域是我国传统的海水养殖区域，同时也是我国赤潮多发区。海水取水方式为明渠取水，通过闸门井厂房后延地下隧道进入海水泵房。

明渠设计前期为与海岸线垂直设计的 2 条平行直堤，后续优化在明渠口门处增设了弧形堤，对沿海流而来的垃圾与海生物可以起到主动导避疏离功能。

自 C 核电厂厂址北侧海域，大量垃圾、水母、鱼类、海藻和海草等随潮至取水北侧及取水口。C 核电厂取水明渠内波高较大，在西北向浪作用下掀沙作用明显，存在明显的波浪破碎区，明渠底部贝壳碎屑易随水流进入取水流道。

根据 C 核电取水口致灾物监测预警系统技术需求，通过水面监测、水下监测、气象监测及卫星遥感等监测手段，布置全方位立体监测网络的示范平台。C 核电致灾物监测预警系统示范平台监测配置如表 6.7 所示。

表 6.7　C 核电致灾物监测预警系统示范平台监测配置表

序号	项目	数量	监测目标	探测距离
1	宽频数字扫描声呐	3 台	水中致灾物集群（水母、藻类）	水下半径 300 m 圆形区域（10 m 水深）
2	双光谱热成像监控摄像机	3 台	浮游生物、船只、海洋垃圾	水面 2 km/5 km
3	小型气象站	1 套	风速、风向等	重件码头周边

根据 C 核电取水口设计特点和已有基础安装位置，C 核电致灾物监测预警系统示范平台设备布置如图 6.10 所示。

全方位立体监测网络布置说明如下：

（1）水下目标采用声波探测，1、3 号声呐分别安装于取水口墩基平台外侧，实现 1 号拦污网外侧水下 300 m 半径范围实时监控，2 号声呐安装于取水口墩基平台内侧，实现 1 号拦污网内侧 300 m 半径范围实时监控，3 台声呐组网实现取水口水下生物集群探测。

（2）海面目标采用远程光学摄像机和双光谱摄像机探测，布置 1 台 2 km 中距离探测距离的双光谱摄像机、2 台 2 km 中距离探测的黑光摄像机和 2 台 5 km 远距离探测的高清摄像机互补监视盲区，其中 1 号摄像机负责监视 1 号拦污网和重件码头水域水面，2 号摄像机负责远

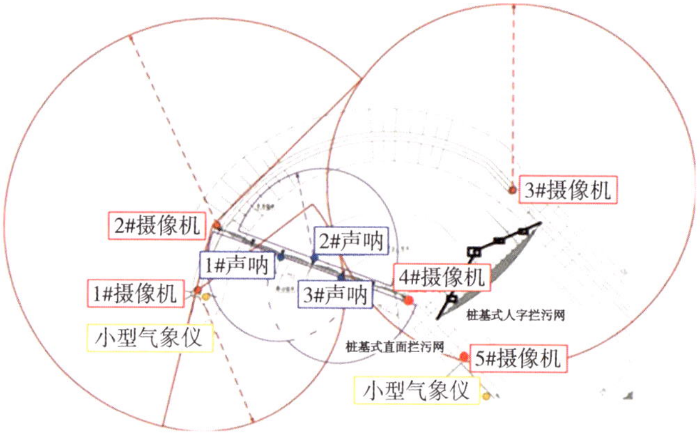

图 6.10　C 核电取水口监测设备布置

距离监视防波堤外侧的水域水面，3 号摄像机负责监视取水明渠内部、前端和 2 号拦污网水域水面；4 号摄像机用于监测第一道桩基网前端水面；5 号摄像机用于监测第二道桩基拦截网。

（3）另外针对水面监测设备和水下监测设备获得的海面异物和水下生物集群信息，通过配合安装于 1 号和 5 号点的小型气象设备所监测的风速、风向、温度、大气压强和湿度等参数，为取水口相关作业和处置提供更加全面的环境信息参考。

在以上实时监测设备的基础上，通过融合历史监测数据、水文数据、公网气象数据、人工清理记录数据及遥感监测数据，进一步提高海生物监测预警系统的可靠性和取水明渠周边海域立体化全方位监控能力。

6.5.2　系统网络架构

C 核电致灾物监测预警系统网络结构如图 6.11 所示。该系统网络结构将声呐、摄像机监测设备进行组网监控，将取水口不同安装点的多台监测设备图像信息进行拼接，从而实现整个取水口的全面监控。网络通信主要通过大件码头天线塔架将各监测点图像数据上传至 EC1 楼顶天线，通过服务器中智能化软件系统进行指令传达、信息处理、人机交互。

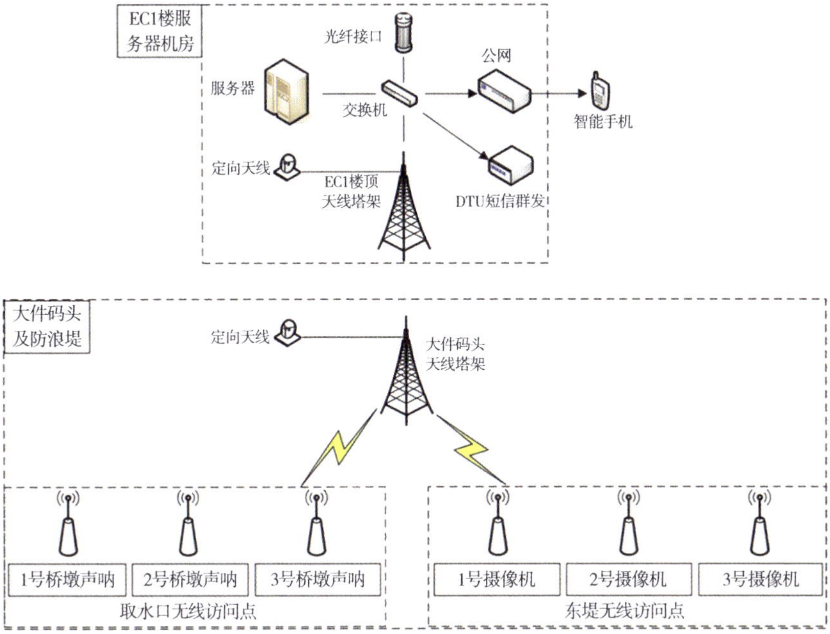

图 6.11　C 核电致灾物监测预警系统网络结构

6.5.3　监测系统设计说明

(1) 水下声学探测系统

水下声学探测方案具备低电压安全可靠特点，便于现场布线和施工安全，稳定器能够修正传感器受外部干扰导致的声波回波偏差，升降单元保持传感器单元始终处于水下一定距离，远程控制单元可远程操控操作单元及无线数据传输，系统组成见图 6.12。

(2) 水面远程光学探测系统

水面远程光学系统方案中定向天线无线传输距离 3 km、水平角度 90°，节点完全覆盖，实现对取水口及远海域 24 h 全天候全方位监控。水面远程光学探测系统采用高分辨率主动夜视监控摄像机，实现白天及微光环境下海面异物探测，根据厂址取水明渠地形特点，本方案为实现取水口全方位监测，拟采用 2 套海面远程光学监控设备实现对电厂取水明渠，以及挡浪堤外海的水面致灾生物、漂浮异物和浮游生物

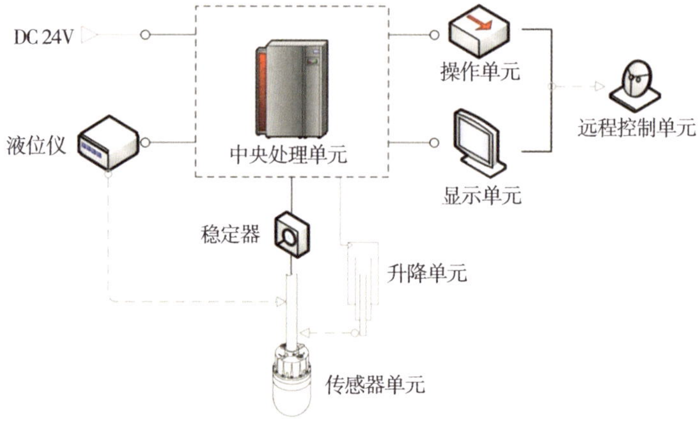

图 6.12　水下声学探测系统

等信息的预警处置，多套海面远程光学探测设备相互补充盲区，可有效提高取水口致灾生物、异物等探测的实时性和准确度。系统布置如图 6.13 所示。

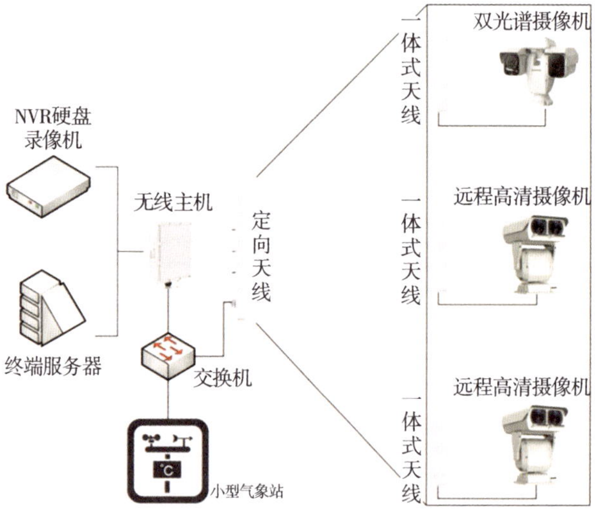

图 6.13　水面远程光学探测系统

（3）小型气象监测系统

小型气象监测系统是一套针对取水口的多要素气象环境监测系统，可监测风速、风向、温度、湿度、大气压强参数，并将采集到的各种气象参数及其变化状况通过网络接口实时传输到系统主机中。当出现异常气象情况时，系统结合当前水下和水面监测图像信息，以多种方式发出预报预警信息，提示生产人员对报警点给予重视或采取必要的预防措施。系统结构见图 6.14。

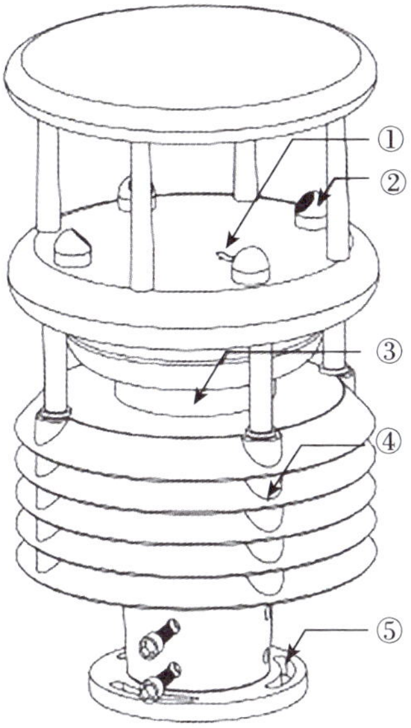

①—指北箭头；②—超声波探头；③—控制电路；
④—百叶箱（温度、湿度、气压监测位置）；
⑤—底部固定法兰

图 6.14　气象监测系统

6.5.4　系统软件设计

（1）系统软件组成

系统包括综合数据入库子系统、综合数据管理子系统、时空信息挖掘子系统和预警信息发布子系统，如图 6.15 所示。

1）综合数据入库子系统实现各多源监控设备包括水下监测、水面监测、水质监测、气象监测、遥感监测，以及手动录入致灾物和环境信息数据集成和入库。

2）综合数据管理子系统作为整个系统的数据基础，基于统一数据

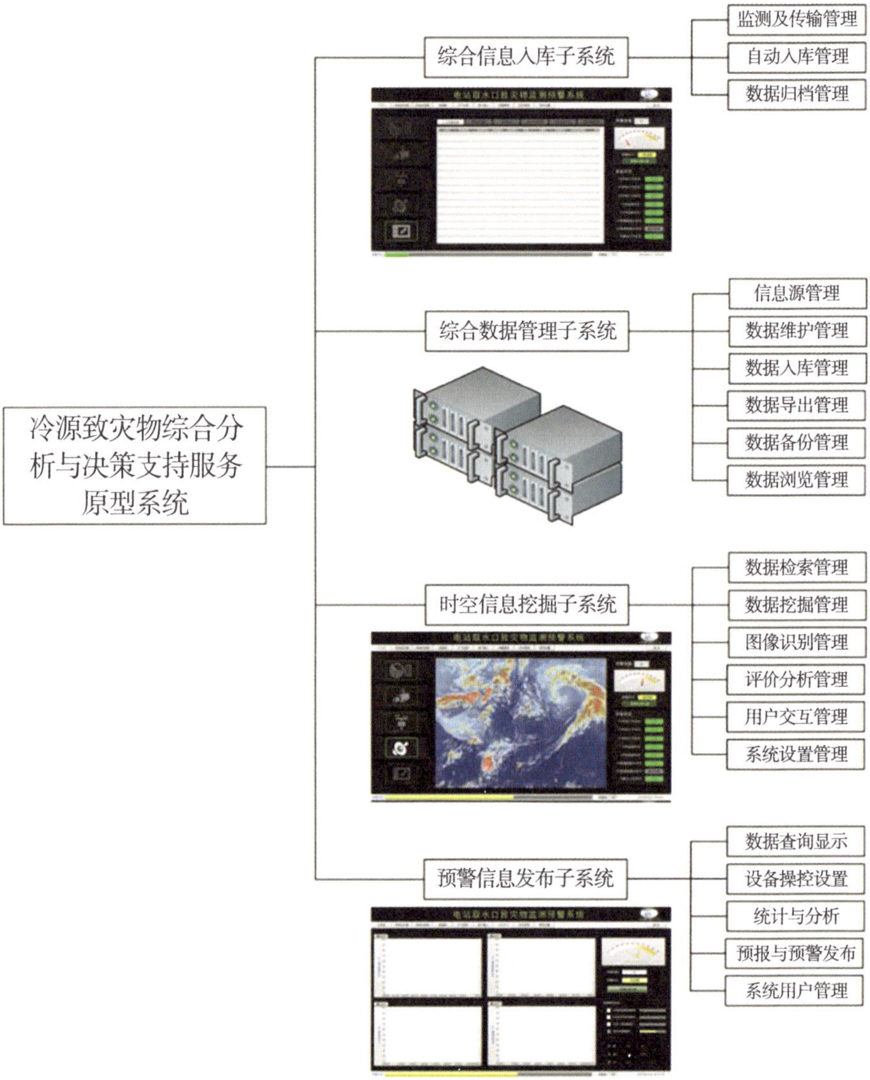

图 6.15　系统软件功能模块

模型，实现对多源监测数据的高效组织管理。

3）时空信息挖掘子系统集成本课题提出的数据分析和预测模型，实现多源监测数据的主导因子特征提取与评价分析等一系列功能。

4）预警信息发布子系统通过网络实现相关监测数据和预测模型预报预警信息的实时发布和共享，为冷源致灾物减灾防灾提供决策支持服务。

（2）服务器软件界面

服务器软件实现了各监测设备的远程控制和显示，并将所有监测设备数据同步于界面显示，预警相关重要参数也可实时通过该界面（图 6.16）查看，包括预警因子、预警状态、预警记录和预测趋势曲线等。

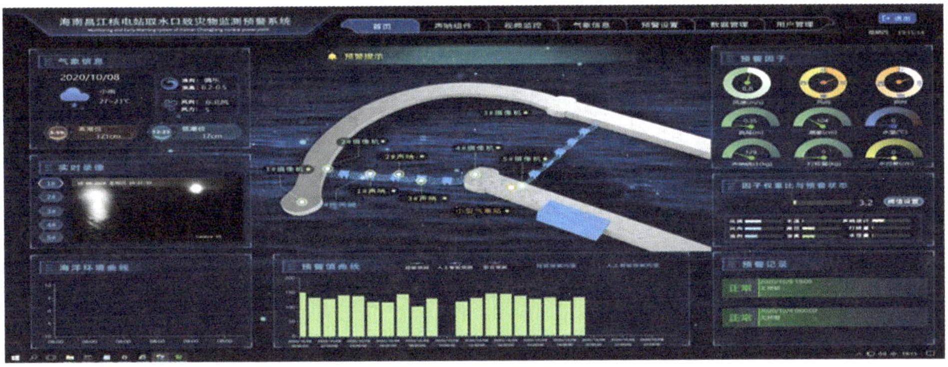

图 6.16　服务器软件界面

主要功能包括：

1）综合信息入库，包括水下声呐、实时视频、卫星遥感、气象水文和人工巡检信息等；

2）数据管理与分析，包括数据汇聚、检索、统计与分析，视频图像的识别处理，综合评价分析等；

3）灾害预警信息发布，包括 App 客户端和网页客户端中短期灾害预警信息。

（3）App 软件界面

手机 App 终端软件（图 6.17）集成了取水口致灾物监测预警系统完善的人机交互功能，主要有设备监测信息、灾害评估信息、人工录入与审批、数据查询，以及报表输出与打印。

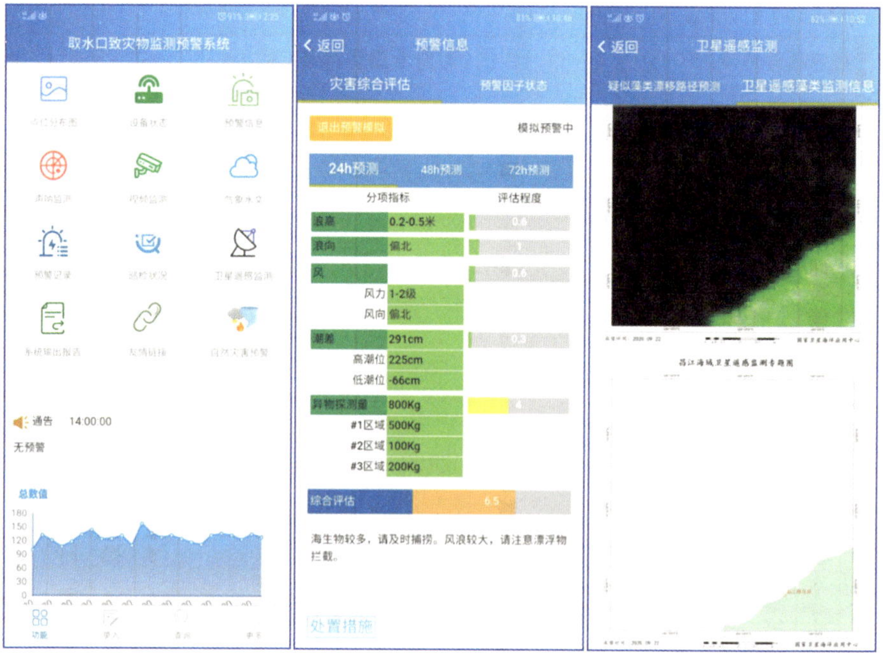

图 6.17　App 客户端界面

6.6　冷源致灾物监测预警技术的发展方向

6.6.1　监测技术方面

目前监测网络技术的应用还较为离散，需进一步完善监测网络，实现对核电厂取水口海域点、线、面全方位监测数据的获取，充分发挥各自特点，全面掌握致灾物灾害暴发机理。

6.6.2　完善数据库方面

基于模型的灾害预测算法受限于历史数据的匮乏，随着监测网络的完善和数据积累，模型算法将不断优化、改进和迭代，以实现更高时效的灾害预测，并进一步提高模型的预测准确度。

6.6.3　预警模型方面

优化监测设备图像/视频处理算法，丰富取水口水域水面异物图片数据库，提高图像算法模块不同工况下的动态响应速度和识别准确度；研究基于大数据平台的智能决策专家系统和深度学习预测模型，建立取水口灾害信息知识库，提高灾害早期预测能力，提供应急决策支持方法和科学处置方案。

6.6.4　核电冷源综合信息管理方面

针对各核电基地分散建立的海生物监测系统，设备的控制和数据的管理相对分散，为提高数据信息共享和集成融合，有必要建立一套网络化信息平台，实现各核电基地取水口致灾物监测预警信息和灾害处置的统一管理和调度。

第 7 章　拦截过滤装置

7.1　拦截过滤装置概述

国内外核电厂常用拦截过滤装置主要包括拦污网、拦污网兜、粗格栅、细格栅、滤网、贝类捕集器和二次滤网等过滤设施的设置。在引水明渠设置多道拦污网或拦污网兜，海水经拦污网、拦污网兜、粗格栅、检修闸门、细格栅和格栅除污机及滤网进入循环水泵吸水口。贝类捕集器通过截留水生物和水体中其他的杂物以确保设备冷却水系统板式换热器的正常运行。拦截过滤装置可以有效降低堵塞物堵塞冷源系统的风险，提高电厂运行安全性和经济性。

7.2　拦截过滤装置的配置

7.2.1　配置原则

拦截过滤装置的配置原则主要需要考虑以下几个方面：

（1）遵循纵深防御理念，采用梯级过滤配置，对不同堵塞物分级承担，提高拦截效果。

（2）需结合厂址特征、堵塞物类型及系统设计需求，合理选择各级拦截装置的孔径大小。

（3）对于拦污网或拦污网兜，需要结合厂址洋流特征、堵塞物类型及发生堵塞事件的情况，合理布置拦污网或拦污网兜，合理选择拦污网材质、孔径及污物清理方式。

（4）拦截装置的配置目的是有效拦截杂物，减少运维工作量，降低工作风险。

7.2.2　部分电厂拦截配置情况

各电厂的拦截手段主要包括拦污设施布置情况和应急情况下针对不同海生物的临时拦截措施，各电厂拦截手段情况详见表 7.1，总体情况概述如下：

（1）日常拦污设施：根据各核电厂的拦截措施对比，除 Q 核电厂和 S 核电厂采用隧道式取水，未设置拦污网外，其余电厂在取水口均设置 4～6 道拦截设施，布置情况基本类似，均采用平面网、兜网等在取水口由外至里布置，良好实践包括 Y 核电的桩基平台机械化收放兜网，T、C 核电的桩基平台拦污网，N 核电的一体化塑胶拦污浮排＋斜格栅拦截清污系统＋移动式清污破碎装置。

（2）临时拦截措施：除日常期间的正式网以外，N、Y 和 C 核电另外采用了在应急情况下的临时拦截网，如 Y 核电的临时水母网/毛虾网，N 核电及 C 核电的细目兜网，可在应急情况下通过布防临时拦截网，根据不同的威胁源布置不同孔径的备用网，实现快速布防，减轻正式拦截网的压力。

表 7.1　部分电厂拦截设施配置情况（正式和临时）

单位	拦截设施 （正式）	应急情况下 拦截设施 （临时）
N 核电	• 塑胶浮排：用于拦截竹竿等大型海漂垃圾； • 斜格栅（40 mm）：用于拦截大型垃圾及海生物； • 1＃拦截网（40 mm，拉力计）：用于拦截穿过斜格栅的致灾杂物； • 2＃拦截网（40 mm）：第 1 道网更换或损坏时，确保拦截功能完整； • 3＃拦截网兜（10 mm）：用于拦截较大型海生物，且具有快速布放功能； • 4＃拦截网兜（5 mm，拉力计）：用于拦截小型海生物，且具有快速布放功能； • 5＃兜底网（80 mm，拉力计）：兜底安全网	• 斜格栅后排桩基可布设便捷式细目网兜（2～3 mm）：细小海生物暴发期使用； • 底拖网（10 mm）：海地瓜； • 临时网（2 mm）：小鱼虾； • 浮网拖网（1～3 mm）：小鱼虾

续 表

单位	拦截设施 （正式）	应急情况下 拦截设施 （临时）
Y 核电	• 取水口：气泡幕（防水母）及 CN1 围油栏； • 内部口门：升降式粗拦网（50 mm×50 mm）针对大型海生物，如鱼群、大型水母；机械兜网（5 mm×5 mm）针对小型海生物，如毛虾、笔帽螺； • 兜网（4 mm×4 mm，2 mm×2 mm，并选取不同孔径进行组合布置）：小型海生物，如毛虾、笔帽螺； • 安全网（50 mm×50 mm）：防止兜网破裂后进入泵房	• 快速布防网兜（临时，4 mm/3 mm/2 mm）：毛虾应急时； • 水母网（临时，50 mm/125 mm）：水母应急时
F 核电	设置 6 道不同孔径的拦污设施（1～6 号机共用）： • 1 号拦污网：取水明渠头部第一道拦污网，孔径 50 mm×50 mm，主要拦截孔径大于 50 mm 的海生物/杂物； • 2 号拦污网：拦油网，在海面溢油的情况下，防止油污进入取水口影响机组安全稳定运行； • 3 号拦污网：孔径 3 mm 兜式鱼网，用于拦截小体积海生物； • 4 号拦污网：孔径 40 mm×40 mm 平面网，主要拦截孔径大于 40 mm 的海生物/杂物； • 5 号拦污网：孔径 3 mm 兜式鱼网，用于拦截小体积海生物； • 6 号拦污网：孔径 40 mm×40 mm 平面网，主要拦截孔径大于 40 mm 的海生物/杂物	暂无，计划配置 1 mm 应急网兜，在发生小于 3 mm 海生物暴发情况时，将拦截网兜快速布放，置于明渠内对小型海生物进行拦截
Q 核电	隧道取水，无拦污网，直接通过拦污格栅和旋转滤网拦污	不适用
T 核电	第一道：1～8 号机组桩基平台拦污网； 第二道：1～8 号机组浮漂式拦污网（备用，根据实际情况布置）； 第三道：1～4 号机组桩基平台拦污网、5～8 号机组浮漂式拦污网； 第四道：1～4 号机组浮筒； 所有拦污网尺寸均为 50 mm×50 mm，主要拦截大尺寸海生物及海上漂浮物、毛竹、浒苔、麦秸秆等	无临时拦污网，配置专用打捞船
S 核电	隧道取水，无拦污网，通过取水头、拦污栅、旋转滤网拦污	不适用

续　表

单位	拦截设施 （正式）	应急情况下 拦截设施 （临时）
C 核电	布设 5 道全断面拦污网： • 第一道一字型桩基式拦污网（尼龙和铜合金）常年布设在取水明渠口门处，考虑明渠维护性疏浚及船舶通航要求，设计为可升降式拦污网。由一级网格和二级网片组成，一级网格网目为 2 500 mm×2 500 mm，二级网片网目为 50 mm×50 mm； • 第二道人字型桩基式拦污网（尼龙和少量铜合金）常年布设在取水西导流堤堤头和东导流堤原堤头区域。拦污网由一级网格和二级网片组成。一级网格网目为 2 500 mm×2 500 mm，二级网片网目采用 30 mm×30 mm； • 第三道 4 mm 网兜式拦污网（超高分子量聚乙烯）常年布设于人字型桩基后，网目采用 4 mm×4 mm； • 第四道 4 mm 网兜式拦污网（超高分子量聚乙烯）定期布设于明渠直堤段，网目采用 4 mm×4 mm，在毛虾暴发季（10 月至次年 3 月）布设； • 第五道浮筒式拦污网（超高分子量聚乙烯）常年布设于明渠直堤段，距取水明渠东导流堤堤根约 246 m，一级网格网目为 2 500 mm×2 500 mm，二级网片网目采用 50 mm×50 mm	取水明渠网兜式拦污网和浮筒式拦污网之间水域紧急布设临时密目网
X 核电	• 第一道拦污网采用全断面平面式人字型拦污网，布置在取水明渠口门处，一级网片网目为 2 500 mm×2 500 mm，二级网片网目采用 50 mm×50 mm； • 第二道拦污网采用可快速拆卸的网兜式拦污网，高桩墩台结构，设置在距北侧导流堤堤头约 50 m 处和中隔堤之间，网孔尺寸 10 mm×10 mm； • 第三道采用全断面拦污网，布置于取水北堤堤根和中隔堤之间，一级网片网目为 2 500 mm×2 500 mm，二级网片网目采用 30 mm×30 mm； • 其中第一道和第三道拦污网与拦冰网结合布置，拦污网布置在墩台的后侧，拦冰网布置在墩台前侧，拦污网随时可拆装	暂无
D 核电	• 尼龙拦污网：全断面拦截，孔径 60 mm； • 水母拦截网：全断面拦截，孔径 20 mm； • 拦虾网兜：全断面拦截，孔径 5 mm	/

续 表

单位	拦截设施 （正式）	应急情况下 拦截设施 （临时）
L 核电 一期、二期	• 拦污网：全断面拦截，孔径 60～70 mm； • 人字型海生物拦截网：全断面拦截，孔径 5 mm	/
FC	• 一期共计 9 道拦截网，1 道拦船网，2 道围油栏； • 从内向外依次为： 尼龙密目拦截网 2 道，10 mm 孔径； 尼龙密目拦截网 2 道，5 mm 孔径； 聚乙烯密目拦截网 2 道，5 mm 孔径； 聚乙烯密目拦截网 2 道，10 mm 孔径； 尼龙人字型拦污网，前网 50 mm 孔径，后网 80 mm 孔径	/

7.2.3 举例

下面以某核电厂为例，简述拦截过滤装置的配置，图 7.1 和图 7.2 为该核电厂的拦截装置配置示意图。该核电厂的堵塞物类型主要有小贝壳及贝类破碎后颗粒、海藻、海草、小鱼、小虾、树枝、树叶、草根、塑料袋和塑料线等。该核电厂结合洋流特征，对取水头部进行了优化改造，由开放式取水头部优化为环抱式取水头部，优化后的取水头部能够有效减少拦污网的损坏，并减少杂物进入明渠。该核电厂在取水口门处设置了第一道拦污网，材质为铜合金，孔径为 50 mm×50 mm，主要拦截大型树枝、水母，防止对下游拦污网造成破坏。在首道网下游设置了人字型拦污网，材质为尼龙网，孔径为 30 mm×30 mm，主要用于拦截大体积的水母、鱼群、漂浮垃圾及异物，并收集杂物，便于清运。第三道拦污网为网兜，材质为超高分子量聚乙烯，孔径为 10 mm×10 mm，主要用于网兜底拦截。第四道拦污网为浮筒拦污网，材质为尼龙网，孔径为 50 mm×50 mm，主要用于拦截前三道拦污网过滤后的水母、毛虾、漂浮垃圾及异物。在拦污网下游的循环水过滤区依次设置粗格栅及其清污机、细格栅及其清污机和鼓型滤网，粗格栅栅条间距为 200 mm，细格栅栅条间距为 50 mm，鼓型滤网孔径为 3 mm×3 mm。

在循环水过滤区下游的凝汽器循环水入水口处设有二次滤网，孔径为5 mm，重要厂用水系统板式换热器前设置有贝类捕集器，孔径为3 mm。粗格栅、细格栅、鼓型滤网、二次滤网及贝类捕集器为核电厂常规过滤拦截装置，这些常规过滤拦截装置在堵塞物非大规模暴发时的拦截效果较好，但在堵塞物大规模暴发时的应对能力有限。

为降低堵塞物大规模暴发堵塞冷源系统的风险，需要在取水明渠设置拦污网对堵塞物进行拦截、清理，降低核电厂常规拦截装置的负担，提高电厂运行安全性。

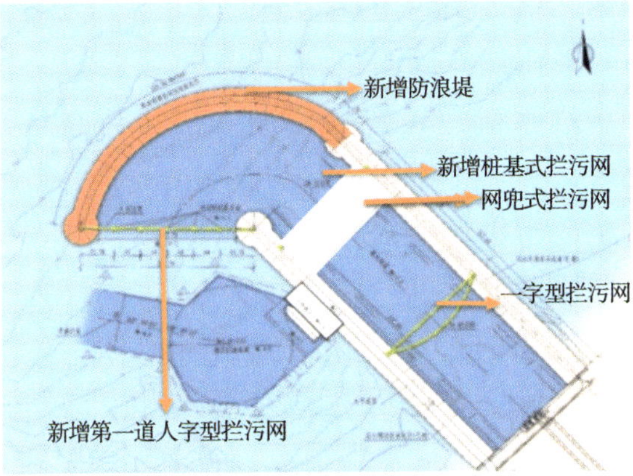

图7.1 拦截装置配置位置

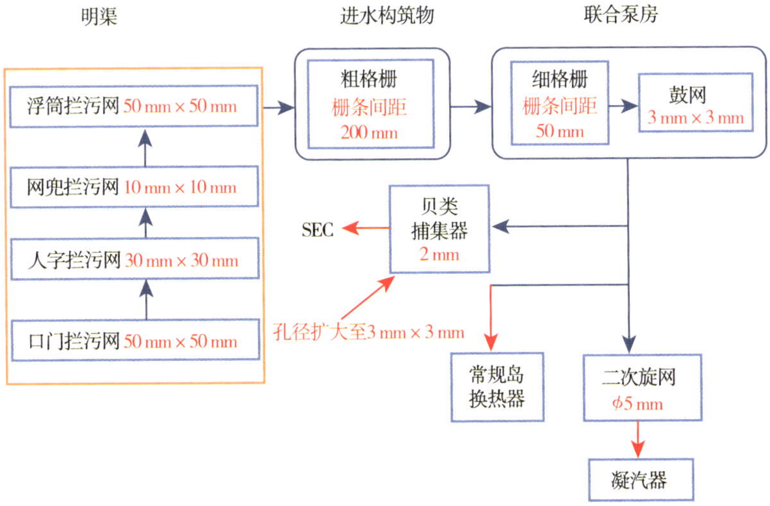

图7.2 拦截装置纵深防御配置

7.3 拦截装置的分类

7.3.1 功能

（1）拦污网

为应对堵塞物大规模暴发，在取水明渠或取水口门处设置拦污网拦截堵塞物，降低堵塞物堵塞电厂冷源系统风险，提高机组运行安全性。

对于核电厂首道拦污网，一般需要在取水明渠设置桩基对拦污网进行固定。对于第二道或第三道拦污网常采用浮筒式拦污网或网兜。

（2）粗格栅和液压抓斗除污机

在循环水泵房进水流道设置粗格栅和液压抓斗除污机，粗格栅栅条间距一般为 200 mm，粗格栅将大于 200 mm 的污物及海洋生物拦截住并通过液压抓斗清污机自动提升到抓斗泄物点。

（3）细格栅和格栅除污机

为去除海水中较小的杂物，除设置粗格栅外，在进水渠道上设置细格栅，并通过格栅除污机去除拦截在细格栅上的污物。联合泵房的常规设置为每个系列的 2 个进水渠道上共设 2 台细格栅，每台细格栅配有各自独立的固定式格栅除污机。每台格栅除污机的启停通过时间继电器或细格栅前后液位差控制。格栅除污机操作平台处设有排水明沟，截留在栅条上的污物通过耙斗和小车送至排水明沟内。

（4）滤网

鼓型滤网是循环水泵的主要过滤设备，其功能是将海水中经取水明渠、粗格栅和细格栅等过滤设备处理后的细小杂质去除，以保证后续的水泵和传热设备的正常运行。

在细格栅后设置鼓型滤网。鼓型滤网设计为垂直安装在循环水泵房过滤区，主轴水平放置。水流流向为内进外出，污物拦截于鼓型滤网内侧，过滤后的海水通过鼓网旁侧的流道流入循环水系统、重要厂用水系统及循环水处理系统泵吸水口。每台鼓型滤网配有反冲洗水泵。

（5）二次滤网

在核电厂凝汽器的循环水入口处均布置有二次滤网，主要作用是将进入凝汽器的冷却水进一步过滤，防止杂质进入凝汽器对其造成损害。

(6) 贝类捕集器

贝类捕集器安装在板式热交换器的海水进水侧，其功能是截留水生贝壳类生物和水体中的其他杂物，以确保热交换器正常运行。

7.3.2 结构型式

(1) 拦污网

拦污网的结构形式多为平面网或网兜。

平面网如图 7.3 所示。

图 7.3　平面拦污网

网兜的结构形式如图 7.4 所示。

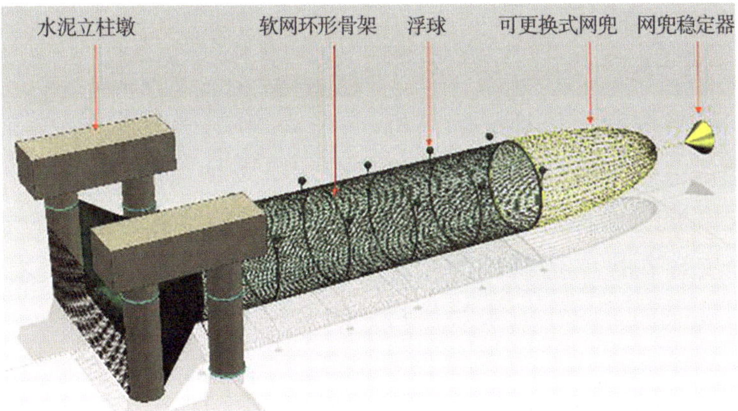

图 7.4　网兜结构示意图

此外，中国核电工程有限公司和C核电有限公司联合研发了新型拦污网，即可变孔径拦污网，其结构形式如图7.5所示。可变孔径拦网及快速布放系统由拦网本体（固定拦网和移动拦网）、快速布放系统、拦网轨道、水下摄像系统和电气系统等组成。通过2片网上下移动，改变网孔大小，实现孔径改变后其单个孔径的截面积变化率不小于30%。在网眼孔径变化后，对异物的阻拦效果明显。

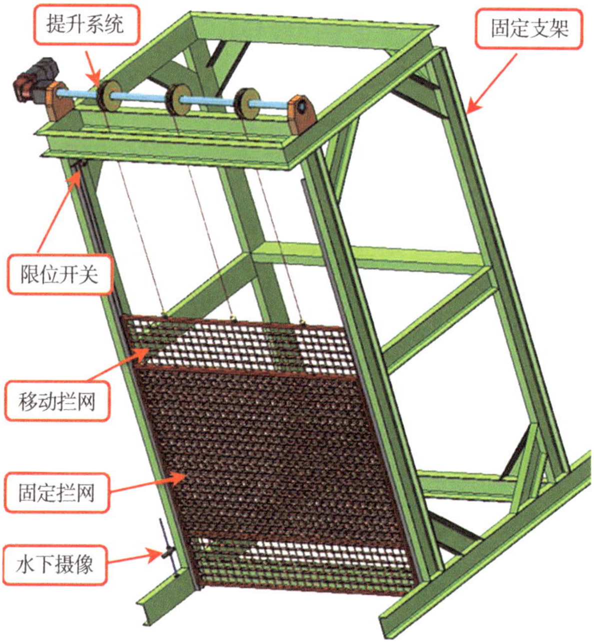

图7.5　可变孔径拦污网三维效果图

（2）粗格栅和液压抓斗除污机

该设备主要由固定格栅、粗格栅除污机及加氯装置构成。

固定格栅的栅片焊接在格栅的支承构架上，固定格栅的支承构架通过螺栓安装在进水道基础的预埋件上，在固定格栅上还装有阳极块，以进行阴极保护，防止海水对拦污栅的腐蚀。

液压移动抓爪式全自动清污机结构上主要包括4个部分：悬架导轨、移动车、液压开合抓爪单元、控制系统。悬架导轨的主要作用是为安装在移动车上的马达驱动轮及滚轮提供支撑，实现移动车在导轨内的滑行。导轨一般是由厚度不小于 12 mm 的钢板制造，悬架由空心钢柱来支撑，悬架延伸至杂物排放区。移动车主要包括的部件有抓爪提升装置及液压开合抓爪执行机构，它通过安装在移动车一端的齿轮马达箱驱动运行。移动车上的侧向轮保证小车与轨道之间的平行运行。所有的电力及控制信号均由安装在导轨内部的扁平电缆提供，电缆夹在悬架导轨内滑行，不需要在悬架导轨外单独配备移动导轨。另外格栅除污机临海侧设置永久防护板，氯管道固定在粗格栅上。

（3）细格栅和格栅除污机

细格栅及清污机设备主要由固定格栅和格栅除污机两部分组成。

1）固定格栅

固定格栅的栅片焊接在格栅的支承构架上，固定格栅的支承构架通过螺栓安装在进水道基础的预埋件上，在固定格栅上还装有阳极块，以进行阴极保护，防止海水对拦污栅的腐蚀。

2）耙斗清污机

耙斗清污机由传动装置、卷筒机架、钢丝绳、导污板、耙斗装置、耙斗的运行轨道及安全保护装置组成。传动装置为轴装伞齿轮减速机。传动装置带动卷筒转动，并和卷筒一起安装在机架上，机架安装在平台上。耙斗装置由可滑动的小车和可翻转的清污耙斗组成。耙斗运行的轨道通过螺栓安装在预埋件上。安全保护装置主要有松绳保护、行程限位保护及电气控制的有关保护。

3）回转清污机

回转清污机主要由架体总成、牵引链、传动系统、齿耙组合和栅体组合等部件组成。牵引链主要由链板、链销和滚子组成，运行时由机架上的导轨作导向，滚子在导轨上作滚动运行。回转清污机采用减速电机＋链条链轮传动机构，在机架两侧设置有螺旋式调节装置，以作调整传动链条张紧用。电机减速箱经传动轴、小齿轮、链轮轴上的大齿轮将功率传递至 2 个链轮。除污耙齿采用钢板制造，其上设有两边带斜度的齿，插入格栅的栅条间，深达全栅条的宽度。除污耙用链条连接在链传动装置上，采用 2 种形式（双齿齿耙，双齿间呈一定夹角），一种为长耙，另一种为短耙。本机在主栅条底部加上 1 道活动的副栅，活动副栅的间距与主栅条一致，在副栅上设有橡胶防震片。

（4）滤网

鼓型滤网由主轴、轴承、鼓骨架、网板、反冲洗装置、密封装置、排污槽、驱动装置、润滑油系统、压差测量装置、控制系统、保护装置及阴极保护系统等组成。鼓型滤网的形式如图 7.6 所示。

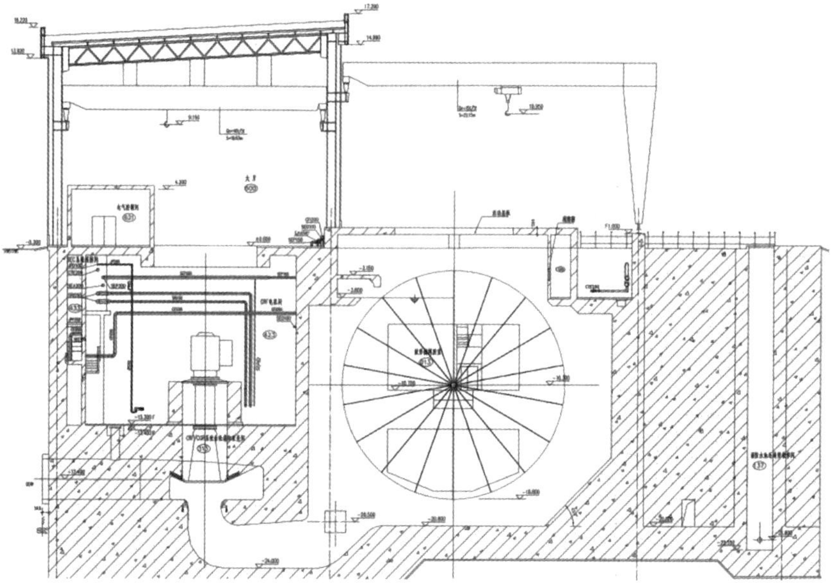

图 7.6 鼓型滤网

（5）二次滤网

二次滤网大体可分为 2 种：固定式和旋转式。固定式的网芯固定不旋转，清理污物效果差，网孔极易堵塞，清理要等待停机。旋转式的网芯旋转、清洗时靠负压反冲，清污能力较固定式强，但是当洪峰季节或水污物较严重，以及水中含塑料薄膜、杂草等粘附力较强的污物时，清洗效果仍不理想，如遇排污室刮板磨损严重时，清污效果更差，结构上也存在较大缺点。

核电厂常用的二次滤网为网芯固定、排污转子旋转的二次滤网，卧式布置。

二次滤网形式如图 7.7 所示。

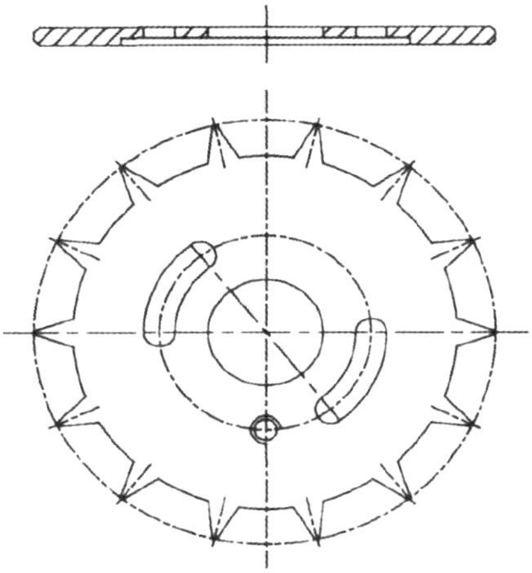

图 7.7　二次滤网

（6）贝类捕集器

贝类捕集器为下方进水，水平出水。入口和出口与配管采用法兰连接。贝类捕集器结构如图 7.8 所示。

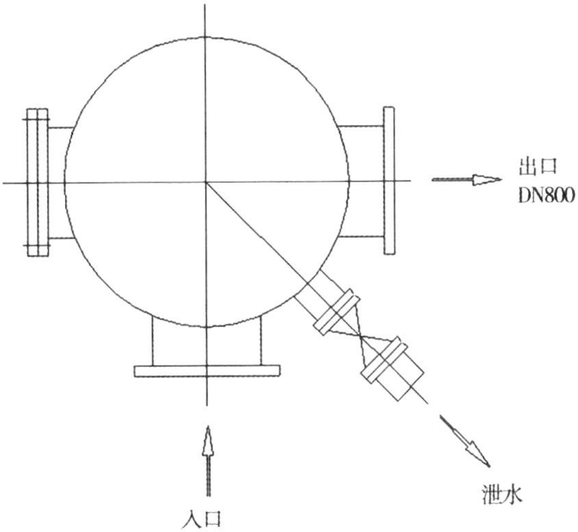

图 7.8　贝类捕集器示意图

7.3.3 材质

（1）拦污网

国内外核电厂常用的拦污网主要有软网、金属网两大类。软网材料有尼龙、聚酯、聚乙烯和超高分子量聚乙烯等，具有防腐蚀、防附着、便于安装维护的特点，但是易破损、更换周期短。金属网一般采用具备自防污能力的金属材质，具有耐冲击、防污、防附着和更换频率低等优点，但清理工作量大且需要考虑防腐蚀问题，详见表7.2。国内核电厂拦污网材质多为尼龙、超高分子量聚乙烯或铜合金。

表7.2 国内核电厂拦污网材质性能综合评估

对比项目＼材质	尼龙	聚乙烯	超高分子量聚乙烯	铜合金
力学强度	一般	一般	良好	优
耐海水侵蚀性能	一般	一般	良好	良好
耐老化性能	一般	一般	良好	优
抗冲击性能	差	差	良好	优
防海生物附着性能	中等	差	优	优
使用寿命	合格	差	良好	优

（2）粗格栅和液压抓斗除污机

1）固定格栅进行阴极保护，并涂刷防污漆。

2）固定格栅、液压抓斗、导污板和埋件等与水接触的零部件应能耐海水侵蚀。

3）传动装置、卷筒、机架这些不与水接触的零部件应能防止盐雾侵蚀。

4）电机及电器元件应能防潮湿和防盐雾侵蚀。

（3）细格栅和格栅除污机

1）固定格栅

① 固定格栅进行阴极保护，并涂刷防污漆。

② 固定格栅与水接触的零部件应能耐海水侵蚀。

2）耙斗清污机

① 耙斗导轨进行阴极保护，并涂刷防污漆。

② 耙斗导轨、耙斗、导污板和埋件等与水接触的零部件应能耐海水侵蚀。

③ 传动装置、卷筒和机架等不与水接触的零部件应能防止盐雾侵蚀。

④ 电机及电器元件应能防潮湿和防盐雾侵蚀。

3）回转清污机

① 回转清污机导轨进行阴极保护，并涂刷防污漆。

② 底部格栅、工作链条、工作齿耙和特殊齿耙等与水接触的零部件应能耐海水侵蚀。

③ 传动系统、上部机架和上部格栅等不与水接触的零部件应能防止盐雾侵蚀。

④ 电机及电器元件应能防潮湿和防盐雾侵蚀。

（4）滤网

滤网所有与海水接触的构件应采用耐海水腐蚀的材质或采取防腐措施。

（5）二次滤网

二次滤网与海水接触的材料应具有耐沙粒磨损和抗海水腐蚀的能力，一般采用衬胶或双相不锈钢。

（6）贝类捕集器

贝类捕集器外表面采用油漆保护，内表面衬氯丁橡胶。贝类捕集器与海水接触的材料应具有抗冲刷和抗海水腐蚀的能力。

7.3.4　拉力监测装置

现阶段，核电厂在取水流道中布置拦污网或拦截格栅等是堵塞物防控的重要手段，而在拦截装置运行过程中，拦污网的受力是其能否执行正常拦截功能的重要指标，某核电厂就曾经由于拦污网主绳受力超限而破断，导致堵塞物大量进入取水泵房，使得机组非停。因此，必须对拦污网网绳受力进行监测和及时判断，核电厂应配置有拦污网网绳拉力监测装置（图 7.9）。

（1）功能

对指定拦污网的主绳拉力进行实时、连续、精确监测，并能够将监测数据实时传送至致灾物监测预警系统。

（2）系统组成

具备数据实时显示和远传功能的拉力监测系统主要包括拉力传感器、电源模块、控制板、通信模块、无线发射端、数据存储显示软件及报警系统。

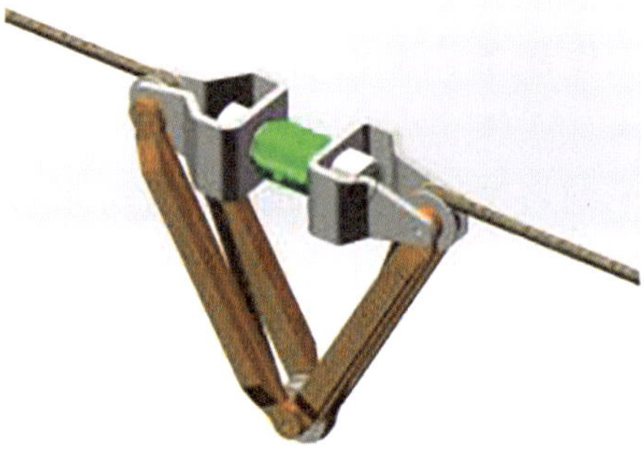

图 7.9　拉力传感器安装结构

（3）工作原理

该系统在拦网主绳固定端设置拉力传感器，控制板通过串口通信实现拉力信息的采样滤波，通信模块用于实现串口到以太网的数据双向透明传输，最后通过无线发射端传输至 EC1 楼服务器。取水口致灾生物监测预警系统实时接收数据后，对拉力值进行统计分析，获取拉力值变化曲线和主绳疲劳度，实现手机 App 端和网页端的远程监测和预警发布。

7.4　拦截装置运维

由于目前国内核电厂冷源采用暗取形式的案例较少，本节主要针对明取方式的核电厂取水拦截装置展开描述。

核电厂取水拦截设施一般分为防波堤设施和拦截设施，二者功能和定位不同。

防波堤是主要为了阻断波浪的冲击力，围护港池，维持水面平稳，保护港口免受坏天气影响，便于船舶安全停泊和作业而修建的水中建筑物。防波堤通常位于港口水域的外围，兼防漂沙和冰凌的入侵，保证港内具有足够的水深和平稳的水面以满足船舶在港内停泊、进行装卸作业和出入航行的要求。有的防波堤内侧也兼作码头用或安装一定的锚系设备，可供船舶靠泊。核电厂防波堤相互之间或与海岸线配合形成取水流道，引导并提供核电厂冷却用水。结构方面，按其平面布置形状，分为突堤和岛堤；按断面形式，分为斜坡式、直墙式和混成式三种。下面将分别对其日常运维进行说明。

拦截设施在核电厂冷源堵塞物防控系统中通常包括设在引水道口的各种形式的拦截网和拦截格栅等，目的是拦阻水流所挟带的沉木、树枝、杂草和其他固体杂物，使杂物不易进入水道内，以确保闸门、水泵和换热器等设备等不受堵塞物影响而功能受损，确保设备的正常运行和取水安全。

7.4.1　防波堤

（1）防波堤常见类型

1）斜坡堤

波浪同斜坡堤相遇将发生显著变形，在斜坡上破碎，给斜坡带来局部集中的动水压力和底流，水下坡面还出现向上的反压力。因此，堤外坡常用天然大块石、人工混凝土方块或异形块体护面，防止波浪淘刷；堤身一般用分层分级块石堆成梯形断面；堤顶高程主要根据波浪在护面上的上爬高度和容许越波量来确定。斜坡堤适用于水深较小和软土地基的条件。

2）直墙堤

正向波浪在直墙堤前将发生完全或不完全反射，形成立波（驻波）。完全立波波高约为 2 倍原始波高，波长不变；在墙面和墙前半波长处波峰与波谷交替出现，称为波腹；在墙前四分之一波长处水面几乎不动，称为波节。这样，直墙将承受立波的压力和浮托力，因此常采用钢筋混凝土沉箱或混凝土巨块构筑，波浪较小时也可采用木笼，也有采用大型管柱排列的结构。直墙堤适用于岩基或较密实的地基，墙底常铺一层碎石基床，堤外基床面视需要铺设护面块石，堤内侧可兼作码头用。容许越浪时堤顶高程可降低，有时还采用削角顶盖和带消浪空室的沉箱以减少立波压力。斜向波浪或不规则波的方向谱分量，在直墙前反射形成三向波，峰谷呈棋盘状交替出现，确定沿堤线波浪的合压力需要考虑直墙分段的影响。

3）混成堤

混成堤为上部是混凝土直墙、下部用斜坡式抛石突基床混合组成的防波堤。根据突基床顶高程的不同，波浪在直墙前的破碎临界水深变化于0.8～1.7倍波高范围内。在满足地基承载力的前提下，应尽量采用较低的突基床，使直墙前水深大于临界水深，形成立波。突基床过低，直墙前水深小于临界水深，则不可避免地形成破波，直墙上将承受比立波压力大得多的破波压力，直接影响直墙的稳定。因此，在破波条件下，应尽量采用较高的基床，使波浪破碎在基床上，不直接冲击直墙，此时，直墙上承受的是部分波浪或破波水流的波压力。突基床外侧需采用大块石或人工块体护面和压肩。堤内侧也可兼作码头。

以上3种常见型式防波堤如图7.10～图7.12所示。

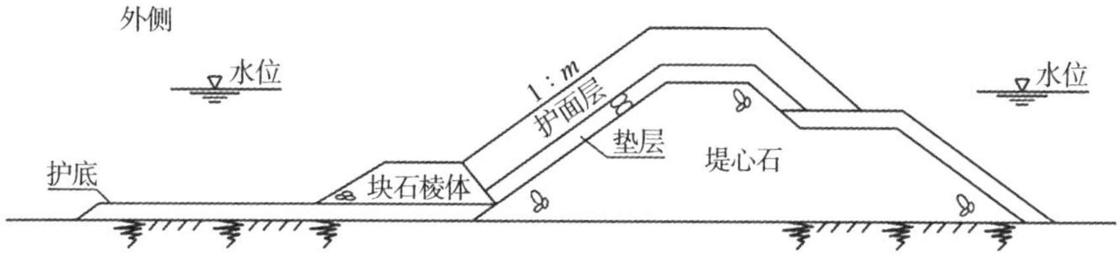

（a）块石或人工块体护面斜坡堤

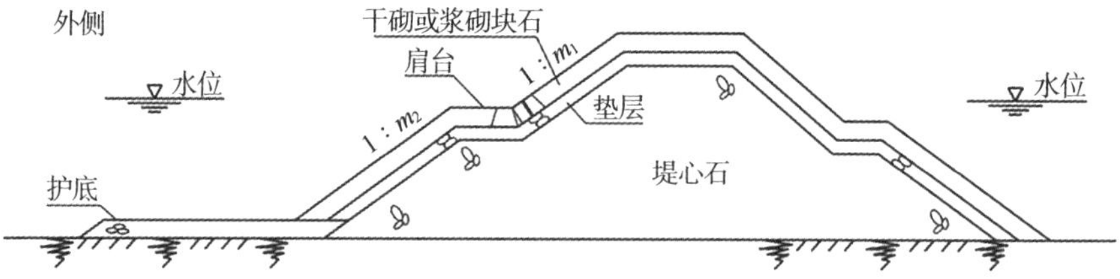

（b）砌石护面斜坡堤

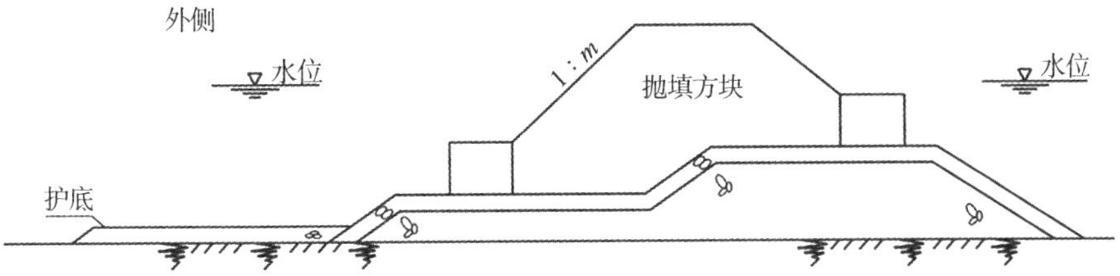

(c) 抛填方块斜坡堤

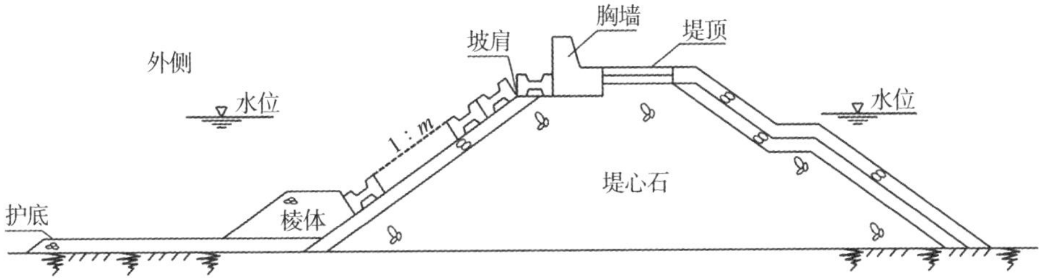

(d) 堤顶设胸墙的斜坡堤

图 7.10　斜坡式防波堤[4]

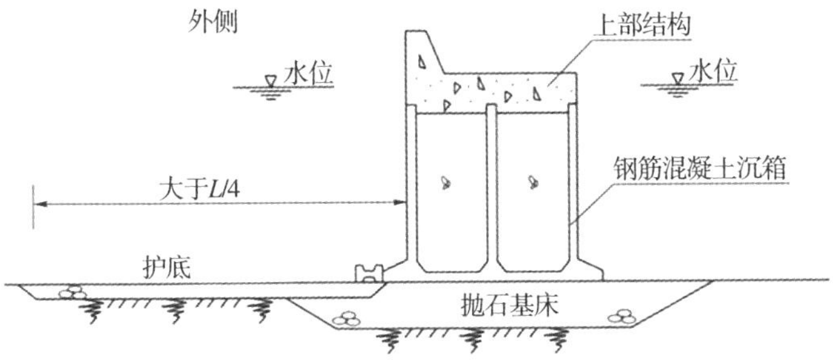

(a)

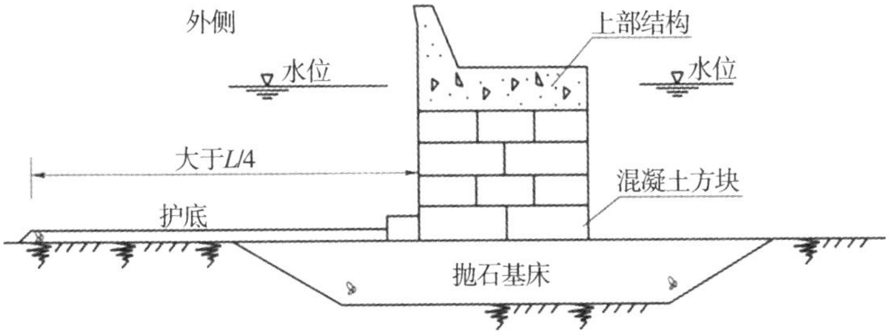

(b)

图 7.11　直墙式防波堤

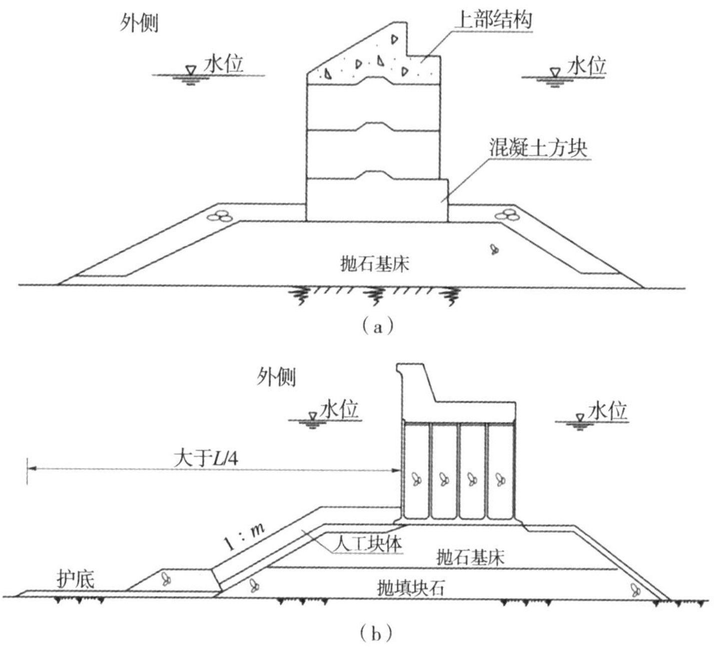

图 7.12　混成堤

另外，还有透空堤、浮堤、折叠喷气堤和射水堤等轻型防波堤都适用于陡波条件，对长波的掩护效果较差，都有结构单薄、易于损坏和维护要求高等弱点，在核电厂取水系统布置中较少采用。

（2）防波堤损坏

1）防波堤损坏的平面形态

依照行业数据分析，并对比防波堤平面形态各部位实际所承受的冲击力，防波堤堤头与凹角位置波能集中区域是最为常见的 2 处损坏位置，而其损坏特征又可归结为蛇行破坏，并且会在突堤集中出现。

实验表明，防波堤损坏程度会伴随着波高的不同而有所不同，并与防波堤结构部位息息相关。分析防波堤整体结构，其堤头与凹角周围很容易出现波高突然增大的现象，这是由于防波堤凹角与堤头位置通常会同时受到不同方向的波浪冲击，而这些波浪效应相互叠加，最终导致凹角与堤头位置的堤前波高突然增大，并造成其损坏。

此外，防波堤损坏发生后，其损坏位置往往不会集中在一处，而是沿堤大范围分布，虽然不同位置的损坏程度各不相同，但是，其整体呈现周期性变化规律。防波堤损坏时，其堤前沉箱出现滑移现象，也呈现出蛇行破坏特征。

2）防波堤损坏的断面形态

防波堤损坏后的断面形态可分为三种基础类型，分别为：消波与护面块散乱、基床散乱、海床冲刷。相关数据调查显示，防波堤损坏现象发生时，消波与护面块散乱最为常见，其中出现护面块体散乱现象的比例约为61.3%，而出现消浪棱体散乱现象的比例约为94.6%。而墙结构方面，直墙结构问题较多，占全部问题的48%左右。

根据防波堤模型试验，一般在高水位上下1倍波高范围内护面块体受到的波浪作用最大，而从以上数据也可以看出，防波堤结构中，单体工作的消波护面、护面护体及护面基床位置被损坏的可能性最高，并且，不同结构类型的防波堤在断面损坏形态上也有着很大差异。综合分析可以看出，防波堤损坏时，其断面损坏的集中部位与损坏方式将会随着不同区域受力特征的不同而变化。

3）断面损坏与防波堤损坏关系的分析

日本地质学家曾对防波堤断面损坏与防波堤损坏之间的关系进行全面细致调查，并给出相对可靠的定义：如果防波堤堤身及上部胸墙位置出现沉降、倾斜或滑移现象，那么其实际的沉降量或滑移量占堤身高度或宽度的比例，将是判断断面损坏程度的核心标准；对于那些倾斜结构或水平混合式防波堤而言，可通过观察其实际损坏范围来衡量防波堤断面损坏与防波堤损坏的直接影响。[3]

（3）防波堤维护现状

根据所掌握资料，目前防波堤设施维护工作存在的不足主要表现在以下几个方面：

1）维护管理开展不及时

通过调查发现主要存在维护工作不及时、不到位，维修管理工作进展缓慢等问题。防波堤工程建设大都使用国有资金，专门用于防波堤设施维护的保障经费需要一定的申请程序，目前暂未形成长期、稳定的投入机制，这与防波堤维护管理工作开展缓慢有直接关系。

2）维护管理工作实施的随意性

目前企业对防波堤设施的日常检查工作主要由企业使用部门组织实施，受企业单位性质、规模、管理制度专业技术人员和管理人员水平等因素的制约，防波设施日常检查水平参差不齐。对于定期检测、测量、特殊检测、快速检测和维护工作，企业一般都是自行委托相关专业单位开展，对于专业单位的资质，目前也没有明确的相关规定。

（4）防波堤维护检测内容研究

分为定期检查、定期测量观测、定期检测和特殊检测 4 类。

1）定期检查

扭王字块和四脚空心块等护面块体因具有强度大、预制简单、施工方便和稳定性好等优点而成为常用的护面块体结构，但在台风、波浪等作用下，护面块体偶尔发生滑移现象。根据防波堤结构现状和维护检查工作情况，提出了适合防波堤定期检查的项目、内容，详见表 7.3。

表 7.3　防波堤定期检查项目、内容

序号	项目	内容
1	防波堤设施定期检查（直立式防波堤）	1. 上部结构有无破损； 2. 堤身预制构件有无破损、错位； 3. 防腐涂层完好情况； 4. 接岸有无明显沉降、位移
2	防波堤设施定期检查（斜坡式防波堤）	1. 上部结构有无破损； 2. 内外坡面是否完好； 3. 护面块体有无破损或明显位移、错位； 4. 接岸有无明显沉降、位移或塌陷； 5. 其他明显损坏或不正常现象

2）定期测量观测

该项内容主要对防波堤提出了定期测量和观测的项目，包括沉降、位移观测，以及前沿冲刷或回淤观测等内容，对于核电厂，由于不是专业港航部门，此项工作较少涉及。

3）定期检测

定期检测主要包括下列内容：对照设施的基本资料对设施的现状进行校核；检测构件的破损情况及程度，判断损害原因，提出维修建议等。

胸墙和上部结构破损：防波堤防浪墙局部常出现不同程度破损现象，堤顶挡浪墙无倾斜、破碎或折断等严重现象，破损大多发生在防波堤堤头、凹角附近位置，在波浪等长期作用下，破损区域会逐渐增大，成为防波堤的薄弱断面。

护面块体损坏：在防波堤设施检测中，更应注重护面块体相互之间嵌固程度的检测；块体下是否存在局部淘空现象、护面块体是否有沿坡下滑趋势等均应进行检查检测；同时对单个护面块体的完好程度也应进行检查检测，如有无破损、断裂现象发生等。

整体稳定性问题：防波堤建成后，有关防波堤整体稳定性的内容几乎都没有按《港口设计维护技术规范》规定的情况和周期开展定期检查、检测工作。

钢筋混凝土性能参数检测：防波堤结构的混凝土强度、碳化深度和钢筋腐蚀电位等主要钢筋混凝土性能参数均能满足要求，但防波堤工程大多处于复杂的海况环境，钢筋锈蚀仍是结构耐久性能降低的主要因素，钢筋锈蚀情况必须要检测。

根据防波堤结构现状和维护工作现状，提出了适合防波堤定期检测的项目、内容，详见表 7.4。

表 7.4 防波堤工程检测项目和内容

<table>
<tr><th>序号</th><th colspan="2">项目</th><th>内容</th></tr>
<tr><td>1</td><td rowspan="2">外观检查</td><td>水上构件</td><td>堤身预制构件、防浪墙等（表面破损、露筋、蜂窝和空洞等）破损程度及裂缝宽度、开裂形态检测，各构件结合部位完好程度检查</td></tr>
<tr><td>2</td><td>水下构件</td><td>预制构件水下部分的破损、变形和错位等情况</td></tr>
<tr><td>3</td><td colspan="2">整体变形与变位测量</td><td>水平位移、垂直位移测量</td></tr>
<tr><td>4</td><td>基础</td><td>基础冲刷和淘空</td><td>采用水下探摸检查结构基础冲刷和淘空情况</td></tr>
</table>

续 表

序号	项目		内容
5	堤身	预制构件	混凝土性能检测包括表现劣化情况，混凝土各向强度、碳化深度、内部缺陷、钢筋保护层厚度、氯离子含量等
6	上部构件	防浪墙	性能参数检测：氯离子含量等
7	护面	护面块体	钢筋性能的检测包括钢筋锈蚀情况检查，钢筋腐蚀电位、锈蚀钢筋剩余有效截面积等检测
8	混凝土结构腐蚀防护措施		主要检测防腐涂层厚度及外观等
9	附属设施		检查护舷完整性、系船柱的锈蚀和护轮坎的破损情况
10	档案资料		工程维护管理资料，工程勘察、工程设计图纸文件等资料

4）特殊检测

特殊检测是根据设施损坏情况、检测内容，采用仪器设备进行现场测试、载荷试验和评估校核计算等手段，对设施进行详细检测、评估和综合分析，核电厂主要关注阻拦致灾物进入，因此对于特殊检测一般也涉及较少。

7.4.2 拦污网

（1）分类型式

目前采用海水明取方式的核电厂在用拦污网布置型式主要有 2 种：平面式拦污网和网兜式拦污网。作为核电厂取水系统中拦截杂物的主要设施，拦污网应具有以下功能要求[1]：

1）强度要求。拦污网的安装方式、网绳、网片和相关牵引和栓挂等附属部件应具有足够的强度，能够抵御设计工况下的波浪和杂物冲击，尤其要保证拦污网设施（如桩基、墩台）不能出现垮塌等严重损坏情况。

2）对海漂垃圾、浒苔及藻类等漂浮物和无（或丧失）动力的小船进行拦截，以减轻取水系统中各级过滤装置（如粗、细拦污栅和鼓型/

旋转滤网）的拦污压力。

3）设计中应考虑拦污网运维操作（如网片拆卸、附着物清理等）的便利性，并研究能够使明渠淤积测量和疏浚船只顺利快捷通行的过网方式。

4）拦污网应具有较好的防腐、抗日照等防老化性能，同时也应考虑拦污网防污损生物附着措施和方法。

（2）故障类型

拦污网执行对进入取水系统的堵塞物的拦截功能，尤其是其长期处于日晒、高盐及海水浸泡等工作环境，易出现老化、破损等情况，主要的故障类型表现为：

1）拦污网固定桩基或墩台损坏、钢筋锈蚀等

现阶段，核电厂冷源系统中拦污网布置（尤其是口门处首道拦污网）广泛采用桩基形式，目的是以桩基的高稳定性来满足拦污网使用中的安全要求。而桩基平台作为一种混凝土构筑物，其常见的失效形式表现为表面破损、钢筋裸露、蜂窝和空洞等（详见节7.4.1相关内容），损坏原因主要为潮汐及浪涌冲击、海水侵蚀等。

2）拦污网网体、网片损坏

拦污网在使用过程中，由于长期在海水中浸泡及受水流持续冲击，编织网片的绳索将不可避免地会出现强度下降，尤其是有拦截较大物体或杂物、污损生物附着，或者网片与其他物体长期摩擦（如网片与扭王字块、网片上附着贝类碎屑等）后，网绳甚至网片自身编织材料会逐渐磨损开裂或断裂，使得网片出现撕裂、破口而失效。

3）拦污网绳索损坏

无论是平面式拦污网还是网兜式拦污网，为保障可靠的拦截效果，在取水明渠中均应全断面布放，即拦截面应包络整个取水流道，因此，拦污网主要部件，包括水面上悬挂网体的主缆绳、水底拉锚绳和一级网格网绳等均应设计有足够的强度，以承担拦截的杂物自重及堵塞网孔后增加的水流冲击负荷。随拦污网运行时间增长和部件老化，以及杂物在拦污网上堆积造成的各部件受力增加，拦污网各部分绳索会出现不同程度的强度下降，严重时绳索甚至会散股及断裂损坏。

4）拦污网部件老化腐蚀

由于长期处于高温、高盐及高强度日光照射环境中，以及受水流冲刷作用，拦污网各部件易出现表面防腐涂料和涂层老化、脱落情况，从而形成盐雾及氯离子腐蚀，尤其是对于钢丝网绳、金属卡扣及锁具等金属材质部件，如在表面防护层出现局部损失时未能及时修补，则会造成零部件使用寿命明显缩短。

5）拦污网污损及海生物附着

海水中部分贝类具有较强的附着能力，常见的包括藤壶类和贻贝类生物，其幼体在拦污网附近聚集，与拦污网长时间接触后会依靠其分泌的胶质类物质附着在拦污网网体及缆绳上，不仅造成拦污网过流面积的减少，还会使得拦污网负载增加，网绳受力加大，将造成拦污网在拦截致灾物或受风浪冲击时加速损坏和失效，另外，污损生物死去个体脱落后滞留的残骸会形成尖锐锋利的表面，在拦污网随波摆动过程中也会与网体、网绳摩擦，并加速拦污网失效过程。

（3）检查维护

由于拦污网横跨取水明渠，并且一般是在明渠全断面布置防护，同时考虑潮位变化和浪涌波动，拦污网上沿也要高出水面一定高度，故拦污网整体面积很大，对拦污网的维护要全面考虑。通常，对于拦污网的检修维护主要包括网纲和网体两部分。

1）网纲

网纲的检查和维护主要是对支撑和悬挂网体的主副缆绳，以及网体骨架（如一级网格）的结构绳结进行检查、清理和保养等工作，包括各缆绳的腐蚀情况检查、缆绳易碰磨部位的磨损情况检查和缆绳的海生物附着情况检查等，另外还要检查缆绳在卷扬机上或与锚锭块相连的固定部位状况。

网纲如拦截了大量杂物或出现海生物附着严重情况，应及时进行清理；如出现有断丝、磨损和股芯突出等情况时，应及时进行分析、评估，必要时应予以更换。

2）网体

网体检查主要包括拦污网片损坏检查、网片上海生物附着情况检查，以及网绳腐蚀和损坏状况检查等。

目前，核电厂的平面式拦污网通常采用一、二级网片的结构型式，即拦污网缆绳结构上分别安装一级网格和二级网片（如其中一级网格约 2 500 mm×2 500 mm，在其上单独安装 50 mm×50 mm 网格的二级网片），这样如出现拦污网局部损坏或堵塞严重情况，可以单独更换破损所在位置的网片。

7.4.3　拦污栅

（1）分类形式

核电厂取水系统中布置有金属格栅单元，是用来去除水中粗大的悬浮物和杂物，以保护后续过滤设施正常运行的一种预拦截装置。一般根据水源情况分别设有粗格栅和细格栅 2 种规格，粗格栅去除的是那些可能堵塞水泵机组及管阀门的较粗大的漂浮物，而细格栅用来去除粗格栅难以去除的较小尺寸的堵塞物种类。

一般的，采用明取方式的在运核电厂将粗、细两种规格的拦污栅分别布置在取水闸门井入口和泵房鼓网/旋转滤网前端。

格栅选择的考虑因素主要包括如下方面：

1）进水水质、过栅流量和格栅位置；

2）格栅井深度、宽度、过栅流速；

3）取水流道尺寸，以及格栅安装角度和形式。

另外，根据进水水质、水深可以确定格栅的材质、种类，目前核电厂格栅一般采用碳钢＋防腐涂层；根据流量及过栅流速、安装角度可以计算出格栅的宽度；根据格栅使用位置确定栅条间隙。

1）粗格栅

粗格栅是用来去除可能堵塞取水流道，或由于尺寸较大会形成较大冲击力的较粗大漂浮/悬浮物，以保证后续过滤或系统设施能正常运行。粗格栅是由一组（或多组）相平行的金属栅条与框架组成，倾斜（或垂直）安装在进水的渠道，或进水泵站集水井的进口处。在城市用水设施或内陆电厂取水系统中，此类格栅主要用于地表水取水构筑物、城市排水合流制管道的提升泵房和大型污水处理厂等，隔除水中粗大的漂浮物，如树干等。粗格栅后一般需要设置栅距较小的格栅，进一步拦截杂物。粗格栅一般不设清渣机械，必要时人工清渣。而对于核电厂，粗格栅布置在取水系统前端，防止大尺寸杂物入侵取水流道。

粗格栅所能截留污染物的数量与所选用的栅条间距和水流状况有关，栅条间距直接影响拦截杂物的尺寸，而水流状况则表现为水流速度冲击程度，以及与流道布置相关的水流流态状况，水流较湍急时部分较大杂物可能会通过粗格栅。总体上，栅条间隙一般以不堵塞后续流道和取水设备为原则，而核电厂由于考虑过滤设备对堵塞物分别承担拦截的梯级布置，一般粗格栅栅条间距约 200 mm。另外，所截留的被拦截物数量与厂址状况、沟道系统的类型、取水流量及栅条等因素也有关系。

2）细格栅

核电厂细格栅的栅条间距一般选择约 50 mm，其主要是针对进水中的小型漂浮物，如塑料袋、树叶和菜渣等，当它们穿过流道前端的粗格栅而深入取水流程内部时将其拦截，以减轻后续鼓网或旋转滤网的过滤压力，故核电厂一般在循环水泵或重要厂用水泵入口前流道设置细格栅。细格栅由矩形截面栅条焊接制作，并用螺栓连接在进水渠道墙壁的格栅支撑件上。细格栅以上到操作平台之间是水室护墙。

（2）故障类型

格栅装置作为成型钢架及栅条焊接部件，结构较为简单，相对的故障模式也比较简单，常见故障形式和处理方法如下：

1）格栅吊起或吊入卡涩

对策：检查是否有变形情况，如有则进行校正；检查格栅配合轨道是否有杂物卡涩，如有则对轨道进行清理。

2）海水腐蚀

对策：整体吊出，清理格栅表面杂物，除锈后防腐。

3）栅体变形

对策：整体吊出进行校正。

4）焊缝开裂

对策：吊出后清理补焊加固。

5）栅体上相关附件故障

对策：部分电厂在粗格栅上集成有加药框等装置，可能会出现管路变形、管口堵塞等，应进行对应矫正或管路清理、恢复畅通。

6）海生物附着

对策：吊出清理附着海生物，并对表面进行防腐处理或涂层修复。

（3）检修维护

1）维护周期

除进行故障检修外，对于格栅一般按正常的 PM 项目进行维护，如粗格栅约 6 个月进行吊出检查，而细格栅由于多处于泵房内，且流道位置较为隐蔽，故可执行与机组同步的定期检修或检查的工作方式。

2）维护项目

格栅维护项目一般包括：

① 外观及变形检查。

② 防腐状况检查。

③ 海生物附着状况检查。

④ 格栅滑动导轨清理及检查。

7.4.4　格栅除污机

核电厂配置格栅除污机的目的是对格栅上拦截的杂物进行及时清理，确保格栅不被较多的杂物堵塞，以维持正常过水流量。由前述可知，核电厂的粗格栅通常进行定期检查和定期检修，这是因为其布置在取水前端，且栅条间隙较大，只为拦截大尺寸杂物配置，故一般也不配置在线、定期的格栅除污机；而细格栅布置位置接近水泵入口（多在鼓网或旋转滤网前），如有严重堵塞发生，会在较短时间内明显影响水泵吸水，故对其应配置格栅除污机装置。

（1）除污机结构

目前，在运核电厂的细格栅配用除污机多为耙齿式格栅除污机，其采用固定形式布置，每具细格栅配备 1 台除污机。GPQ-4600 型固定式钢丝绳格栅除污机主要由机架、升降传动机构、清污耙、耙斗翻转机构、刮刀组装、钢丝绳、安全保护装置及电气控制部分等组成，安装在上部平台上，如图 7.13 所示。

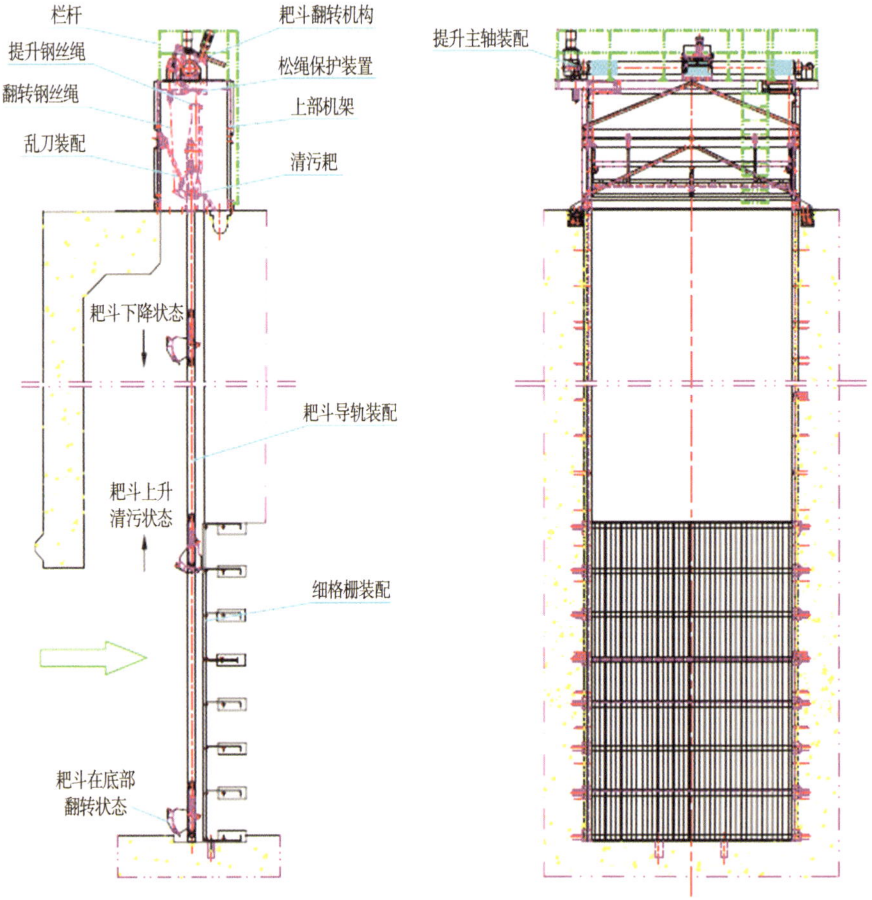

图 7.13　耙齿式格栅除污机

1）升降传动机构主轴由无缝钢管和圆钢制作，其上有 3 个钢丝绳螺旋槽。主轴由 2 个轴承座支承安装在机架上，机架安装在平台上。带制动器的轴装减速电机安装在主轴的一端。

2）耙斗翻转机构由电动推杆、支架和导向滑轮组成。

3）清污耙由带 4 个导向滚轮的小车和可在小车上翻转一定角度的清污耙斗所组成，清污耙在其专用轨道内上下行走。

4）安全保护装置主要有松绳保护、过载保护、行程限位保护及电气控制的有关保护。

GPQ-4600型固定式格栅除污机通过轴装式减速电机驱动，清污耙由缠绕在升降传动机构主轴上的3根钢丝绳控制，实现清污耙的提升、下降和翻转动作。两侧的2根钢丝绳连接在耙子的两端，控制清污耙升降，中部钢丝绳与耙斗的中部相连，控制耙斗翻转，使耙齿插入或是脱离格栅。

清污耙在上端初始位置时，提升减速电机启动清污耙靠自重下降，延时后翻转机构控制中部钢丝绳使耙斗打开，耙齿离开格栅面一定距离，到达底部后，行程控制装置使减速电机停止，清污耙停止下行，同时翻转机构控制中部钢丝绳使耙斗闭合，耙齿与格栅条啮合。然后提升减速电机反转，带动清污耙上升清污，到达卸污工位时，由卸污刮板卸污，污物经导污板落到排污槽内，完成一个工作循环。

（2）故障模式及检查维修

格栅除污机常见故障与故障排除的操作如表7.5所示。

表7.5　格栅除污机常见故障及处理

序号	故障症状	可能的故障原因	故障排除的操作步骤
1	如果清污耙在下降期间遇到障碍物，或者下行程限位失灵，1根或2根提升钢丝绳将会松弛。这种情况可通过松绳开关装置进行探测。在这种情况下，提升减速电机将停止工作并报警	1. 下限位开关失灵； 2. 由于障碍物而使清污耙不能到达水室底部	在泵房控制室的就地操作箱上“运行模式选择开关”*CC设置到停止； 检查“下限位开关”是否已损坏，如损坏应更换； 1. 提升清污耙 按住“耙斗上升”按钮5 s，轻轻提升清污耙； 按住“耙斗与栅条啮合”按钮，电动执行机构动作，耙斗闭合，耙齿与栅条啮合； 按住“耙斗上升”按钮，让清污耙上升，使其到达上部设定位置后停止，观察是否有污物被清除。 2. 手动格栅除污机工作循环 按动“耙斗循环”按钮，清污耙下降，到达障碍物处（出现松绳位置），观察是否还有松绳现象出现，如出现松绳故障，重复“1. 提升清污耙”的各项操作

续 表

序号	故障症状	可能的故障原因	故障排除的操作步骤
2	“设备过载开关”动作并报警	清污耙在上升过程中有较大异物卡住	在泵房控制室的就地操作箱上“运行模式选择开关”＊CC设置到停止； 按下“耙斗打开”按钮，减少一些负荷； 按住“耙斗上升”按钮，将清污耙短距离提升，不要提升到操作台面以上； 按住“耙斗与栅条啮合”按钮，电动执行机构动作，耙斗闭合，耙齿与栅条啮合； 按住“耙斗上升”按钮，让清污耙上升，使其到达上部设定位置后停止； 报警信号消除后，过载保护装置可按动“故障复位按钮”手动复位。 这一故障排除后将“运行模式选择开关”＊CC设置到自动模式，格栅除污机准备正常工作
3	紧急停车 当出现一个会引起损坏或伤害的故障，按“紧急停止”按钮，提升减速电机/或电动执行机构可以被停止在任何位置	立即调查原因	在泵房控制室的就地操作箱上“运行模式选择开关”＊CC设置到停止； 1. 查明原因后予以纠正； 2. 这一故障排除后将“运行模式选择开关”＊CC设置到自动模式，格栅除污机准备正常工作

(3) 定期检查

1) 日常维护

在常规检查期间所检查到的任何不正常的磨损或损坏均应该毫不迟延地予以矫正。使用磨损或损坏的提升设备容易发生危险。

用肉眼检查机器有无损坏或缺陷。

建议坚持记录操作情况，包括运行的小时数和各种维护注释。

2) 预防性维护

① 每周

• 手动起动1个工作循环，检查格栅除污机各动作是否正确。

• 检查电动机和传动机构的正常工作温度。

• 检查是否有不适当的噪声或振动。

② 每月

• 清洁和润滑滑轮轴。

• 检查刮刀的工作情况。

• 检查松绳装置。

• 检查清污耙位置是否正确，处于水平状态。

• 检查提升电动机制动器工作状况。

③ 每年

• 清洁 3 根提升钢丝绳，用刷子涂上 1 层新润滑脂，润滑脂牌号：美孚 EP3。

• 检查清污耙上滚轮和滑块的磨损情况。

• 检查滑轮和滑轮轴、滑轮支架是否过度变形或损坏。

• 检查卸污刮板磨损和损坏情况，必要时更换。

• 检查轴承，添加润滑脂。

• 检查电动执行机构，添加润滑脂。

• 检查所有限位开关的工作情况，必要时进行调整。

• 检查减速电机，看是否运行平稳和有无漏油迹象。除非怀疑有磨损或损坏，不推荐拆卸检查。

• 全面地检查提升钢丝绳及其连接紧固件的磨损、损坏或腐蚀情况。特别要注意临近紧固件的部位和钢丝绳经过滑轮的地方。当发生以下情况时，必须更换钢丝绳：

线股杂乱或折断；

即使绳索没有发现折断，但由于磨损，绳索直径减小了 10%；

钢丝之间形成纠缠、绕圈、打结、收缩、卷曲或其他可见的严重机械缺陷；

在 100 mm 的长度上已发现 10 股线断裂；

在 500 mm 的长度上已发现 20 股线断裂。

• 检查耙齿和栅条之间的间隙是否正确，必要时进行调整。

④ 每两年

• 更换起重机减速电机中的润滑油。

• 检查轴承，取下轴承盖，清除旧的变硬的润滑脂，重新注入新的润滑脂。

• 检查所有的喷漆状况，需要的部位进行修补。

7.4.5 鼓型旋转滤网

目前，大部分核电厂在海水进入循环水泵或重要厂用水泵前设置有鼓型旋转滤网（简称鼓网），其目的是过滤海水中的细小杂物，其直径达 18～22 m，宽度 4～7 m，网孔直径一般约 3 mm，作为取用海水的最后一道过滤装置，鼓网运行状况直接关系水泵能否正常取水，为此，鼓网配备有在线的反冲洗系统，以及时将鼓网中拦截的杂物清理并运送至系统外部，保证鼓网压差正常。同时，为确保鼓网可靠运行，鼓型滤网运转一般采用 3 种不同转速的电机驱动并进行控制，分别为低速电机、中速电机和高速电机，其中中速电机和高速电机为在鼓网拦截较大量杂物时运行。

（1）鼓网结构

鼓网由 1 个圆筒形框钢架构成，在框钢架圆周方向上安装过滤的网片，整体框架依靠电机通过齿轮箱驱动围绕中间主轴旋转，海水过滤有 2 种方式：一是海水从两侧端面进入鼓网，过滤后的海水流到鼓网外面，即网内进水，网外出水；二是海水从鼓网圆周网片进入，过滤后的海水从鼓网两侧端面流出，即网外进水，网内出水。鼓网基本结构见图 7.14。

（2）常见故障及对策[4]

1）网片破损

鼓网各部件均为金属材质，但是由于整体尺寸较大，辐条、网片刚度可能会存在薄弱，并且在运行中受水流冲击及局部杂物存在时产生的压差影响，个别网片易发生受力加大情况，尤其是当鼓网压差过高时，超差网片许用应力，会出现网片破损情况。另外，由于长期接触海水，网片也可能产生锈蚀减薄，导致强度下降而破损。

因此，当发现网片有明显锈蚀减薄破损时，应该及时处理，更换新网片。

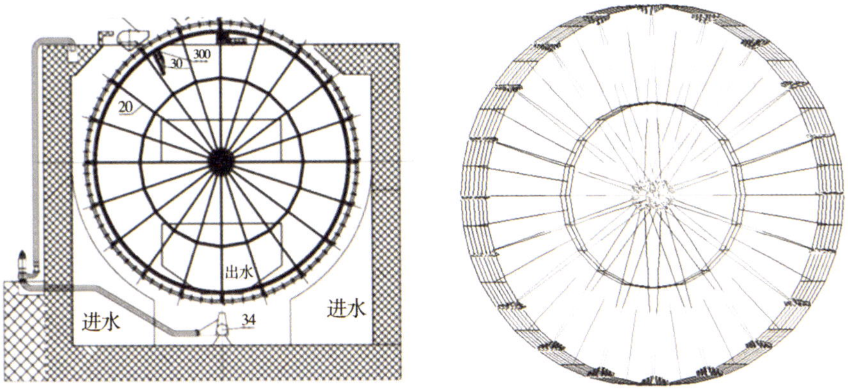

图 7.14　核电鼓网示意图

2）辐条松动

与网片破损原因相类似，鼓网框架支撑用辐条也会产生变形情况，另外，当辐条与轮毂的连接螺栓由于多种原因松动时，也存在鼓网失效的风险。

对于上述松动情况，需要在定期检修期间严格检查相关连接部位，避免连接误差情况。

3）驱动机构故障

鼓网质量较大，在承受水力冲击和杂物堵塞时，鼓网框架、主轴及网片等零部件承载更大，其驱动机构长期运行而疲劳故障较多，主要包括驱动电机故障和减速机工作异常，常常表现为驱动电机振动、减速机轴承损坏，以及齿轮箱内啮合组件磨损和异响等情况，发生此类问题时，应及时进行检查并消除故障所在，其中多个核电厂进行的将鼓网电机由立式改造为卧式的布置方式优化对促进电机和减速机的稳定运行效果良好。

7.4.6　板框式旋转滤网

板框式旋转滤网是电厂取水流道中必不可少的滤水清污设备。它与上游侧的拦污栅配套使用，可以有效地拦截和清除水中携带的水草、树叶、树枝和鱼虾等污物，以及随取水进入系统的垃圾等杂物，对于保证电厂安全和经济运行至关重要。

目前国内在役运行核电机组有较少部分采用板框式旋转滤网，相比较鼓网，板框式旋转滤网过水流量较小，并且旋转滤网一般采用链式驱动形式，总体占地面积小，使用深度大，可以适应大潮位变化，最深可达 30 m。但是相比较鼓网过滤形式，板框式旋转滤网在拦截大量杂物后形成的较大压差极易造成链网损坏，另外在结构形式方面，板框式旋转滤网由于旋转部件多，日常运维工作量大，维修成本高。

7.4.6.1 板框式旋转滤网结构形式

板框式旋转滤网一般由下列部分组成：上部机架 1、带电动机的行星针轮减速 2、拉紧装置 3、安全保护机构 4、链轮传动系统 5 和冲洗水管系统 6 组装在一起，构成水上部分，安装于水室上部的基础上；滚轮导轨（K 型带框架）7、工作链条 8、网板 9 和底弧坎 10 构成水下部分，安装于水室中。

旋转滤网按进水方式可分为正面进水（Z）和侧面进水（C）2 种型式，图 7.15 为正面进水旋转滤网。

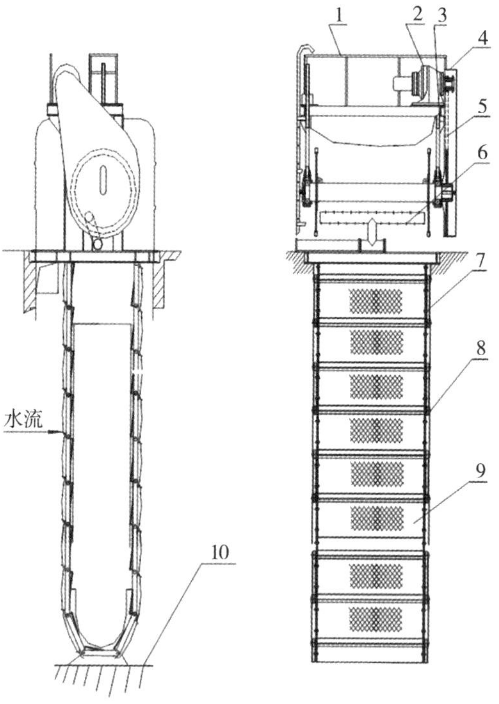

图 7.15 正面进水旋转滤网

7.4.6.2　板框式旋转滤网检查

板框式旋转滤网检查项目如表 7.6 所示。

表 7.6　板框式旋转滤网检查项目

<table>
<tr><th colspan="3">检验项目</th><th>单位</th><th>质量标准</th><th>检验方法及测量器具</th></tr>
<tr><td rowspan="4">外观检查</td><td colspan="2">零部件</td><td></td><td>无损伤、变形，焊缝无裂纹、漏焊，铸件无铸砂、气孔、裂纹</td><td>观察</td></tr>
<tr><td colspan="2">结合（组合）面</td><td></td><td>平整，无毛刺、沟痕</td><td>观察</td></tr>
<tr><td colspan="2">减速机检查</td><td></td><td>符合技术手册规定</td><td></td></tr>
<tr><td colspan="2">轴承检查</td><td></td><td>符合技术手册规定</td><td></td></tr>
<tr><td rowspan="3">座架安装</td><td rowspan="3">基础准备</td><td>养护时间</td><td></td><td>符合相关规范规定</td><td>检查浇灌记录</td></tr>
<tr><td>混凝土强度</td><td></td><td>符合图纸要求</td><td>核查强度测试报告</td></tr>
<tr><td>混凝土表面检查</td><td></td><td>无露筋、蜂窝、裂纹、疏松、石子突出、缺损，地脚螺栓孔清理干净</td><td>观察</td></tr>
<tr><td rowspan="4">座架安装</td><td colspan="2">分离式基础坐标高差</td><td>mm</td><td>符合技术手册规定</td><td>水准仪测量</td></tr>
<tr><td colspan="2">中心线偏差</td><td>mm</td><td>符合技术手册规定</td><td>钢卷尺测量</td></tr>
<tr><td colspan="2">标高偏差</td><td>mm</td><td>符合技术手册规定</td><td>水准仪测量</td></tr>
<tr><td colspan="2">座架水平偏差</td><td>mm/m</td><td>符合技术手册规定</td><td>水平仪测量</td></tr>
</table>

7.5　拦截装置优化

7.5.1　拦污网布置优化[2]

平面式拦污网多采用垂直取水明渠轴线的布置方式，在运营期间，杂物易在拦污网上整体聚集，或根据水流分布特点，集中在拦污网横断面的某个区域，使得对其的清理过程遍及整个拦污网断面，从而增大运维工作量。后续对拦污网布置位置可以进行优化，即依据水流特点采用拦污网与明渠轴线有一定角度的斜向布置方式，这样可以使拦污网上的杂物有趋向性地在某区域集中堆积，以利于污物的清理。

实际上，在设计阶段核电厂就应该提前结合厂址取水构筑物设施具体状况，因地制宜进行拦污网布置，同时考虑明渠中水流分布特点，如明渠防波堤有弧度或转向，则水流可能在明渠横断面中间部位和靠近防波堤根部位存在方向和速度差别，一般拦污网布置宜选择顺流向夹锐角便于致灾物收集，如图 7.16 拦污网 C 在实际运维中就更便于被拦截杂物清理和收集。

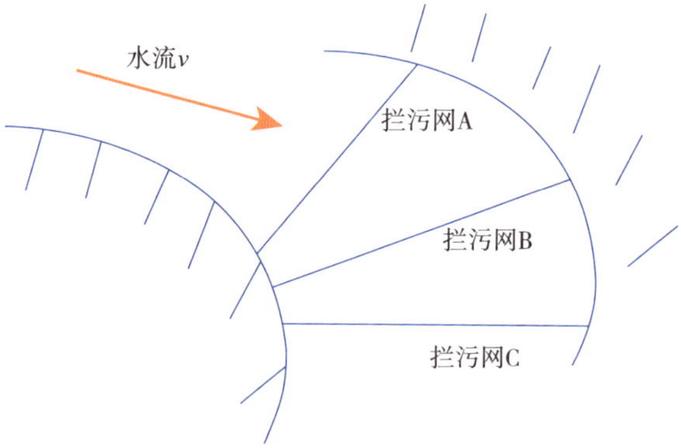

图 7.16　拦截网优化布置

7.5.2　自防污拦污网（如铜合金网）[3]

相比较普通尼龙材质的拦污网，自防污拦污网（如铜合金网）的材料由铜、锌、锡、镍和锑等金属组成，在使用过程中可缓慢释放一定的金属离子，从而能减缓海生物在网上附着生长速率，其相较于普通拦污网（尼龙网）的工程优势在于：

（1）防污损性能好

自防污拦污网是在制造过程中将防海生物附着及防海水腐蚀的元素合成在原材料中，使网丝自身具有防污损、防腐蚀、防附着的功能。有应用显示自防污拦污网透水率在 120 个月内非常稳定，附着率不大于 5%，透水性保持在初始效能的合理范围之内；普通拦污网在海生物生长的一个周期内，附着率可达到 50%，网目堵塞严重。经过“堵塞—清理—再堵塞—再清理”过程，网片透水稳定性波动较大，无法满足核电厂长期稳定的过水流量要求。

自防污拦污网耐久性较强。测量显示，铜丝的抗拉强度可达到 82 MPa，在 10 年的使用寿命内由于铜离子的流失引起的强度下降较小，耐久性能得到很好保证。普通拦污网在海生物分泌液及海水的综合腐蚀下，几个月后（海生物一个附着周期后）网绳的强度就大为降低，网片的耐用性无法得到保证，从而必须进行全网的清理修复。

（2）维护方便

普通拦污网虽然安装较方便，但由于海生物易附着且附着后网片自重成十几甚至几十倍增加，拆卸方面难度较大。铜合金网由于结构制作技术，本身具有柔性，可以卷折、折叠，从而方便搬运。在拦污网的拆卸过程中，以一定长度作为一个单元，每个单元使用活扣环连接，方便组装拆分，必要时可利用浮球进行绑扎固定，进行海上短距离运输。

（3）运营成本低

以某核电拦污网运维为例，普通材质拦污网初次安装工程费约为 240 万元，10 年内须至少更换 3 次。日常维护费用约 100 万元。而 1 道自防污拦污网 10 年内无需进行更换，初次工程费用虽然较高，约为 480 万元，但日常维护费用较低，每年约 30 万元。按照核电厂的内部收益率作为折现率进行净现值比较，以 10 年作为一个周期分别计算 2 种方案的净现值，普通拦污网净现值是自防污拦污网的 1.5 倍。自防污拦污网全寿命周期运营成本低。

另外，近年来逐步投入应用的超高分子材质拦污网也有较突出的防污损生物附着能力，同时其材质的强度和抗老化能力也较为出色，但是初始投资较大，约为普通材质拦污网的 3～5 倍或更高，需综合评估建造成本和后续运维成本后选用。

7.5.3　网兜式拦污网

网兜形式拦污网最初在 D 核电站使用，其整体由多个网兜形式的拦污网成组使用，并最终形成对取水明渠的全断面敷设。由于网兜形式具有良好的纵深效果，整体拦污网的过水面积大为增加，即使在拦截有大量堵塞物的情况下，仍能有足够的过水面积而不影响过水流量，使得拦污网在高负载下取水安全性不受影响。

（1）总体结构

核电厂取水明渠网兜式拦截过滤收集系统由过滤拦截网子系统、

高强固定牵引缆绳子系统、安装辅助子系统三部分组成。通过优选高分子纤维材料、设计新型网绳结构、绳经双结织网机编织成型、调控多级网目尺寸、进行功能整理防生物附着和拒水处理得到拦截过滤网体。拦截过滤网体安装在预设距离的固定桩之间，网体顶端安装浮漂，底部安装铅体，构成核电厂取水明渠全断面拦截过滤网。本系统具有结构强度高、耐冲刷、全封闭无死角拦截过滤、防海生物附着、更换周期长和使用寿命长等优势，可用于对核电厂取水明渠内致灾物的拦截过滤收集，避免致灾物进入循环水系统。

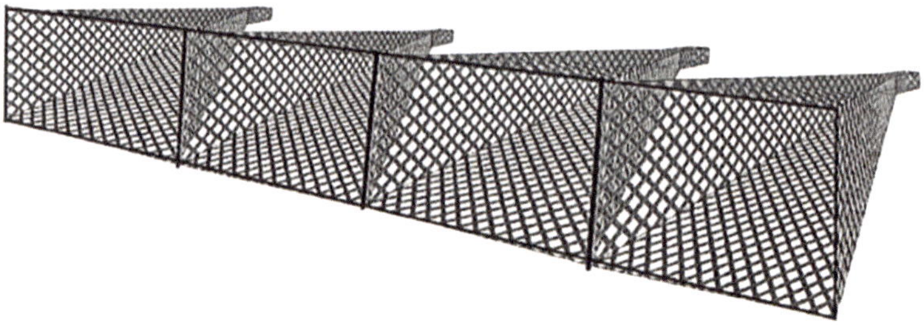

图 7.17　网兜式拦污网结构

（2）功能特点

1）材料方面，超高分子材料的强度高、耐磨性好，耐老化，耐腐蚀，使用寿命长。核电厂取水明渠网兜式拦截过滤收集系统的拦截过滤网体采用超高分子量聚乙烯纤维材料编织而成，具有绳网强度高、耐磨性好、耐剪切性好、耐腐蚀性强、环境适应性好的特点，满足了核电厂取水口高温、高湿、高盐的环境下的使用要求，且其优异的性能使拦截过滤网系统能长时间使用而减少更换频率。

2）结构方面，拦截过滤网体采用细网目编织，可高效过滤水道生物、杂质等。网绳编织结构上采用双结编织，比无结编织强力利用率高，利用较小的网绳直径实现最大的强力，达到减少水下网体阻力的目的。网绳采用编织线结构，比多股捻线绳强力更高，耐剪切性能更好。采用串联网兜式拦截过滤结构，增大网体与水流的接触面积，减小水流对网体的冲击力，能够容纳的海洋生物和海洋垃圾的量远远超过平面式拦截网，且网体的网兜式设计增大了网体与水的接触面积，降低了网体堵塞的风险。拦截过滤网采用分离式设计，引导网兜和收集网兜通过串联绳和绳环连接，方便拆卸和分离，降低了人工维护的频率，提高了网体维护的效率。

3）功能方面，网体经过拒水、防生物附着处理。拦截过滤网体经过一系列后整理工艺处理，网绳表面进行分子刷接枝改性，构建了低表面能的网绳，在网绳上形成微观表面形貌，达到拒水拒油及防羽状舟形藻、藤壶腺等海洋生物附着的效果。

7.5.4　格栅防腐优化

格栅属于海水过滤系统的一部分，现在役采用明取方式的核电厂，取水通道入口设置由粗格栅本体和导轨组成的粗格栅，在泵房水泵前段设置有细格栅，以过滤水中可能含有的杂物，其中粗格栅栅条间距较大，用于拦截大块（＞200 mm）漂浮物，细格栅过滤精度在50 mm左右。

由于格栅长期与海水接触，发生腐蚀是常见的故障表现，作为较为简单机构的机械部件，腐蚀是其定期检查的重要项目，同时也是决定 PM 周期的重要参考指标。

（1）常用防腐方法

粗格栅防污涂层采用自抛光防污漆，自抛光防污漆是现有防污漆中最主要的产品，其原理是通过漆膜在海水中缓慢地溶解，不断露出新的表层，使海生物没有固定的繁殖条件；同时防污剂（毒剂）缓慢释放到海水中，对附着海生物进行毒杀，从而起到防止海生物附着的作用。若粗格栅防污涂层脱落失效，可能导致粗格栅海生物的大量附着。

粗格栅及导槽均采用 316L 奥氏体不锈钢，其耐蚀性优异，含有 2%～3%的 Mo 元素，碳含量小于 0.03%，其耐点蚀性及耐晶间腐蚀性较强，能运用在海水环境，其紧固件也采用不锈钢材质（GB/T 3098.6）。粗格栅整体采用不锈钢与涂层、牺牲阳极阴极保护相结合的防腐体系。粗格栅采用环氧底漆＋乙烯环氧连接漆＋自抛光防污面漆的涂层配套体系，其中面漆和防污漆能够防止海生物附着。

（2）腐蚀失效形式

涂层失效有多种表现形式，涂层剥落失效为典型的涂层失效形式。

从宏观失效形式看，多以涂层剥落程度进行判别，常见包括 3 种形式：直径在 5 mm 以下薄的小片局部脱落及鳞片脱落；直径在5 mm以上较大的局部剥落及皮壳脱落；涂层与底涂层之间脱落，即层间剥落。

涂层剥落的原因较为复杂，通常主要为涂层与基材的附着作用失效所致，往往是多种因素综合作用的结果。

涂层剥落主要原因为：

1）涂层底漆与不锈钢基体不配套，即涂层设计错误。如涂层配套底漆主要用于碳钢和低合金钢表面，而核电厂粗格栅基体如设计为 316L 不锈钢焊接而成，表面非常光滑，由于不锈钢表面光滑而且粗糙度低，使得底漆相对的附着效果不足，可能出现非预期时间内的剥落情况发生。对于此问题，在进行底漆涂刷时，必须对不锈钢表面采取预处理，或者使用具有磷化功能的专用连接底漆，以增强底漆与不锈钢表面的附着力。

2）不锈钢基体表面处理不达标，粗糙度不满足涂装要求。

3）阴极保护失效。对于牺牲阳极的阴极保护方法，失效主要由于阳极装置的消耗或损坏，表现为海水腐蚀，以及水中杂物冲击、磨损或设备起吊和检修过程中的碰撞等机械损伤，相对机理较为简单。

（3）防腐优化

格栅防腐优化主要在于防腐涂层的合理选用，以 C 核电粗格栅涂层使用为例，运行期间 C 核电的格栅涂层曾试验和选用不同品牌产品，包括佐敦、海涂等产品，其中佐敦产品（佐敦防污漆＋铁合金牺牲阳极）和海涂产品（NAF945 油漆＋海涂涂料＋铁合金牺牲阳极）在检修周期（＞10 个月）的使用状况如图 7.18 及图 7.19 所示。

可以看出，佐敦的产品效果相对较好，故对于格栅防腐，应结合厂址海水的水质特点和海生物的种类特性，选用总体质量较好、有针对性的防污产品为宜。

图 7.18　佐敦产品使用后检查情况

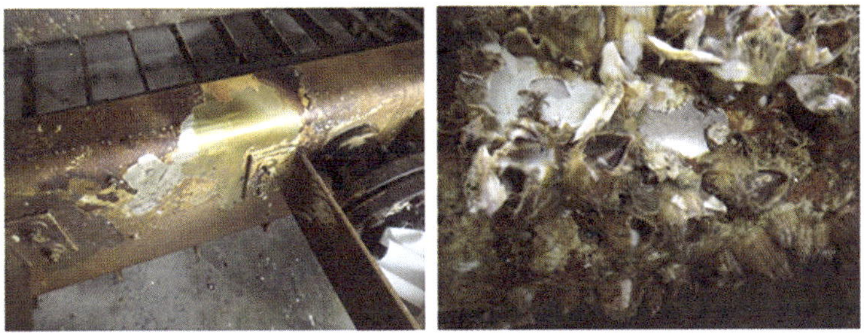

图 7.19　海涂产品使用后检查情况

7.5.5　新型格栅除污机

现阶段，核电厂对细格栅的清理多采用耙齿式格栅除污机，实际运行中，由于初始安装时格栅除污机定位偏差、机架刚度不足、耙齿与栅条啮合误差，以及零部件材质抗腐蚀性不足等原因，该形式除污机常存在拦截的杂物随水流漂浮不易被打捞、耙齿清理不彻底、缆绳缠绕跳线及上下移动中卡涩，以及除污机过载安全销切断等问题，导致其使用效率和清理效果与设计预期相差较大。

针对以上问题，相关厂家对除污机型式和机构进行改进，开发回转式除污机和新型抓斗式除污机。

（1）回转式除污机

1）工作原理

未过滤的海水进入取水口后，悬浮、漂浮杂物被格栅拦截。除污机的齿耙在工作链条的带动下由格栅下游进入水面以下并向下运动，在格栅底部穿越格栅进入格栅上游侧，同时改变运动轨迹，沿着格栅表面向上运动。在此向上运动的过程中，格栅齿耙将被拦截的杂物向上带出水面，在经过排污沟上方时杂物依靠自重落入排污沟，达到除污的目的，齿耙在跨越排污沟后继续从格栅下游进入水面，完成 1 次除污动作。回转式格栅除污机是连续除污设备，工作链条上间隔安装工作齿耙，除污效率高。除污动作均可采取自动或手动，该机还设有过载保护和报警系统，安全可靠。

2）结构形式

回转式格栅除污机是将拦污和除污结合为一体的固定式连续除污设备，布置方式可以根据需要采用 2 种不同形式：垂直式布置和倾斜布置。具体结构及布置如图 7.20 所示。

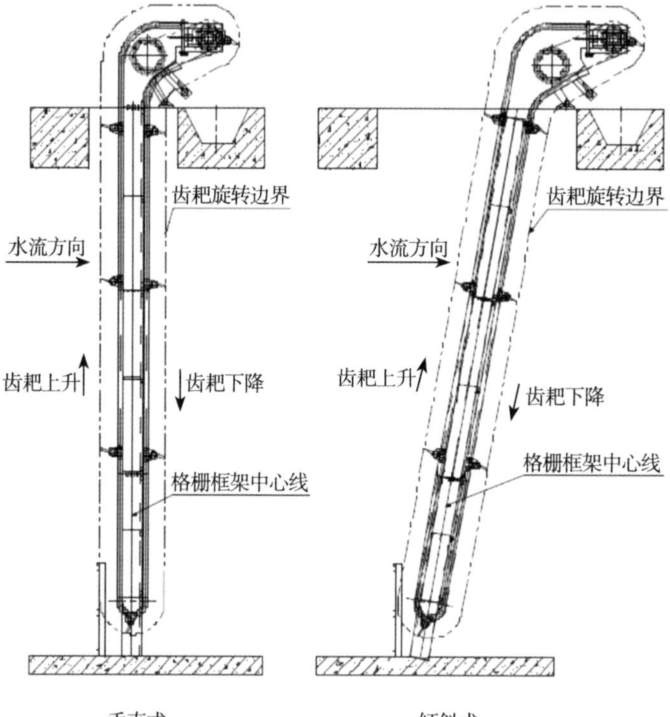

图 7.20　回转式格栅除污机结构及布置

回转式格栅除污机主要由格栅、齿耙和传动系统等部分构成。格栅由支撑框架、栅条、齿耙导轨组成。齿耙安装在绕格栅回转的工作链条上，齿耙间距一般为 1.5～3.5 m 左右，齿耙上耙齿中心距与格栅栅条中心距相同。传动系统主要由电动机、减速机、传动小链轮、传动大链轮、套筒滚子链、主轴、1 对工作链轮和轴承座等构成；减速机输出轴上的传动小链轮通过套筒滚子链带动安装在主轴上的传动大链轮旋转，进而带动安装在主轴上的工作链轮旋转，工作链轮旋转带动工作链条，从而带动工作齿耙旋转。由于每个齿耙的耙齿都插入格栅栅条内一定深度，故栅条上的污物被强制随齿耙运动，当齿耙转到主轴顶部时，工作链条向下旋转，齿耙也随之翻转，污物靠自重落入排污沟或输送带。

（2）抓斗式除污机

抓斗式格栅除污机（图 7.21）是一种新型格栅杂物清理设备，目前在 T 核电已有所应用，并且其横向移动功能使得 1 台除污机能够满足多台格栅的清理需要，现以某型抓斗式清污机为例说明其功能特点和使用过程。

图 7.21　抓斗式清污机

1）功能作用

液压抓斗清污机的功能是将泵站、水电厂和污水处理厂等进水口前堆积的大量污物，如树枝、杂草、竹木和生活垃圾等及时清理掉，否则会影响机组出力，损耗电量，浪费财力，堵塞水道，甚至压垮拦污栅，危及泵站，造成极大损失。移动抓斗清污机水上部分机架采用钢轮设置在平行的钢轨上，通过行走机构与传动部分进行水平移动，适用于电厂进水口、给排水进水口的固定拦污栅前，用于清除附着于拦污栅面上的污物及沉入拦污栅底部的污物，更适用于深水口电厂、泵站的清污。该设备能满足各种场地、空间的要求，无需土建施工建造，适用范围广，综合了传统清污机的特点，一台可代替数台传统清污机，经济实用，是理想的清污设备。

2）技术特点

具有移动式多工位在线自动清污功能，清污能力强，操作性能好；

清污耙斗与格栅齿槽可靠啮合，有效清除栅面污物；采用倒钩梯形耙齿，有效防止在耙斗提升过程中污物脱落；

耙齿启闭机构设计独特，在清污机机身及拦污栅任意位置均可打开或闭合；耙斗能以倾角开启卸污，确保卸污彻底干净；

清污机横向行走自动定位精度高，对位偏差＜2 mm；

清污装置（耙斗）在清污过程中，动作准确可靠，清污效率高。

具体工作过程如下：耙斗下降，准备进行清污，此时耙斗斗底呈张开状态，耙斗下降到孔口高程后，耙斗斗底自动闭合，斗齿在机械杠杆力的作用下，插入拦污栅栅面。耙斗上升，刮除附着在拦污栅面上的污物，在清污过程中，耙斗处于自锁的状态下，斗底不会打开；耙斗卸污，耙斗上升到顶部卸污点时，斗底自动打开，卸去斗中的污物，整机采用 PLC 可编程序控制器实现清污机横向行走定位、耙斗升降清污卸污的全过程自动控制，电气、机械安全保护措施完善，兼备声光报警，各驱动电机均设有过流、过热保护，运转过载时各电机自动停止并发出故障报警信号，耙斗运行设有清污极限深度、卸污极限高度、打开极限分度和闭合极限角度保护开关，确保运行可靠。

7.6　拦截打捞

各电厂段打捞手段总体包括人工打捞、潜水员打捞、机械化船只打捞、专用打捞清理船只（拖船、打捞船和网兜专用清理船等），以及系统设备打捞（如格栅除污机/鼓网）等，打捞手段总体差异不大，多数电厂均采取人工＋船只＋潜水员（应急情况）的打捞方式，但部分电厂的打捞手段可实现部分机械化功能，如 Y 核电采取了机械化桩基网兜，可实现网兜的自动收放打捞功能，具备自动更换/清理功能，可在应急情况下快速清理更换；Y 核电采取的网兜专用清理船只、T 核电的浒苔打捞船均具备机械化功能，通过借助机械装置辅助人力进行作业，在应急情况下网体拦截杂物量较大时打捞效率更高。

在打捞力量（包括船只和人员）方面，多数电厂根据自身情况进行配置，总体差异不大，但 Y 核电的配置明显多于其他电厂。Y 核电配置日常打捞维护人员约 100 人，船只 25 只，在应急情况下后备约 400 名清理打捞支持人员、60 余艘大小船只等，能在应急状态启动后快速到达现场并开展现场打捞作业。

此外，各电厂针对细格栅堵塞工况下如何进行打捞均缺少研究，除采用吊篮、镰刀/切割刀外，未有较好的技术手段，后续各电厂应加强细格栅水下监测、水下切割技术储备（如细格栅水下切割刀），避免如海龙须草、紫菜等海生物附着在细格栅上无法清理而导致格栅除污机压差升高。

针对不同海生物的拦截和打捞的汇总清单如表 7.7。

表 7.7　不同类型海生物的拦截和打捞汇总

序号	海生物种类	高风险海生物	拦截	打捞
1	飘浮型	浒苔、水葫芦、紫菜、马尾藻、麦秸秆、海地瓜	拦截网（80/50/40 mm）、网兜（10/5/4/3/2 mm）、桩基平台拦污网（50 mm）、桩基式拦污网（两级，2 500/50 mm）、机械兜网（5 mm）、细目网兜（2/3 mm）、拖网（1/2/3/10/12 mm）	人工、潜水员、拖船、常规打捞船、机械化打捞船、机械化兜网清理船、细格栅水下切割刀

续 表

序号	海生物种类	高风险海生物	拦截	打捞
2	浮游型	水母、毛虾、赤潮、浮游幼虫、尖笔帽螺、小鱼虾	拦截网（80/50/40 mm）、网兜（10/5/4/3/2 mm）、升降式粗拦网（50 mm）、浮筒式拦污网（两级，2 500/50 mm）、桩基平台拦污网（50 mm）、桩基式拦污网（两级，2 500/50 mm）、机械兜网（5 mm）、细目网兜（2/3 mm）、拖网（1/2/3/10/12 mm）、毛虾网（4/3/2 mm）	人工、潜水员、拖船、常规打捞船、机械化兜网清理船
3	游动型	小公鱼	网兜（10/5/4/3/2 mm）、升降式粗拦网（50 mm）、浮筒式拦污网（两级，2 500/50 mm）、桩基平台拦污网（50 mm）、桩基式拦污网（两级，2 500/50 mm）、机械兜网（5 mm）、细目网兜（2/3 mm）、拖网（1/2/3/10/12 mm）、毛虾网（4/3/2 mm）	人工、拖船、常规打捞船、机械化兜网清理船
4	附着型	网纹藤壶、僧帽牡蛎、翡翠贻贝	拦截网（80/50/40 mm）、网兜（10/5/4/3/2 mm）、桩基平台拦污网（50 mm）、桩基式拦污网（两级，2 500/50 mm）、机械兜网（5 mm）	人工、潜水员、常规打捞船、机械化兜网清理船
5	潜在型	海链藻、球型棕囊藻	拦截网（80/50/40 mm）、网兜（10/5/4/3/2 mm）、桩基平台拦污网（50 mm）、桩基式拦污网（两级，2 500/50 mm）、机械兜网（5 mm）、细目网兜（2/3 mm）、拖网（1/2/3/10/12 mm）	人工、拖船、常规打捞船、机械化打捞船、机械化兜网清理船
6	海漂垃圾	生活垃圾	塑胶浮排、斜格栅（40 mm）、拦截网（80/50/40 mm）、升降式粗拦网（50 mm）、浮筒式拦污网（两级，2 500/50 mm）、桩基平台拦污网（50 mm）、桩基式拦污网（两级，2 500/50 mm）	人工、拖船、常规打捞船

根据上表清单，结合各电厂实际使用效果优先推荐，针对不同风险源的海生物形成拦截和打捞的良好建议如下：

1. 飘浮型（水面：浒苔、水葫芦、紫菜、马尾藻、麦秸秆、海地

瓜、漂浮垃圾等）

（1）拦截：取水明渠第一道拦截网，桩基式平面网，孔径 50/40 mm（如果取水口周围的漂浮杂物较多，各厂可在取水明渠头部根据自身需求设置一道专用漂浮物拦截网，例如 N 核电的塑胶拦污浮排，可完成拦截大部分竹竿，防止其进入明渠中）。

（2）打捞：机械化打捞船（如 T 核电的浒苔打捞船）。

2. 浮游型（水母、毛虾、浮游幼虫、尖笔帽螺和小鱼虾等）（风险最大）；飘浮型（水下：海带、龙须菜等）；游动型（鱼类等）

（1）拦截：采取永久拦截网和临时拦截网结合的拦截方式

正式拦截措施：根据各核电不同的浮游型优势物种，采用不同形式及孔径的拦截网，例如大型动植物采用平面网，孔径 80/50/40/30 mm；小型动植物采用网兜式拦截网，孔径 10/5/4/3/2 mm。

临时拦截措施：在取水明渠头部外侧或取水明渠内部设置临时备用拦截网安装位置，在以上海生物数量发生异常升高时，快速布防临时拦截网，临时拦截网需要快速下放，并且可以快速收集打捞，例如对于水母，根据水母的大小，设置不同孔径的临时水母网，孔径根据水母大小进行配置；对于毛虾、中华假磷虾，采用孔径不大于 3 mm 的网兜式拦截网。

（2）打捞：多种打捞方式相结合

船只配合人工打捞：依靠船只及人工，对拦截网兜拦截的杂物进行清理转运。

拖船拖网打捞：对明渠或者外海的水中漂浮物进行打捞，可间接了解海水中的海生物数量趋势。

潜水作业：潜水员水下对拦截网拦截的杂物进行清理。

（3）改进方向：目前各家电厂针对浮游型和漂浮型（水下）海生物的拦截和打捞方式总体效率较低，针对网面清理和水下打捞除人工外无良好实践，建议开展共性科研，详见 5.3 节，各电厂根据自身风险源进行相应的改进或配置。

3. 附着型（网纹藤壶、僧帽牡蛎和翡翠贻贝等）

（1）拦截：威胁较小，主要附着生长于拦污网上，无需专门拦截措施。

（2）打捞：通过在拦污网上涂刷防海生物附着涂料、定期进行网体清洗及网体更换，避免大量海生物附着在网体上影响网体拦截能力及使用寿命。

4. 潜在型（海链藻、球型棕囊藻）

（1）拦截：依靠专用黏土进行消杀，黏土通过消杀装置洒入既定的区域范围之内，附着在藻体表面，使其沉底。

（2）打捞：消杀后沉底，无需打捞。

第 8 章　冷源系统运维管理

8.1　冷源系统简介

海水作为核电厂的终端冷源，肩负着核电厂重要设备冷却的使命，对核电厂的安全运行起着至关重要的作用，冷源一旦丧失，机组将面临停机停堆风险，因此采取一系列措施确保冷源安全至关重要。

以 C 核电厂为例，冷源按取水流道分为进水明渠、取水头部至前池取水暗渠、前池至鼓网暗渠。进水明渠如图 8.1 所示。在进水明渠内，海水从环抱堤流进，途经升降式、人字型、网兜式、浮筒式 4 道拦污网，在环抱堤和 4 道拦污网的作用下，绝大部分海生物和垃圾不能进入 PX（泵房）前池。

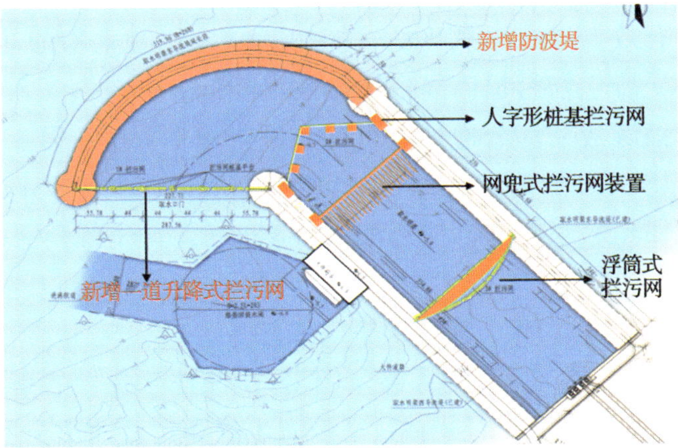

图 8.1　进水明渠图

在取水头部至前池取水暗渠内，暗渠在结构设计上存在高度差，海水依靠重力流进 PX 泵房前池（图 8.2）。前池至鼓网暗渠设置有细格栅、鼓网等拦污设备，细格栅处进行重力加药去除海生物。经过处理合格的海水再经海水升压泵送至用户，最终由CC跌落井排至大海。

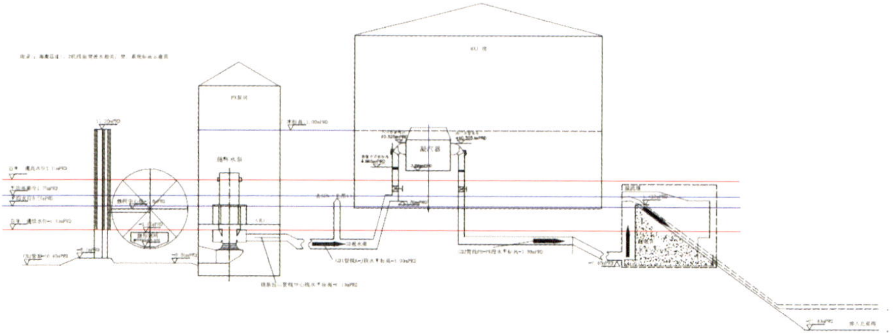

图 8.2　C核电厂1、2号机组泵房进水至常规岛凝汽器的标高示意图

8.2　冷源系统运行管理

8.2.1　冷源杂物清理

（1）海生物处理

循环水处理系统（CTE）通过电解海水产生最大浓度为2 132 mg/L的有效氯，有效氯具有强氧化性，能抑制或杀死海生物的幼虫或孢子，防止各回路受海生物污损而导致传热效率降低。

次氯酸钠溶液一部分通过重力自流进入PX泵房1号、2号机组的CFI加氯框及SEC加药点，加药浓度为1 ppm。另一部分通过冲击加药泵定时投加到取水头部，加药浓度为3 ppm，冲击加药系统根据需要投运，每次1 h。

（2）海工垃圾清理

在PX泵房，循环水过滤系统（CFI）反冲洗泵提供的高压反冲洗水将鼓型滤网、细格栅除污机拦截过滤的海生物和垃圾冲洗至反冲洗流道，通过回转式格栅除污机自动打捞，大大提升了清理人员的作业效率。

8.2.2　冷源系统运行原理

（1）拦污网

环抱堤至CB1（取水闸门井）厂房总共布置4道拦污网，按形式依次为升降式拦污网、人字型拦污网、网兜式拦污网、浮筒式拦污网，其具体尺寸如表 8.1 所示。

表 8.1　C 核电取水明渠拦污网布置

类别	尺寸
升降式拦污网	50 mm×50 mm
人字型拦污网	30 mm×30 mm
网兜式拦污网	10 mm×10 mm
浮筒式拦污网	50 mm×50 mm

（2）粗格栅

粗格栅（图 8.3）主要由粗格栅本体和导轨组成，置于取水系统的入口处，潜孔格栅孔口上部直到操作平台设有基础护墙。用于拦截大块（>200 mm）漂浮物。

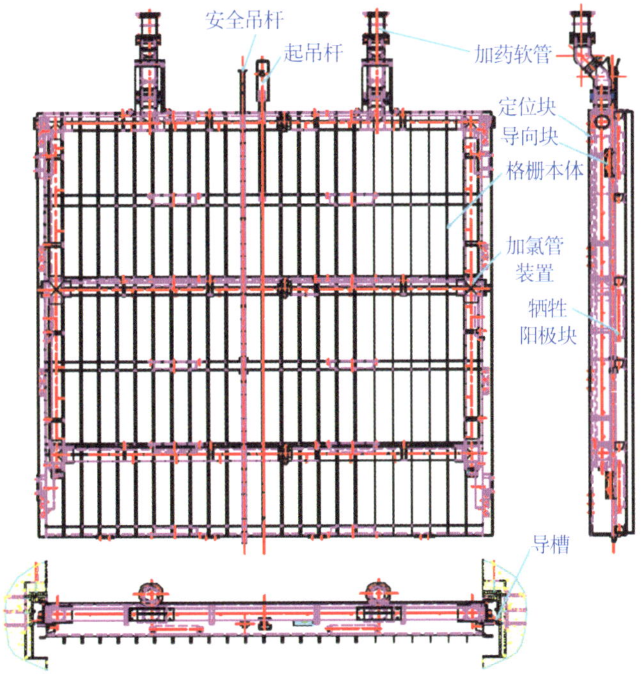

图 8.3　粗格栅外形图

粗格栅为可拆卸的，可以从格栅导槽中降下和提升（图 8.4）。粗格栅导向导轨和支撑角钢固定在水室墙壁上。粗格栅两侧板上的尼龙导向块与沿水室墙壁上的导向轨道相配合，在安装和检修时可用起吊梁将其放入水室内就位，靠在粗格栅支撑角钢上，或将其从水室中提升出来。粗格栅上装有触底传感装置，当粗格栅接触水室底部时，它可使起吊梁上的互锁杆释放，起吊梁吊钩脱开。该装置能保障在粗格栅下降过程中一旦有卡阻情况，可以阻止吊钩脱扣危险情况的发生。粗格栅本体和导槽采用外加电流进行阴极保护。

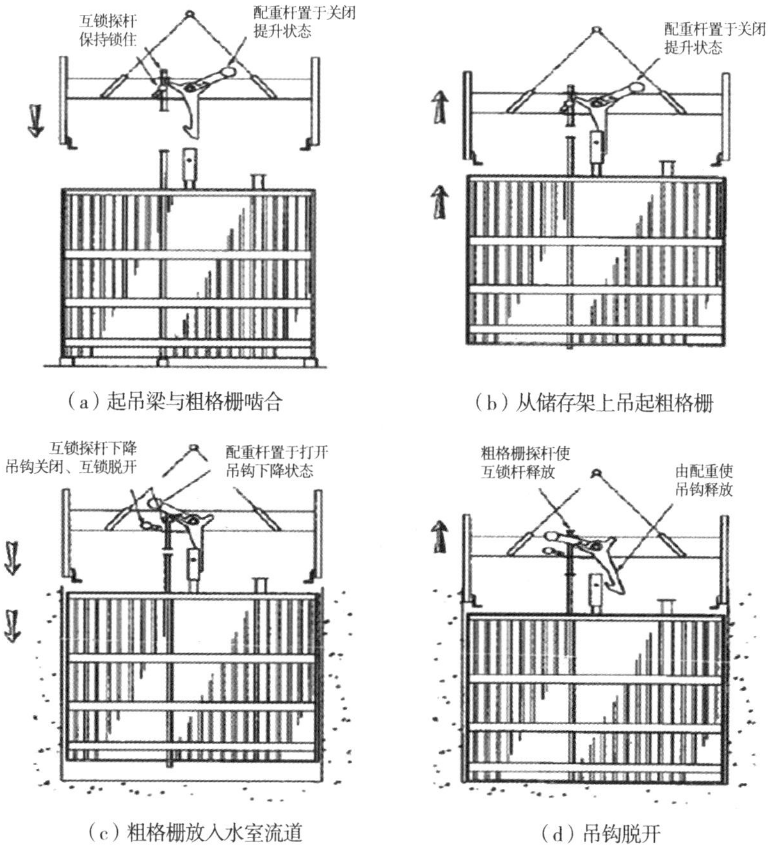

图 8.4　粗格栅就位布置示意图

(3) 细格栅及格栅除污机

细格栅位于前池和鼓型滤网之间，由矩形截面栅条焊接制作，用于拦截进水流道中漂浮的垃圾。细格栅被螺栓连接在进水渠道墙壁的格栅支撑件上，可拆卸。细格栅以上直到操作平台之间是水室护墙。

格栅除污机主要由机架、升降传动机构、清污耙、耙斗翻转机构、刮刀组装、钢丝绳、安全保护装置及电气控制部分等组成，安装在上部平台上。

格栅除污机既能手动投运也可自动运行。以 C 核电为例，格栅除污机投入自动运行，当细格栅除污机液位差达到 0.12 m（H1：高一报警值）时，自动启动每列的 2 台格栅除污机直至液位差降低至 0.09 m 以下。海工良好状态下，每 8 h 自动启动 1 次格栅除污机，清理细格栅积累的海生物及塑料袋等垃圾。

升降传动机构主轴由无缝钢管和圆钢制作，其上有 3 个钢丝绳螺旋槽。主轴由 2 个轴承座支承安装在机架上，机架安装在平台上。带制动器的轴装减速电机安装在主轴的一端。耙斗翻转机构由电动推杆、支架和导向滑轮组成。清污耙由带 4 个导向滚轮的小车和可在小车上翻转一定角度的清污耙斗所组成，清污耙在其专用轨道内上下行走。安全保护装置主要有松绳保护、过载保护、行程限位保护及电气控制的有关保护。

格栅除污机通过轴装式减速电机驱动，清污耙由缠绕在升降传动机构主轴上的 3 根钢丝绳控制，实现清污耙的提升、下降和翻转动作。两侧的 2 根钢丝绳连接在耙子的两端，控制清污耙升降，中部钢丝绳与耙斗的中部相连，控制耙斗翻转，使耙齿插入或是脱离格栅。

清污耙在上端初始位置时，提升减速电机启动清污耙靠自重下降，延时后翻转机构控制中部钢丝绳使耙斗打开，耙齿离开格栅面一定距离，到达底部后，行程控制装置使减速电机停止，清污耙停止下行，同时翻转机构控制中部钢丝绳使耙斗闭合，耙齿与格栅条啮合。然后提升减速电机反转，带动清污耙上升清污，到达卸污工位时，由卸污刮板卸污，污物经导污板落到排污槽内，完成一个工作循环。

（4）鼓型滤网

鼓型滤网由一个旋转的筒形骨架结构组成，在骨架圆周方向上安装有过滤网片。水流从端面两侧进入鼓型滤网，经过网片上的网孔过滤后流到鼓型滤网外面（网内进水，网外出水）。当鼓型滤网旋转时，捞污斗及网片内侧捕集到的垃圾被提升到操作平台上方，由鼓型滤网网片外面喷射的冲洗水冲入集污斗中排出。旋转骨架结构用型钢制作，由安装在主轴上的 2 个轮毂支撑。主轴两端用安装在具有防水密封结构的轴承座内的双列调心球面滚子轴承支承，轴承座内的润滑油从安装在鼓型滤网操作平台上两侧的带有低油位报警信号的油箱供给。鼓型滤网采用涂漆和牺牲阳极相结合的阴极保护方式。鼓型滤网和水室基础墙之间设有密封装置，用沿鼓型滤网边框架以支承板、压板和紧固件固定的预制截面形状的柔性密封橡胶板，同水室基础墙密封板上的低摩擦系数的密封板表面相接触，实现无间隙密封，防止污物从间隙中漏过去。每个网片用螺栓、螺母安装在鼓型滤网外缘周边，并具有互换性。在鼓型滤网内侧水平主横梁上沿整个宽度安装有捞污斗，协助捞取网片不能粘附的较大垃圾污物。鼓型滤网设有维护平台，用来接近和维护冲洗水喷嘴。

鼓型滤网旋转时，网片和捞污斗捞上垃圾一同转到操作平台上方主辐条两侧的排水槽处，在网片上方、沿鼓型滤网整个宽度设置的 2 根 100％容量的冲洗水管上排列的一系列喷嘴喷出的冲洗水将垃圾冲入排水槽中。喷嘴连接在冲洗水管上，便于清洗、更换。冲洗水管由设有检修门的护罩密封，便于检查冲洗水喷嘴。冲入排水槽的垃圾和冲洗水一道被排入操作平台基础上预制的排污沟中。

机组正常运行时，鼓型滤网以低速（线速度 2.5 m/min）投入自动运行，当任一鼓网液位差压达到 0.15 m（H1：高一报警值）时，鼓型滤网切至中速运行（线速度 10 m/min）。当 3 套液位计的其中 2 套监测到鼓网内外液位差达到 0.25 m（H2：高二报警值），鼓型滤网从中速切换至高速运行（线速度 20 m/min）。当 3 套液位计的任何 1 套监测到鼓网内外液位差达到 0.3 m（H3：高三报警值）时，主控触发报警提醒运行人员对鼓网进行检查。当 3 套液位计的任何 2 套监测到鼓网内外液位差达到 0.8 m（H4：高四报警值）时，循环水泵脱扣。

鼓型滤网结构形式如图 8.5 所示。

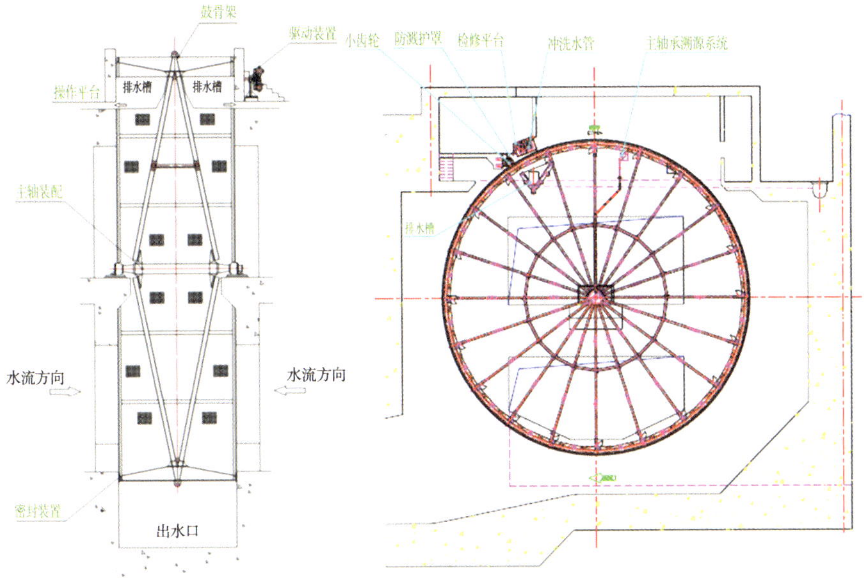

图 8.5　鼓型滤网结构形式

鼓网液位示意图如图 8.6 所示。

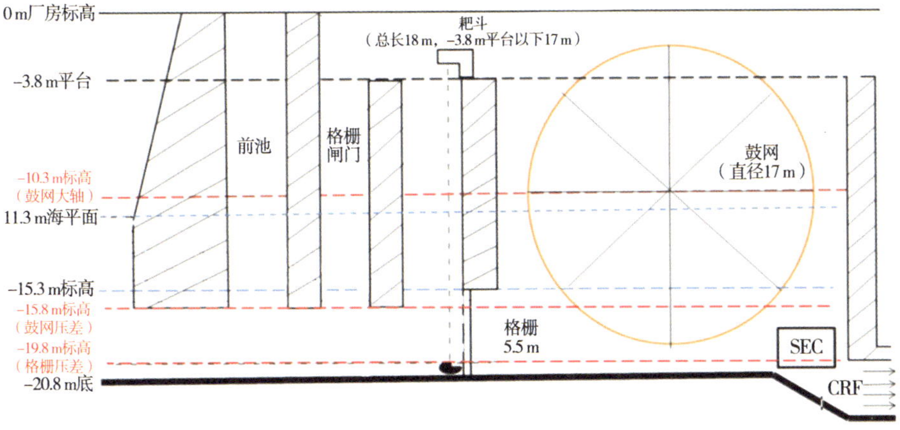

图 8.6　鼓型滤网液位

8.2.3 冷源系统运行状态监测

海工运行监视主要包括日常现场巡检、专工每周定期巡检、主控监视相关参数三部分内容。

（1）当班值每班巡检 PX 泵房 2 次，巡检内容包括检查 PX 泵房冲洗流道是否存在海生物及其垃圾、记录鼓网和格栅液位及液位差、检查鼓网电机运行是否正常等。

（2）专工定期对 CB1 厂房和取水明渠进行巡检，每周 2 次。主要包括检查取水明渠海工状况、记录取水头部液位、检查 CB1 厂房是否存在异常等。

（3）主控监视的参数主要有格栅液位和压差、鼓网前后液位和压差，以及各二次滤网（SEN \ CRF）和 SEC 贝类捕集器压差，并形成一体化监测显示，如图 8.7 所示。

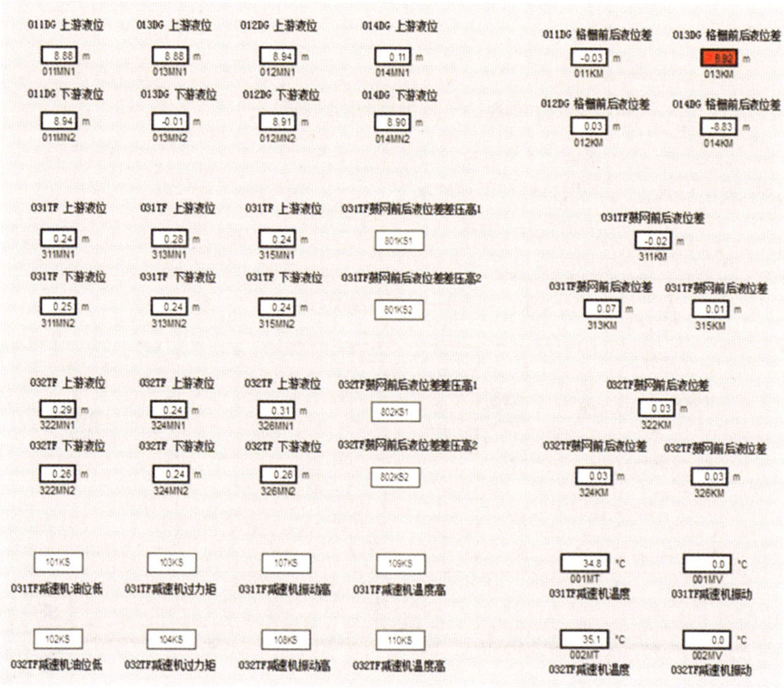

图 8.7　核电厂主控室一体化监视页面

8.2.4　冷源系统运行应急干预

主控实时监视海工情况，通过监视细格栅前后液位差、鼓网前后液位差是否出现异常，以及海生物的垃圾量，按照响应启动条件要求分别进入相应的应急响应，C 核电 1 号、2 号机组按照海工恶化严重性从高到低依次设置一级响应、二级响应和三级响应。根据响应等级采取不同的干预行动。

8.3　冷源系统维护管理

8.3.1　总体情况简介

冷源系统的维护主要包括对 CA 取水明渠、CB1 厂房粗格栅、CB2 取水隧洞、PX 泵房及其 MX 常规岛厂房有关海水回路相关的 CFI、CRF、SEC 和 SEN 系统设备及设施进行维护。维护工作内容包括日常维护和大修。日常维护包括定期巡查、清理、预防性维修和消缺等工作，大修包括 CFI \ CRF \ SEC \ SEN 等相关系统设备停运后的检查及维护等工作。

8.3.2　取水明渠巡检、清理及维护

（1）维护工作对象

海水取水明渠主要对一字型桩基式拦污网（图 8.8）、人字型桩基式拦污网（图 8.9）、网兜式拦污网（图 8.10）、浮筒式拦污网（图 8.11）及海生物暴发时临时布设的拦污网的网具及附属物进行岸堤、水面及人员下水清理、维护和修补，在大量海生物入侵或垃圾涌入的情况下组织应急打捞，以保障机组安全稳定运行，不受冷源异常事件影响。

图 8.8　一字型桩基式拦污网

图 8.9　人字型桩基式拦污网

图 8.10　网兜式拦污网

图 8.11　浮筒式拦污网

（2）维护工作频度

明渠拦污网设施维护工作频度如表 8.2 所示。

（3）电厂打捞力量配备

各电厂打捞手段总体包括人工打捞、潜水员打捞、机械化船只打捞、专用打捞清理船只（拖船、打捞船和网兜专用清理船等），以及系统设备打捞（如格栅除污机/鼓网）等，打捞手段总体差异不大，多数电厂均采取人工＋船只＋潜水员（应急情况）的打捞方式，但部分电厂的打捞手段可实现部分机械化功能，如 Y 核电采取了机械化桩基网兜，可实现网兜的自动收放打捞功能，具备自动更换/清理功能，可在应急情况下快速清理更换；Y 核电采取的网兜专用清理船只、T 核电的浒苔打捞船均具备机械化功能，通过借助机械装置辅助人力进行作业，在应急情况下网体拦截杂物量较大时打捞效率更高。

表 8.2　明渠拦污网设施维护工作表

设施名称		主要工作内容	频度	备注
取水明渠拦截过滤设施	一字型桩基式拦污网	一、二级网片检查、维护及更换	每日	根据检查情况及维保要求决定各个部位的清理、维护、更换时间
		铜合金网检查及更换	水面每日，水下每月	
		杂物及垃圾检查和清理	每日	
		水下锚链及卸扣检查和更换	每月	
		桩筒表面检查、清理及维护	每日	
		拦污网其他部件检查、清理及维护（绞车、围栏等）	每月	
	人字型桩基式拦污网	一、二级网片检查、维护及更换	每日	
		铜合金网检查及更换	水面每日，水下每月	
		杂物及垃圾检查及清理	每日	
		水下锚链及卸扣检查及更换	每月	
		桩筒表面检查、清理及维护	每日	
		拦污网其他部件检查、清理及维护（绞车、支架、围栏等）	每月	
	网兜式拦污网	网兜检查、清理、更换、修补及姿态调整	每日	
		侧边平网检查、维护、更换	每日	
		水面与水下缆索及固定点检查、维护及更换	水面每日，水下每月	
		拦污网其他部件检查、清理及维护（岸边锚环、锚链等）	每日	
	浮筒式拦污网	检查、维护、更换网片	水面每天，水下每月	
		检查、维护、更换浮筒	每天	
		检查、维护、更换水面主缆、水下主缆、竖向主缆	每天	
		水下锚链及卸扣检查、更换	每月	
		杂物及垃圾检查、清理	每天	
	临时密目网布设	在明渠布设主缆及细目网	根据需求布设	
		根据布设情况进行调整	根据需要调整	
		日常巡查及维护	每天	
		细目网的拆除及清洗	根据需要开展	
	明渠近岸	明渠东堤垃圾及杂物清理	每天	
		明渠两侧垃圾和漂浮物清理	每天	
		明渠日常巡检	每天	

在打捞力量（包括船只和人员）方面，多数电厂根据自身情况进行配置，总体差异不大，但Y核电的配置明显多于其他电厂，Y核电配置日常打捞维护人员约100人，船只25只，在应急情况下后备约400名清理打捞支持人员，60余艘大小船只等，能在应急情况下快速到达现场并开展现场打捞作业。

调研国内部分核电冷源冷源打捞力量配备如表8.3所示。

表8.3　各电厂打捞力量配备情况

电厂	打捞手段	日常打捞力量	应急情况外部打捞力量
N核电	主要靠人力，机械化程度不高： • 拖船 • 人工 • 潜水员：主要针对水母 • 格栅除污机和鼓网	人员：35人 船只：11艘打捞船只，3艘海生物捕捞船	外部应急打捞船只可达30艘，在2 h内到达现场
Y核电	• 拖船 • 人工 • 潜水员 • 机械兜网：可自动收放网打捞 • 格栅除污机和鼓网 • 设有兜网清理船、临时网清理船、多功能捕捞船，另设置有船只转运平台、海生物转运平台、兜网更换平台	人员：约40名日常捕捞人员，6～8个潜水班组 船只：25艘，包括兜网清理船、临时网清理船和多功能捕捞船等	后备约400名支持人员（清理打捞），60余艘大小船只等
F核电	• 人工 • 潜水员 • 格栅除污机和鼓网	人员：13人 船只：7艘	取水明渠日常期间配置7艘待命船只，另与周边渔民签订协议，应急情况下从外部调动8艘应急船只，每艘船只配备3人，共计45人
Q核电	隧道取水，无拦污网，日常主要针对格栅和鼓网进行人工打捞 • 格栅除污机和鼓网 • 船只：针对水葫芦 • 人工	人员：8人 船只：4艘	在海水泵房旋转滤网及取水口清污机处进行巡检、捞渣发现垃圾量远超正常情况，及时报告主控，现场作业人手增派视具体情况而定

续　表

电厂	打捞手段	日常打捞力量	应急情况外部打捞力量
T 核电	• 漂浮物打捞船 • 人工 • 潜水员 • 格栅除污机和鼓网 • 浒苔打捞船：取水明渠北堤配置单车道，堤头配置浒苔打捞船（5—8 月）、浒苔垃圾接卸码头、专用垃圾堆场、浒苔垃圾运输专用道路，可实现机械化打捞	人员：15 人 船只：3 艘	与当地渔民建立联系渠道和响应机制（如与当地渔民签订应急响应协议），在发现大量致灾漂浮物或海生物的应急期间通知当地渔民及船只进入取水明渠区域进行打捞，增加打捞能力
S 核电	• 人工：清理旋转滤网杂物坑 • 潜水员 • 拦污栅、旋转滤网	人员：6 人	旋转滤网清理应急 24 人；潜水员打捞 6 人，备用 6 人； 拖船 1 艘，漂浮物打捞船 2 艘
C 核电	• 拖船 • 人工：抄网、拖网、小型机动船和拖网打捞船等 • 潜水员 • 格栅除污机和鼓网	人员：15 人 船只：3 艘	与电厂附近海域渔民签订的打捞租赁协议（含作业船只及人员）： 具备 12 h 内不少于 20 艘小型机动船抵达； 具备 36 h 内不少于 1 艘外海拖网打捞船抵达

（4）日常维护工作流程

按照维修规程、厂家及设计维护手册要求，对于拦污网水上部分采用工作船作为作业平台，人工配备工具进行清理及维护；拦污网水下部分网体及构件的清理、修补和更换主要采用潜水员水下完成或船上吊机完成。水面作业按照 ISP1 级工业安全高风险作业管理，潜水作业按照 ISP2 级工业安全高风险作业管理。日常维护工作流程如图 8.12 所示。

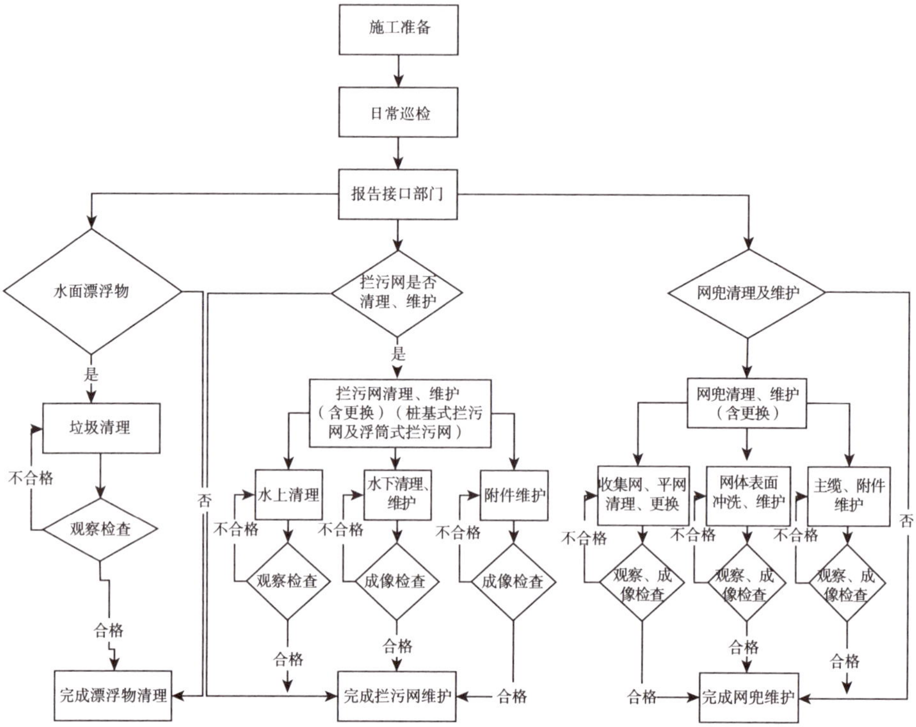

图 8.12　日常维护工作流程图

8.3.3　海水取水隧洞海生物消杀、清理及维护

C 核电在运的 2 台机组各有 1 600 m 的取水隧洞，隧洞直径为5 m。为防止海生物生长，日常期间在取水口 CB1 厂房粗格栅位置进行加药，以抑制海生物在取水隧洞内的生长。取水隧洞在大修期间需根据水头损失计算核实情况、上一次隧洞清理的周期、清理工作量、大修工期、人力及安全管控等情况综合考虑隧洞的清理工作。清理的方式需采用机械清理和人工清理结合，以进一步提高效率及安全性，后续逐步以自动清理机器人方式代替人工清理方式。

8.3.4　PX 泵房鼓网反冲洗流道巡检、清理

以 C 核电为例，日常期间，PX 泵房每天巡检 1 次，东侧流道处安排 2 人全天值守清理流道垃圾，流道海生物贝壳清理的标准为：

（1）无明显贝壳堆积（堆积不得超过 10 cm）。

（2）每天清理流道贝壳 2 次，当天所清理出来的贝壳，第二天必须清运出厂。

8.3.5 冷源相关系统设备巡检及维护

以 C 核电为例，海工相关系统主要有：循环水过滤系统（CFI）、循环水系统（CRF）、重要厂用水系统（SEC）、常规岛辅助冷却水系统（SEN）4 个系统。自 2020 年以来，对海工相关系统执行了机械设备 PM 预维项目 747 项，执行了消缺项目 215 项。通过执行预维项目，对海工相关系统的设备进行了相关维护，整体运行状态良好。海工相关系统的设备缺陷主要有：

（1）在流道上新增的 3 台除污机运行有异音，在格栅除污机上自主设计增加的耙齿有变形，通过处理，能够恢复使用。

（2）管道、法兰和盘根等处有渗水，通过在线紧固、补焊和更换垫片等方式，能够将缺陷消除，设备恢复可用。

（3）SEC 泵有闪发高报现象，通过在线调整支架，可以使振动恢复正常范围。

根据对冷源设备预防性检查和缺陷处理情况统计分析，海工环境对周边电气设备腐蚀严重，加快设备老化，应加强相关设备巡查，对锈蚀严重设备需及时处理。主要有 3 项内容：

（1）格栅除污机就地控制箱因环境腐蚀严重，操作按钮等故障率较高，甚至内部有短路现象发生。改进措施：已通过技术改造更换防护等级、防腐等级较高的控制箱，现场已投入使用，效果良好。

（2）格栅除污机上下限位开关因使用时间久，灵敏度降低，故障率也较高。改进措施：先对故障频繁的限位开关进行更换新备件，后续通过技术改造更换可靠性高的限位开关进行改进。

（3）格栅除污机过载报警开关因环境腐蚀、密封不严等原因故障率也较高。改进措施：对过载开关进行打密封胶加强密封效果，后续通过技术改造更换限位开关支架并增加限位开关防雨罩进行改进。

在海工相关仪控设备方面，近 1 年主要缺陷为：

（1）部分振动探头测量不准：2SEC202MV、2SEC401MV、2SEC203MV。

（2）部分仪表及仪表管腐蚀生锈：2SEC032SP 仪表管生锈、2SEC031SP 仪表管接头生锈、1SEC032SP 仪表接头生锈、1SEC021LP 仪表管表面多处锈蚀、1SEC032SP 压差盒表面锈蚀及 2SEC004MP 排污堵头锈蚀等。

（3）CRF 相关仪表接线松动：主控触发 1CRF211KA（001MO U 相绕组温度高），发现 1CRF111MT 由 69 ℃突然上涨至 151.2 ℃，电气热成像正常，仪控紧急票处理。DCS 逻辑 1CRF111MT、1CRF121MT、1CRF131MT 高 2 信号三取二自动停运 2CRF001PO，如果 1CRF121MT、1CRF131MT 任意 1 个触发高 2 报警将导致 2CRF001PO 停运，引起机组降功率。仪控人员紧急票处理发现 1CRF111MT 就地转接箱接线松动，紧固后恢复正常显示。针对 1CRF111MT 接线松动问题，仪控在小修期间对 1CRF001PO 所有接线箱内接线进行了检查（01825999-01），其中 5 个线鼻子缺失已重新安装，1 个端子损坏已切换至备用端子。

（4）运行决策 2CRF101LN 漏油：2021 年 1 月 5 日，2CRF001PO 下轴承油位低，机械开票（工单：01779487-01）对其进行补油及漏点进行检查，检查过程中发现油杯（位号：2CRF101LN）的玻璃柱处有漏油，同时油位已到低限报警值但 2CRF101SN 未报警，2CRF101SN 的浮子与玻璃柱外部有接触，浮球未跟随油位变化，致使低报未触发。如果未及时发现 2CRF101LN 油位低并补油，将导致 2CRF001PO 的轴承损坏，循泵停运，机组降功率。采取的措施为日常加强巡检（维修每天 1 次，运行每班 1 次），发现 2CRF101LN 油位低于可视最低油位，立即联系机械进行加油；204 大修更换 2CRF101LN。

8.4 冷源系统改造管理

冷源系统改造管理应从取水流程设计改进、冷源系统设备监测优化和既有拦截设施改造等方面入手开展。

8.4.1　取水流程设计改进

良好的取水流程设计包括围堤的防护和引导，能够有效缓解海面风及波浪对拦污设施的冲击作用，也能减轻其对杂物的裹挟和推进，是冷源杂物防控的基础。

以 C 核电厂为例，2018 年起开始策划并实施海工优化工程，该项目设计方案经充分评估及多次专家论证和评审，并进行了波浪和拦污网的数模和物模试验、取水海域水动力流场分析等多个专题研究，最终确定了东堤延长，并向西北转向、弧形掩护的方案。优化工程防波堤总长约 569.96 m，能够防止杂物进入明渠，同时掩护口门，防止杂物在常年主导风向和浪向作用时进入明渠。该项目在口门处设置桩基式拦污网，具有很好的抗风浪冲击能力，拦污网的拦截能力和稳定性大大增强。口门处水深约 8～9 m，能够防止波浪破碎带形成，从而避免泥沙及贝类杂物被卷吸进入明渠的情况。另外，口门朝岸方向布置及防波堤的掩护使得进入明渠的波浪高度明显改善。既减少了海浪和杂物对拦污网的冲击，增强了拦污网的使用寿命，又降低了波浪携带杂物的能力，使得进入明渠的杂物数量大为减少。防浪堤改造后未出现过明渠内浪涌高度超过 0.5 m 的情况，原来由于东北风带来的大量海生物和海洋垃圾未再次大量进入明渠内部。

8.4.2　冷源系统设备监测优化

电厂冷源系统监测方式、监测手段等设计改进优化，包括冷源系统设施设备水位及液位差报警、安全厂用水泵入口压力、循环水泵出口压力等重要参数远传至主控集约化监测，取水口海生物监测及预警系统开发，鼓网液位监测设备多样化、监测量程扩大化改进，以及取水明渠及前池增设就地液位计等。上述设计改进是防止堵塞物过量聚集和不受控发展的有效方法，也是电厂冷源应急情况下机组监测、后撤决策的有力手段。

以 C 核电厂为例：

（1）1、2 号机组主控增加格栅除污机和鼓网实时液位、液位差及鼓网 H1/H2 液位差报警、安全厂用水泵入口压力、循环水泵出口压力等。解决主控无法显示格栅除污机及鼓网的实时液位、液位差及主控无 H1/H2 液位差报警、安全厂用水泵入口压力、循环水泵出口压力等信号，只能通过现场人员监视的弊病。实现机组海工工况异常时可以提前预警，并根据冷源系统设备相关参数变化及时采取对应的机组运行控制措施。

（2）增设海生物预警监测系统。为了能够对取水口附近海域的致灾生物进行监测预警，C 核电联合中船重工 719 研究所共同研发一套取水口致灾生物监测预警系统。系统结合 C 核电取水口地理特征、海洋环境和潜在威胁致灾生物信息，通过一系列探测设备配合历史数据及海洋信息，形成一套集成度高、智能化强的监测预警信息平台。系统主要包括水下监测系统、水面监测系统、小型气象站和信息处理平台。

水下监测系统使用 3 台宽频数字扫描声呐，其中 2 台声呐（1＃、3＃声呐）朝向取水口外海，以确保取水口附近 300 m 范围内水体全垂直断面得到实时监测，同时 2 台声呐可实现探测信息的交叉确认，提高探测精度；另外 1 台声呐（2＃声呐）朝向取水口明渠内侧，确认水下是否有集群异物进入明渠内部。在前期的现场探测试验中，该系统可以对水下的水母、海藻、鱼虾及大型漂浮物等标志物进行识别。

水面监测系统分别采用 1 台双光谱摄像机（1＃摄像机）、2 台远程高清摄像机（2＃、3＃摄像机）和 2 台中程高清摄像机（4＃、5＃摄像机），可以通过无人值守自动巡航模式实现挡浪堤外延约 2 km 范围内海域、取水明渠海域及拦污设施的实时监视；其中双光谱摄像机还可以应对零光照、浓雾等突发气象情况。

信息处理平台收集现场各探测系统的信息，并配合人工智能算法，对采集的信息进行分析处理，同时配合海洋气象信息、卫星云图信息、人工巡检信息，计算得出包括致灾物种类、数量、方位和致灾概率等高阶预警信息，配合电厂应急方案，自动触发预警通知，为电厂运行人员提供充足的应对时间。

（3）取水明渠及前池增设就地液位计。对于监测取水明渠同前池液位差（即取水隧道因海生物滋生引起的水损增加等）趋势变化、因粗格栅等取水明渠拦截装置堵塞引起前池液位下降等能进行有效监测。

（4）鼓网超声波液位计改为高频雷达式液位计。原设计每台鼓网液位计为 1 组超声波液位计和 2 组静压式液位计，但机组运行过程中发现超声波液位计测量不准，经常触发鼓网液位差大于 0.8 m 的虚假信号，导致机组存在循环水泵自动跳闸等机组瞬态。后经过改造将超声波液位计改为高频雷达式液位计，目前运行情况良好。

（5）将鼓网液位计监测量程扩大化，提升静压式液位计低潮位工况下运行可靠性。目前拟通过采用 HDPE 结构方案在原玻璃钢管道基础上新增向下延伸管道，以及将鼓网后静压式液位计、雷达式液位计移位至排水井。不仅解决了鼓网静压液位计在低潮位时，水室内海水水面与静压式液位计探测下限接近，水下压力信号波动较大，导致液位计测量出现偏差的情况，更解决了低潮位工况下鼓网前后液位监视、液位差保护信号不能有效触发的弊端。

8.4.3　现有拦截设施改造

系统和设备的运维管理和持续改造是维持冷源系统功能的基础，包括对构筑物设施、拦污设备升级改造等方面，应伴随堵塞物防控的全过程进行。提升鼓网运行可靠性及控制优化、贝类捕集器孔径优化、取水明渠拦污网布置及优化，以及提升鼓网反冲洗水杂物排除能力等均是电厂冷源系统拦截设施设备改造的方向。

以 C 核电厂为例：

（1）1、2 号机组鼓型滤网驱动减速机换型改造。1、2 号机组鼓型滤网电机和组合减速机原设计为立式悬挂安装，正常时处于低速运行模式，海工情况恶化、海水中含有大量杂质时，根据压差控制启动中速或高速运行模式。根据近年运行经验，该形式减速机在运行过程中，尤其中高速运行模式下故障率高，已多次发生驱动电机振动大，减速机发热、蜗轮磨损、轴承碎裂和锁紧螺栓断裂等问题，导致鼓网不能正常运行。203、104 大修期间将鼓型滤网电机和减速机由立式悬挂安装改为卧式型式安装（鼓型滤网驱动机构修改为 1 台低速电机，1 台中高速双速电机，配套 1 台卧式双输入减速机）。实施改造后，2 台机组鼓网一直保持安全稳定运行，鼓网减速机振动、轴承温度等重要参数均在标准范围内，大大提高了2台机组鼓网运行的可靠性。

(2) PX泵房新增捞渣除污设备增加冲洗水源改造。在台风期间1、2号机组循环水过滤系统垃圾量大，人工清理难度大、风险高，为节约人力成本，提升反冲洗排水渠和鼓网集污斗的除污能力，在PX泵房反冲洗排水渠分别设置了1台3.6 m回转式除污机（9CFI001DG）、1台8.5 m回转式除污机（9CFI002DG）、1台齿盘式除污机（9CFI003DG）和传送带。

(3) 1、2号机组鼓网增加手动切换鼓网至高速运行方式。原设计鼓网高速运行只受鼓网液位差高2信号控制，无法手动将鼓网切换至高速运行模式。但当鼓网发生严重堵塞时，及时将鼓网手动切至高速运行模式对带出流道中的垃圾，特别是小的絮状杂物作用很大，效果明显。

(4) SEC系统贝类捕集器孔径由2 mm改为3 mm。原设计贝类捕集器孔径为2 mm，贝类捕集器堵塞频发，给冷源的可靠性造成很大压力，特别是鼓网和格栅除污机反冲洗水直接回流到泵房前池的位置在2号机组B列的位置，导致2号机组B列堵塞尤为严重，从2016年7月至2018年底共因堵塞清洗了48次，亟需改进。实施改造以来，SEC系统贝类捕集器未出现堵塞现象，下游板式换热器各项参数与扩孔前相似，无报警或劣化迹象，板式换热器板片没有磨损冲刷的痕迹，达到改造预期效果。

(5) 取水明渠拦污网布置及优化。原设计取水明渠设置2道拦污网，分别为80 mm和50 mm的直面网。2016年台风莎莉嘉事件和2018年海藻入侵事件充分表明取水明渠原设计拦污网拦截堵塞物能力较差，对后端PX泵鼓网等过滤设施设备运行造成很大压力，最终导致机组停机停堆。2018年海藻入侵事件后，取水明渠陆续并最终布置不同孔径的4道拦污网，分别为口门桩基式拦污网（50 mm×50 mm）、人字型拦污网（30 mm×30 mm）、网兜式拦污网（10 mm×10 mm）及浮筒式拦污网。4道拦污网的布置遵循纵深防御理念，能有效拦截杂物，减少运维工作量及降低工作风险，同时布置3 mm×3 mm的临时细目网以作应急使用，保障机组安全稳定运行。

8.5　中广核集团冷源系统改造

8.5.1　拦清疏导介绍

中广核取水改进设计的重要思路为拦清疏导（图 8.13 及图 8.14），涉及系统包括 CFS/CFI/CRF 等，其中 CFS（循环水监测与预过滤系统）为新增正式工艺系统；涉及子项取水口/明渠/港池/联合泵房及 SEC 廊道/核岛厂房/常规岛厂房。

新增 CFS 功能定位为监测预警、早期响应、大通流面积下的预过滤功能，以及分担鼓网负荷。常态拦截目标为 5 mm 以上漂浮物及海生物（如毛虾）；应急拦截时，通过快速布放细目网（2 mm、3.5 mm 等），可实现应急拦截 2 mm 以上海生物（如笔帽螺），用后即拆。

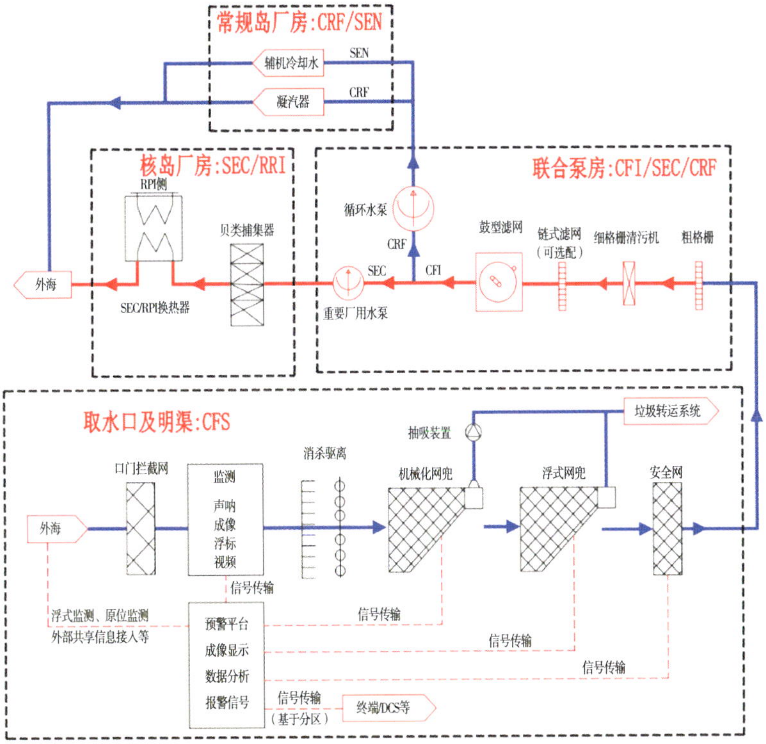

图 8.13　拦清疏导流程

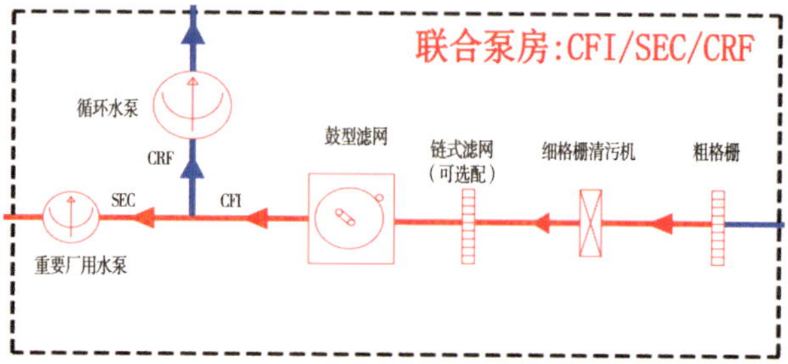

图 8.14　联合泵房流程

CFI（泵站循环水过滤系统）现状：粗格栅（200 mm）至细格栅清污机（50 mm）至鼓型滤网（内进外出，3 mm）。

拟改进项包括：

（1）粗格栅：过滤精度优化、配置自动清污机、结合 CFS 系统优化取消的可行性分析及替代设备。

（2）细格栅：提升清污能力。

（3）链式滤网：以 5 mm 以上生物为拦截目标，分担鼓型滤网负荷（选配）。

鼓型滤网及其相关系统改进包括：

（1）外进水鼓网应用。

（2）电机功率提升。

（3）卧式电机应用。

（4）高低压冲洗。

（5）鼓网转速提升。

（6）逻辑控制改进。

（7）流速控制优化。

（8）底部抽吸装置。

（9）捞污斗改进。

开展设备研发及应用，“外进内出鼓网＋底部抽吸装置”应对暴发性海生物、漂浮物等更有优势，如图 8.15 所示。还采用与实施了卧式电机、逻辑控制改进、转速改进、高压冲洗改进等。

图 8.15　外进内出鼓网+底部抽吸装置图

抓斗式细格栅+板框式旋转滤网应用改进如图 8.16 所示。

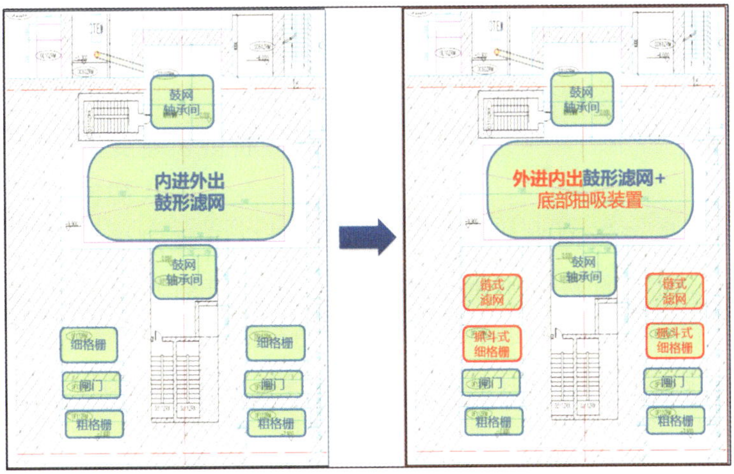

图 8.16　抓斗式细格栅+板框式旋转滤网应用改进

8.5.2　其他设备改造及新式设备

现有的杂物耙（图 8.17）与细格栅存在如下问题：

1）细格栅及格栅清污机清污效率低下，且不具备拦截毛虾等细小海生物的能力，仅能依靠鼓型滤网对进入系统内的海生物和污物进行有效的过滤和清除。

2）台风等恶劣天气叠加海生物暴发的情况下，现有的拦截措施不足以应对。

3）细格栅耙子故障率高，经常出现耙子故障（限位故障、松绳报警、耙子卡涩）导致的3级维修工单。

针对上述问题，电厂拟将杂物耙与细格栅改造为链式滤网（图8.18）：

1）链式滤网拦截精度3～5 mm，工程清污能力可达8～10 t/h。

2）链式滤网应用广泛，使用经验成熟，目前电厂已完成改造论证并制定实施计划。

图8.17　杂物耙

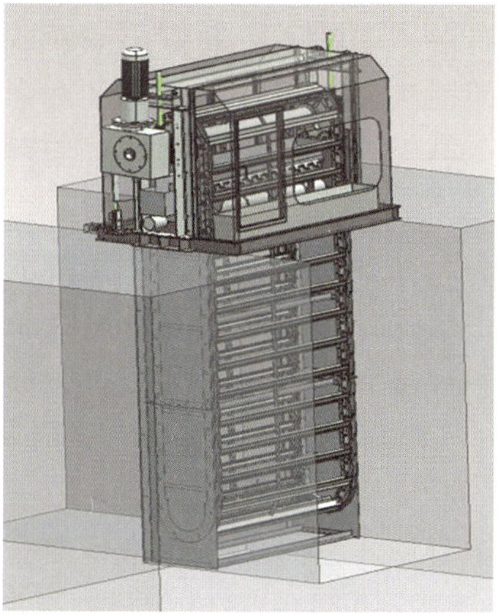

图8.18　链式滤网

第 9 章　冷源应急预案

9.1　前言

为认真贯彻落实“安全第一，预防为主，保守决策”的方针，为核电厂冷源问题处理提供技术指导，提高冷源问题导致机组瞬态事件的故障处理水平，保证机组的核安全和发电可靠性，各电厂需要给主控操纵员提供操作性强的冷源应急预案，确保在冷源事件发生时，早停泵、早降功率和早停堆，避免非停事件发生而给机组核安全和电网运行安全带来挑战。

9.2　应急预案流程

冷源预案需要根据不同的冷源恶化情况分级响应，一般分为 3 个等级（三级、二级和一级）。要制定详细、清晰的流程规定，根据冷源情况发展列明每个阶段的干预行动、责任部门和各级响应之间的联系等。同时，应该配以表格对流程中的每个步骤进行说明解释。本节将以 C 核电冷源各级响应流程举例说明。

9.2.1　冷源预案三级响应管理流程

冷源三级响应流程应该包含进入冷源三级响应的入口条件、采取的行动，执行部门分工、是否升级或者退出的判断，同时辅以表格说明。

C 核电冷源三级应急响应流程见图 9.1 及表 9.1。

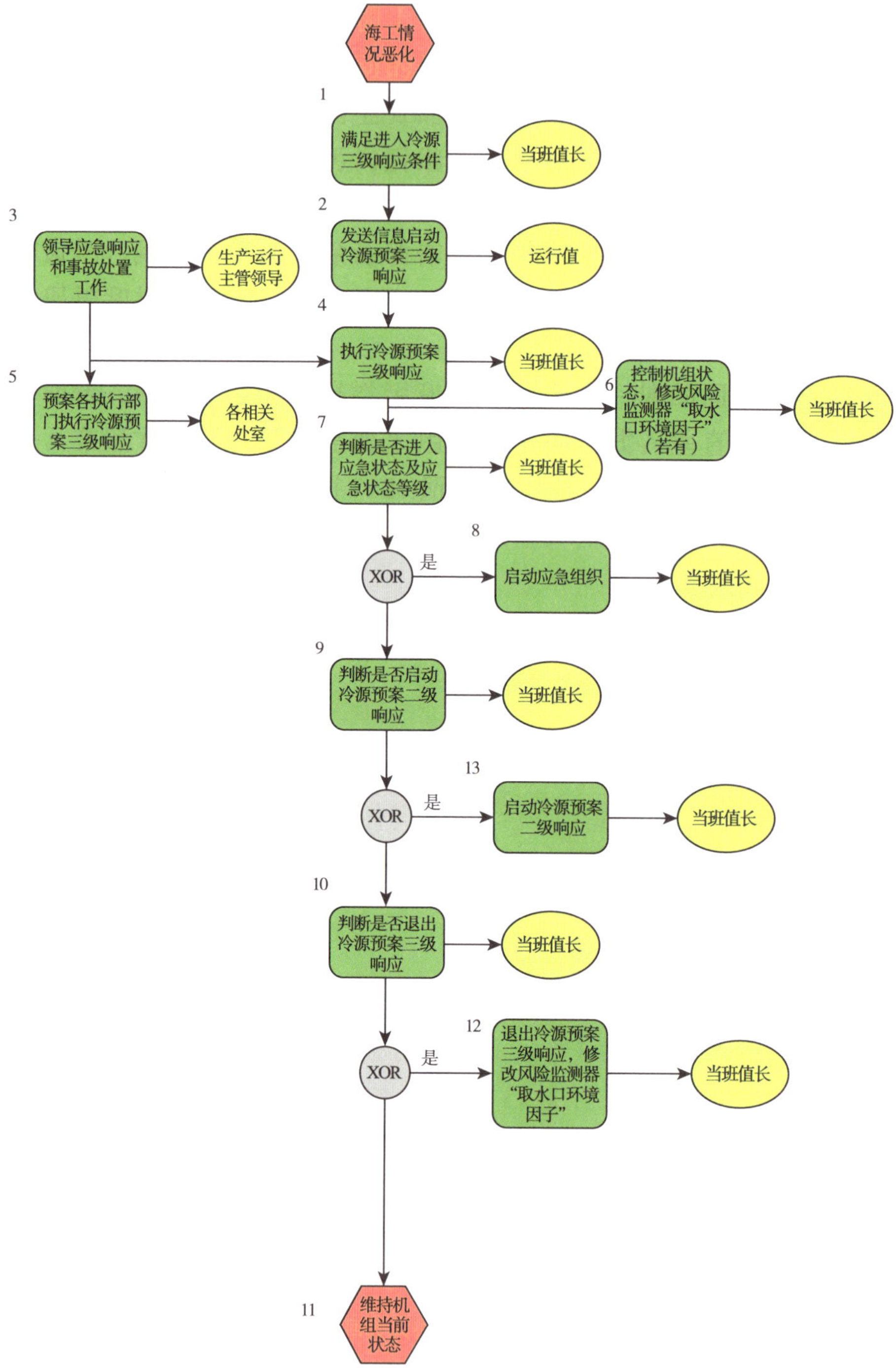

图 9.1　C 核电冷源三级应急响应流程

表 9.1　C 核电冷源三级应急响应流程表

流程目标：管控海工情况恶化对机组安全稳定运行的风险和影响，确保通过所采取的措施使机组安全、稳定运行

主责部门：运行部门

参与岗位/部门：维修部门、设备管理部门及其他生产部门

不相容职责：无

序号	流程步骤	责任和行动	角色/部门	时限/平台/风控
1	满足进入冷源预案三级响应条件	满足进入冷源预案三级响应的启动条件	当班值长 冷源工程师	无
2	发送信息启动冷源三级应急响应	值长汇报生产运行主管领导或替代人，发送信息给冷源预案相关执行部门，启动冷源三级响应	运行值	无
3	领导应急响应和事故处置工作	生产运行主管领导（其授权人或值班公司领导）接到主控汇报后，指挥领导应急响应和事故处置工作	生产运行主管领导	无
4	运行执行冷源预案三级响应	运行处执行冷源预案三级响应	当班值长	无
5	预案各执行部门执行冷源预案三级响应	预案各执行部门收到主控信息，执行冷源预案三级响应	各相关处室	无
6	控制机组状态	根据三级响应控制机组状态，修改风险监测器“取水口环境因子”（若有）	当班值长	无
7	当前状态是否需进入应急	当班值长判断是否满足进入应急	当班值长 冷源工程师	无
8	启动应急组织	满足应急启动条件，当班值长启动应急组织	当班值长	无
9	判断是否启动冷源预案二级响应	根据冷源预案判断并汇报生产主管领导是否启动二级冷源响应	当班值长	无
10	判断是否退出三级冷源响应	根据冷源预案判断是否退出三级冷源响应	当班值长 冷源工程师	无
11	维持当前机组状态	退出冷源响应不满足，维持当前机组状态	当班值长	无
12	退出冷源三级响应条件满足	根据冷源预案要求退出应急响应，修改风险监测器“取水口环境因子”	当班值长	无

9.2.2 冷源预案二级响应管理流程

冷源二级响应流程应该包含进入冷源二级响应的入口条件、采取的行动，执行部门分工、是否升级或者退出的判断，同时辅以表格说明。

C 核电冷源二级应急响应流程见图 9.2 及表 9.2。

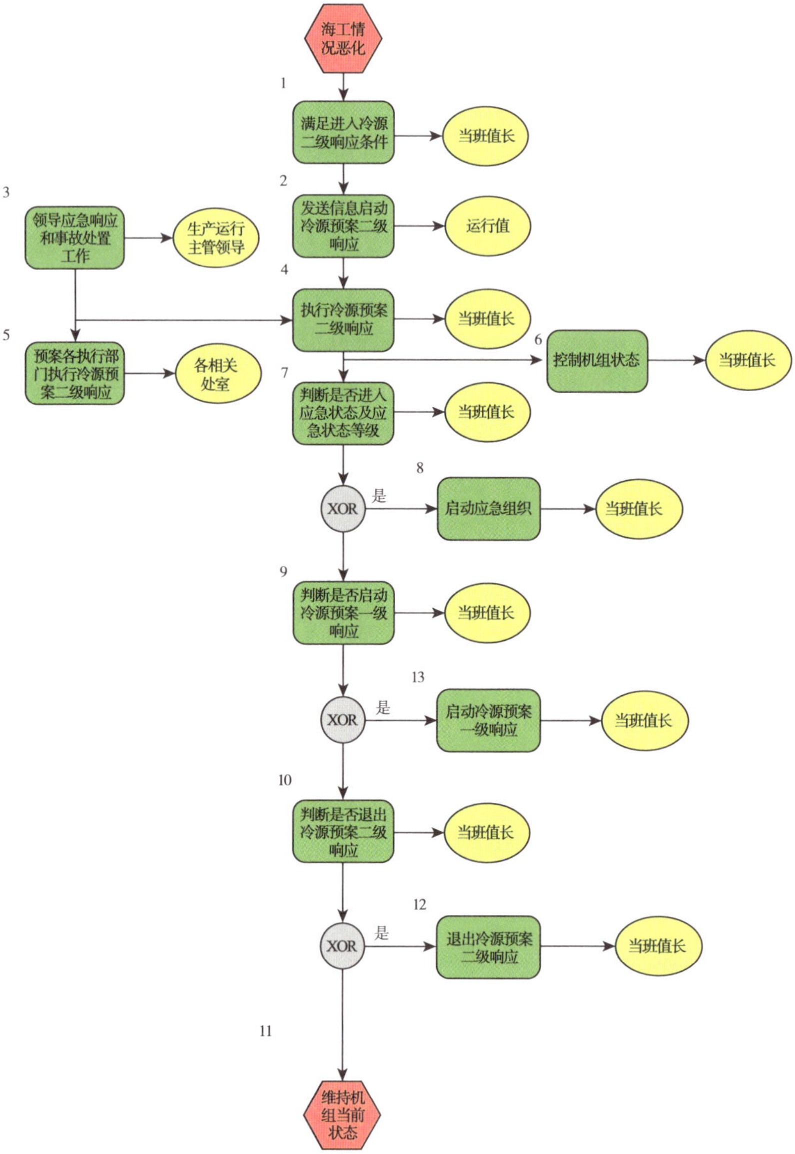

图 9.2　C 核电冷源二级应急响应流程

表 9.2　C 核电冷源二级应急响应流程表

流程目标：管控海工情况恶化对机组安全稳定运行的风险和影响，确保通过所采取的措施使机组安全、稳定运行

主责部门：运行部门

参与岗位/部门：维修部门、设备管理部门及其他生产部门

不相容职责：无

序号	流程步骤	责任和行动	角色/部门	时限/平台/风控
1	满足进入冷源预案二级响应条件	满足进入冷源预案二级响应的启动条件	当班值长 冷源工程师	无
2	发送信息启动冷源二级应急响应	值长汇报生产副总经理或替代人，发送信息给冷源预案相关执行部门，启动冷源二级响应	运行值	无
3	领导应急响应和事故处置工作	生产运行主管领导（其授权人或值班公司领导）接到主控汇报后，指挥领导应急响应和事故处置工作	生产运行主管领导	无
4	运行执行冷源预案二级响应	运行处执行冷源预案二级响应	当班值长	无
5	预案各执行部门执行冷源预案二级响应	预案各执行部门收到主控信息，执行冷源预案二级响应	各相关处室	无
6	控制机组状态	根据二级响应要求控制机组状态	当班值长	无
7	当前状态是否需进入应急	当班值长判断是否满足进入应急	当班值长 冷源工程师	无
8	启动应急组织	满足应急启动条件，当班值长启动应急组织	当班值长	无
9	判断是否启动冷源预案一级响应	根据冷源预案判断是否启动一级冷源响应	当班值长 冷源工程师	无
10	判断是否退出二级冷源响应	根据冷源预案判断是否退出二级冷源响应	当班值长 冷源工程师	无
11	维持当前机组状态	退出冷源响应不满足，维持当前机组状态	当班值长	无
12	退出冷源二级响应条件满足	根据冷源预案要求退出二级应急响应	当班值长	无

9.2.3 冷源预案一级响应管理流程

冷源一级响应流程应该包含进入冷源一级响应的入口条件、采取的行动，执行部门分工、是否升级或者退出的判断，同时辅以表格说明。C核电冷源一级应急响应流程见图9.3及表9.3。

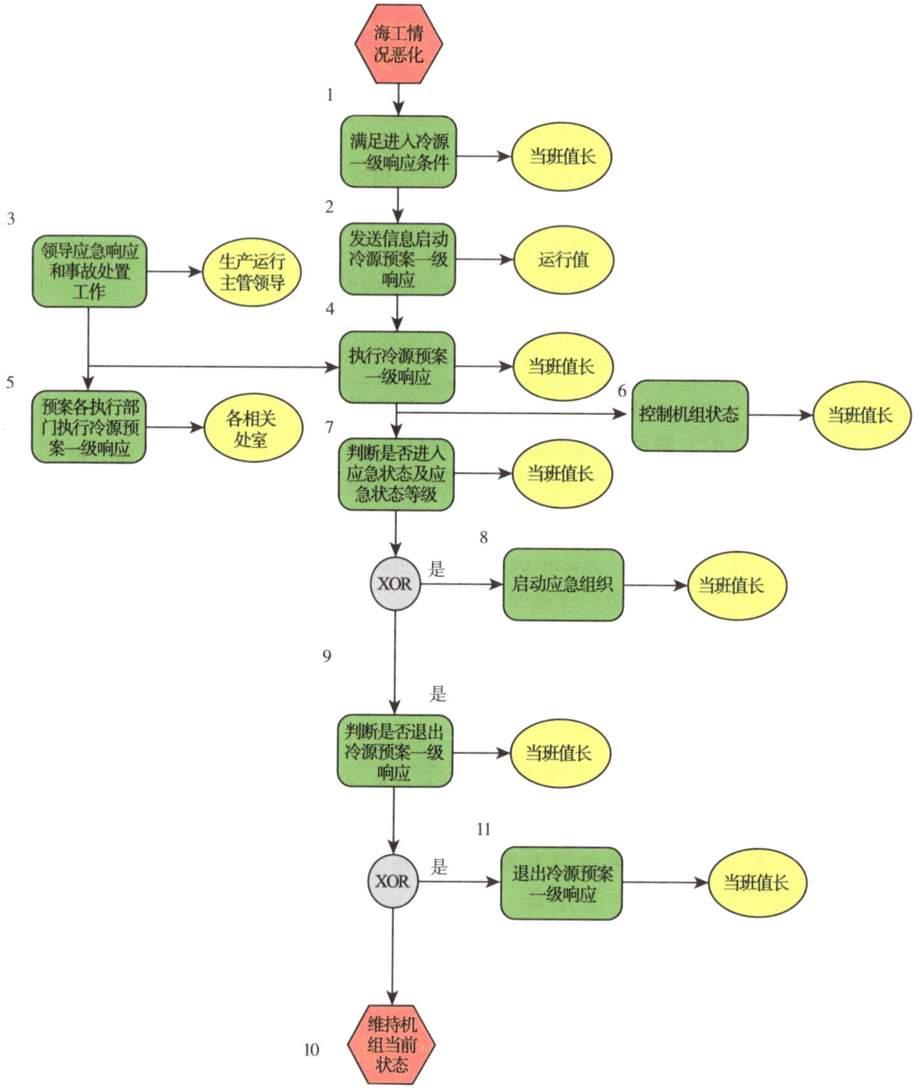

图9.3 C核电冷源一级应急响应流程

表 9.3　C 核电冷源一级应急响应流程表

流程目标：管控海工情况恶化对机组安全稳定运行的风险和影响，确保通过所采取的措施使机组安全、稳定运行				
主责部门：运行部门				
参与岗位/部门：维修部门、设备管理部门及其他生产部门				
不相容职责：无				
序号	流程步骤	责任和行动	角色/部门	时限/平台/风控
1	满足进入冷源预案一级响应条件	满足进入冷源预案一级响应的启动条件	当班值长 冷源工程师	无
2	发送信息启动冷源一级应急响应	值长汇报生产副总经理或替代人，发送信息给冷源预案相关执行部门，启动冷源一级响应	运行值	无
3	领导应急响应和事故处置工作	生产运行主管领导（其授权人或值班公司领导）接到主控汇报后，指挥领导应急响应和事故处置工作	生产运行主管领导	无
4	运行执行冷源预案一级响应	运行处执行冷源预案一级响应	当班值长	无
5	预案各执行部门执行冷源预案一级响应	预案各执行部门收到主控信息，执行冷源预案一级响应	各相关处室	无
6	控制机组状态	根据一级响应要求控制机组状态	当班值长	无
7	当前状态是否需进入应急	当班值长判断是否满足进入应急	当班值长 冷源工程师	无
8	启动应急组织	满足应急启动条件，当班值长启动应急组织	当班值长	无
9	判断是否退出一级冷源响应	根据冷源预案判断是否退出一级冷源响应	当班值长 冷源工程师	无
10	维持当前机组状态	退出冷源响应不满足，维持当前机组状态	当班值长	无
11	退出冷源一级响应条件满足	根据冷源预案要求退出一级应急响应	当班值长	无

9.3 冷源响应管理规定

9.3.1 应急处置基本原则

处置基本原则要清晰、准确，冷源入口条件应能包括大多数冷源恶化情况并充分考虑取水口拦污网的运行情况，尽可能要做到关口前移，让电厂主控操纵员有充足的准备和响应时间等，进入门槛要低，做到应进尽进。同时具体的行动中应详细制定各重要操作的干预准则，例如停循泵准则、停机准则和停堆准则等。例如：

（1）在事故处理过程中，运行现场人员必须严密监视重要设备的运行情况，及时跟踪事故进展，设备异常情况及时汇报主控室操纵员。

（2）在运行值交接班期间发生事故时，应停止交接班，由交班值进行处理，接班者可在交班者同意下并由交班值值长统一指挥协助处理，事故处理告一段落再进行交接班。

（3）当班运行值长可以依据机组实际情况，按照本应急预案相关内容，立即采取降功率或手动停机的安全措施（不必等运行决策内容授权操作）。

（4）冷源工程师职责为日常工作的组织和牵头，冷源应急预警启动期间，冷源工程师提供必要的支持。

（5）各项作业的安全责任由各自的作业部门负责，安全质量处有监督责任。

（6）坚持保守决策、积极预防、常备不懈、确保热阱安全和核安全的原则。

（7）在应急干预过程中，必要时主动按规程逐步降低机组出力，后撤机组状态，避免功率运行状态下自动停机停堆。

（8）坚持以人为本，在保障工作人员安全的前提下积极开展打捞处理和设备抢修。

（9）在大量海生物或垃圾入侵后，优先确保或恢复安全厂用水系统的取水。

（10）进入二级响应后，电厂责任部门需要及时电话告知电网存在降负荷的风险。

（11）在海生物或杂物堵塞格栅或鼓网（旋转滤网）后，机组需要进行紧急降负荷、停机，电厂责任部门需提前汇报电网。

（12）海生物或杂物尽量拦截在取水口或取水明渠，减少对联合泵房海水系统的压力。

（13）当预案启动条件没有包含，但现场出现其他异常时，值长根据现场反馈和机组状态启动相应预案，如明渠和反冲洗渠出现大量毛虾，冷源监测全部投运后冷源监测预警系统信息显示异常并得到现场核实等。

9.3.2　应急响应分级

根据不同的冷源恶化情况，例如台风潮位、取水口拦污网破损、细格栅前后液位差异常、鼓网（旋转滤网）前后液位差异常，以及海生物的垃圾量异常等，进行分级响应。从三级开始逐步升级，根据恶化的不同程度进入相应的响应级别，应急响应启动的等级可根据启动条件跳过低等级的响应，直接启动高等级响应。

应急响应的基本原则为：

（1）三级响应：信息跟踪阶段，对异常事件进行信息跟踪和通报，按照预案进行设备检查、人员响应，做好应对异常情况的准备。

（2）二级响应：发现有大量海生物及杂物进入海水过滤系统，开展海生物及杂物清理、打捞等响应。

（3）一级响应：根据情况降功率、机组状态后撤及手动停机停堆，确保核安全。

9.3.3　应急响应卡

每一个应急响应分级都必须对应有 1 份应急响应卡，以便给电厂提供清晰明确的指导，模板举例见图 9.4，相关要求如下：

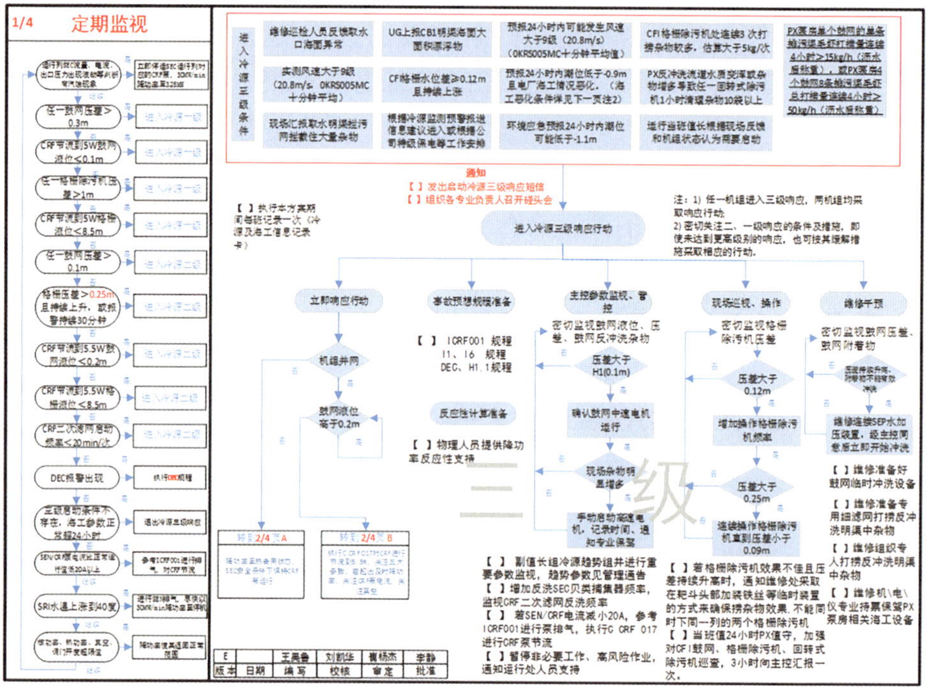
1/4
定期监视
任一鼓网压差＞0.3m
CRF节流到5W鼓网液位＜0.1m
任一格栅除污机压差＞1m
CRF节流到5W格栅液位＜8.5m
任一鼓网压差＞0.1m
格栅压差＞0.25m且持续上升，或报警持续30分钟
CRF节流到5.5W鼓网液位＜0.2m
CRF节流到5.5W格栅液位＜8.5m
CRF二次滤网启动频率＜20min/次
DEC报警出现
三级启动条件不存在，海工参数正常超24小时
SRI水温上涨到40度
进入冷源三级条件
维修巡检人员反馈取水口海面异常
UG上报CB1明渠海面大面积漂浮物
预报24小时内可能发生风速大于9级（20.8m/s）（0KRS005MC十分钟平均值）
CFI格栅除污机处连续3次打捞杂物较多，估算大于5kg/次
实测风速大于9级（20.8m/s，0KRS005MC十分钟平均）
CFI格栅水位差≥0.12m且持续上涨
预报24小时内潮位低于-0.9m且电厂海工情况恶化。（海工恶化条件详见下一页注2）
PX反冲洗流道水质变浑或杂物增多导致任一回转式除污机1小时清理杂物10袋以上
现场汇报取水明渠拦污网拦截住大量杂物
根据冷源监测预警报送信息建议进入或根据公司持续保电等工作安排
环境应急预报24小时内潮位可能低于-1.1m
运行当班值长根据现场反馈和机组状态认为需要启动
通知
【 】发出启动冷源三级响应短信
【 】组织各专业负责人召开碰头会
【 】执行本方案期间每班记录一次《冷源及海工信息记录卡》
注：1）任一机组进入三级响应，两机组均采取响应行动
2）密切关注二、一级响应的条件及措施，即使未达到更高级别的响应，也可按其缓解措施采取相应的行动。
进入冷源三级响应行动
立即响应行动
事故预想规程准备
主控参数监视、管控
现场巡视、操作
维修干预
机组并网
鼓网液位高于0.2m
【 】 ICRF001 规程 I1、I6 规程 DEC、H1.1规程
反应性计算准备
【 】物理人员提供降功率反应性支持
密切监视鼓网液位、压差、鼓网反冲洗杂物
压差大于H1(0.1m)
确认鼓网中速电机运行
现场杂物明显增多
手动启动高速电机，记录时间，通知专业保驾
密切监视格栅除污机压差
压差大于0.12m
增加操作格栅除污机频率
压差大于0.25m
连续操作格栅除污机直到压差小于0.09m
密切监视鼓网压差、鼓网附着物
维修连续SEP水加压装置，经主控同意后立即开始冲洗
【 】维修准备好鼓网临时冲洗设备
【 】维修准备专用细滤网打捞反冲洗明渠中杂物
【 】维修组织专人打捞反冲洗明渠中杂物
【 】维修机\电\仪专业持票保驾PX泵房相关海工设备
转到2/4页A
转到2/4页B
【 】副值长组冷源趋势组并进行重要参数监视，趋势参数见管理通告
【 】增加反洗SEC贝类捕集器频率，监视CRF二次滤网反洗频率
【 】若SEN/CRF电流减小20A，参考ICRF001进行泵排气，执行C CRF 017进行CRF泵节流
【 】暂停非必要工作、高风险作业，通知运行处人员支持
【 】若格栅除污机效果不佳且压差持续升高时，通知维修处采取在耙斗头部加装铁丝等临时装置的方式来确保捞杂物效果，不能同时下同一列的两个格栅除污机
【 】当班值24小时PX值守，加强对CFI鼓网、格栅除污机、回转式除污机巡视，3小时向主控汇报一次。
E
王禹鲁 刘凯华 骞杨杰 李静
版本 日期 编写 校核 审定 批准
三级

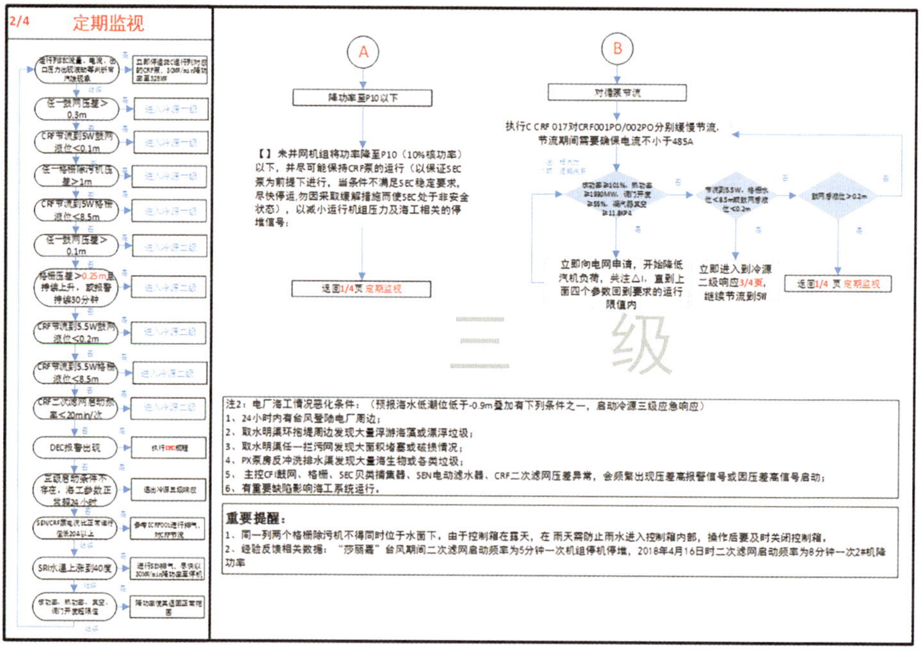
2/4
定期监视
A
降功率至P10以下
【】未并网机组将功率降至P10（10%核功率）以下，并尽可能保持CRF泵的运行（以保证SEC泵为前提下进行，当条件不满足SEC稳定要求，尽快停运，勿因采取缓解措施而使SEC处于非安全状态），以减小运行机组压力及海工相关的停堆信号：
返回1/4页 定期监视
B
对循泵节流
执行C CRF 017对CRF001PO/002PO分别缓慢节流，节流期间需要确保电流不小于485A
立即向电网申请，开始降低汽机负荷，关注ΔI，直到上面四个参数回到要求的运行限值内
立即进入到冷源二级响应3/4页，继续节流到5W
返回1/4页 定期监视
三级
注2：电厂海工情况恶化条件：（预报海水低潮位低于-0.9m叠加有下列条件之一，启动冷源三级应急响应）
1、24小时内有台风登陆电厂周边；
2、取水明渠环拖堤周边发现大量浮游海藻或漂浮垃圾；
3、取水明渠任一拦污网发现大面积堵塞或破损情况；
4、PX泵房反冲洗排水渠发现大量海生物或各类垃圾；
5、主控CFI鼓网、格栅、SEC贝类捕集器、SEN电动滤水器、CRF二次滤网压差异常，会频繁出现压差高报警信号或因压差高信号启动；
6、有重要缺陷影响海工系统运行。
重要提醒：
1、同一列两个格栅除污机不得同时位于水面下。由于控制箱在露天，在雨天需防止雨水进入控制箱内部，操作后要及时关闭控制箱。
2、经验反馈相关数据：“莎丽嘉”台风期间二次滤网启动频率为5分钟一次机组停机停堆，2018年4月16日时二次滤网启动频率为8分钟一次2#机降功率

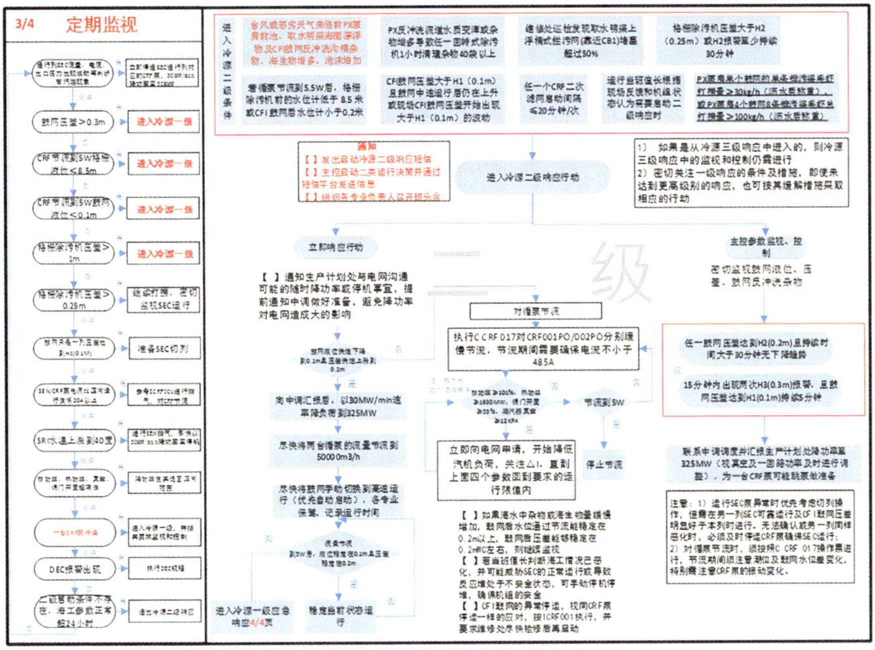
3/4
定期监视
进入冷源二级条件
进入冷源二级响应行动
立即响应行动
主控参数监视、控制
对循泵节流
鼓网压差>0.3m
进入冷源一级

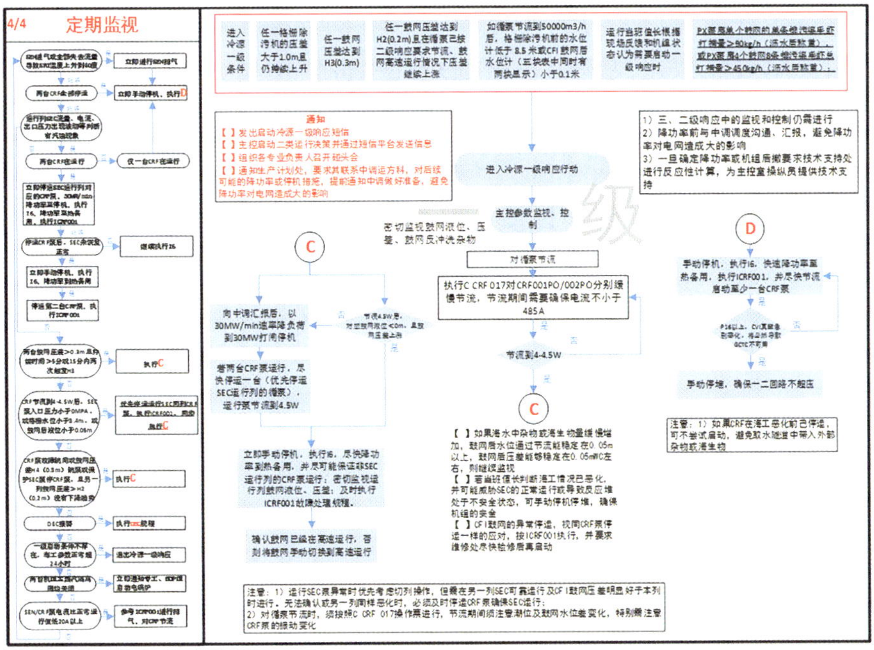
4/4
定期监视
进入冷源一级条件
进入冷源一级响应行动
主控参数监视、控制
对循泵节流
节流到4-4.5W
C
D

图 9.4　应急响应卡

（1）格式要求

1）应急响应卡整体应制作成类似于事故处理规程的形式，有流程图指向线条，有逻辑图走向判断，有明确的执行责任人，有明确的干预动作。

2）应包含各级响应的入口条件，响应行动，定期监视等要素。

3）干预行动尽量简洁明了，减少歧义。

4）具体的行动项目前需留有标志执行记录的括号，以便于人员执行和跟踪。

5）一、二、三级的各级编号以水印的形式呈现在响应卡内，以便于执行者明确知晓。

6）响应卡需包含重点信息提醒。

7）排版尽量整洁美观，一页内包含尽量多的信息，整体遵循从上至下，从左至右的顺序，同一个版块用一个框线进行包罗，例如入口条件、定期监视等。

（2）入口条件

入口条件应考虑充分，尽量包含较多的异常情况，包括取水海面、取水明渠暗渠和取水泵房等，做到应进尽进，例如：

1）潮位异常，低于某一安全值。

2）出现台风等天气，风速大于一定值。

3）拦污网运行异常，包括破损、脱落、松弛和绳索拉力异常等。

4）取水海面发现异常，例如漂浮物增多、杂物累积和鱼虾增多等。

5）取水明渠（或暗渠）发现异常，例如漂浮物增多、水母鱼虾增多、海草增多等。

6）取水泵房格栅、鼓网（旋转滤网）、电动滤水器和贝类捕集器等运行异常、压差增加超过某一定值。

7）取水泵房格栅、鼓网（旋转滤网）、除污机反冲洗水浑浊，反冲洗垃圾量增加（需进行定量说明，例如 1 h 多少袋或千克以上，连续打捞 4 h 大于多少 kg/h 等）。

8）冷源相关设备异常，例如循环水系统二次滤网启动频率变高（需注明定值）、循泵电流明显下降等。

9）采取措施后冷源参数依然恶化，例如循泵节流后鼓网（旋转滤网）压差继续上涨。

10）其他特殊的情况，例如值长决策、保电、暴雨和泄洪等。

（3）响应行动

响应行动应该操作明确，禁止指代不清；应该有逻辑递进；应该分清主次，突出重点，一般包含立即响应、参数监视控制、现场巡视操作、维修干预和恶化准备等。例如：

1）立即响应的措施，包括循泵节流、降功率、启动鼓网/二次滤网/贝类捕集器反冲洗、加派人手进行异物打捞、取水口冷源设备抢修、停循泵、停机（为防止停堆）和停堆等。

2）人员准备，包括发出应急响应启动通知短信、停止当班值非必要的工作以便集中当班值人手、召集各专业人员召开碰头会、召集反应堆物理工程师进行降功率反应性计算、寻求运行/维修人员支持、通知外部打捞船只。

3）文件准备，做好异常及后撤的准备，包括循泵/冷源故障处理规程、降功率规程、停机不停堆规程、停堆规程和丧失冷源事故处理规程等。

4）外部沟通，包括与电网沟通降功率及可能的停机停堆情况。

5）主控室安排专人对海工信息卡进行记录跟踪，信息记录卡主要包括气象条件及冷源专项巡检、取水口信息、前池水位，以及格栅除污机等设备的运行情况。

6）现场巡视操作，包括现场反冲洗水是否浑浊、反冲洗杂物是否增多、鼓网（旋转滤网）/格栅压差是否上升，以及取水口拦污网运行是否异常等。

7）维修干预，包括拦污网监视与抢修、鼓网（旋转滤网）反冲洗杂物打捞、准备鼓网（旋转滤网）反冲洗临时装置、对冷源设备进行保驾抢修和取水明渠处打捞杂物等。

8）针对笔帽螺等微小生物入侵，必须制定针对贝类补集器压差高时冲洗和手动反洗的措施，必须制定针对板式热交换器压差上涨时大流量冲洗、维修拆洗的干预措施。

9）参数监视管控，包括主控建立冷源趋势组对鼓网（旋转滤网）/格栅/冷源设备/凝汽器真空等进行监视分析、手动启动鼓网（旋转滤网）高速电机等，建立鼓网（旋转滤网）等参数异常组合响应的行动表（以Y核电为例，见表9.4）。

表9.4 鼓网参数响应行动表

A列鼓网 B列鼓网	<H1	≥H1	≥H2	≥H3	≥H4
<H1	稳定负荷	稳定负荷	869 MW	600 MW	热停堆
≥H1	稳定负荷	869 MW	600 MW	热备用	热停堆
≥H2	869 MW	600 MW	600 MW	热备用	热停堆
≥H3	600 MW	热备用	热备用	热备用	热停堆
≥H4	热备用	热停堆	热停堆	热停堆	立即停堆

注：表中“H1、H2、H3、H4”对应鼓网水位的“高一报警值、高二报警值、高三报警值、高四报警值。”

（4）定期监视

需包含对冷源参数及响应行动后的效果进行监视，以便及时采取更高级别的响应措施或将响应行动退出。例如：

1）对运行列的安全厂用水泵流量、电流和出口压力等进行监视，以保证专设安全设施的冷源安全。

2）对循泵节流后的鼓网（旋转滤网）/格栅的压差/液位等进行监视，若无缓解，则进一步节流或停运循泵。

3）对停循泵、停机、停堆的条件进行监视，若满足条件则采取相应行动。

4）对取水口拦污网的压差、应力、破损、脱落和松弛等情况进行监视，以便及时维修处理，防止故障扩大。

5）对冷源下游设备系统的运行情况进行监视，例如辅助冷却水泵电流、压力，循环水系统二次滤网、安全厂用水系统贝类捕集器和常规岛闭式水系统水温等，若异常则采取对应干预行动。

9.3.4　启动/退出说明

应急响应启动和退出的规定应该包括短信通知、人员签到和冷源响应退出等流程，例如：

（1）应急响应启动条件满足时，进入对应等级的应急响应，当同时满足低等级和高等级的进入条件时，应跳过低等级，直接进入满足条件的最高响应等级。

（2）主控室可以根据电网保电等特殊情况，下达启动三级冷源响应的指令。

（3）运行当班值长可根据现场反馈和机组状态需要启动任一级响应。

（4）一旦满足进入冷源应急条件，由主控室发短信通知生产值班人员并进行追呼（不具备主控室发送短信通知条件的电厂转由其他专责部门进行发送或通知）。

（5）应急三级响应首次启动，各相关处室和科室（值班负责人或负责人授权代表）需在规定时间内到主控室签到，并由运行部门组织碰头会进行冷源响应讨论。

（6）冷源应急启动二级、一级响应时，由当班值长建议，生产计划部门组织进行冷源响应讨论。

（7）当应急响应状态满足升级条件时，当班值长需告知生产应急值班和主管生产的公司领导。

（8）应急响应期间，响应等级不降级，当满足退出条件时，直接退出应急响应。

（9）应急响应退出后，各厂根据自身机组状态制定机组状态控制走向，不在本导则中涉及。

图 9.5 是一个启动流程简图。

9.3.5　多机组联动控制策略

对于共用一个取水口的多机组基地应该明确规定单机组冷源恶化时其他机组的响应措施或多机组冷源同时恶化时电厂应采取的措施，包括组织机构的启动、指令的下达，以及哪台机组优先降功率或停运的策略等。

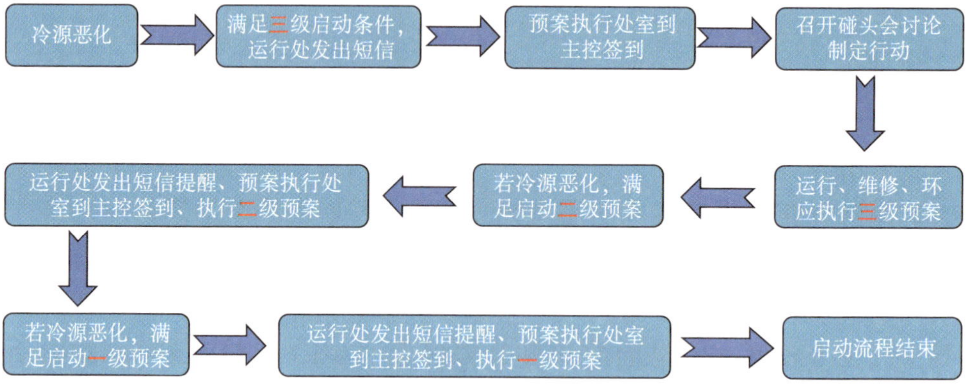

图 9.5　冷源应急启动流程简图

若同一单元的 2 台机组同时后撤至蒸汽发生器冷却的中间停堆模式，因辅助给水系统无法同时满足 2 台机组补水需求，可考虑将一台机组先后撤至余热排出系统冷却的中间停堆模式，另一台机组置于标准热停堆的蒸汽发生器冷却的中间停堆模式，在蒸汽发生器冷却的中间停堆模式可根据机组状态选择主给水/启动给水/辅助给水之一进行供水。建议综合考虑以下几个因素确定从蒸汽发生器冷却的中间停堆模式后撤至余热排出系统冷却的中间停堆模式的机组：

（1）优先安排寿期末（硼浓度小于 200 ppm）机组后撤（寿期末停堆后再启动困难）。

（2）优先安排泵站进口处海生物威胁程度相对严重（如压差相对较大且持续时间长、现场实际海生物数量相对较多）的机组后撤（清理难度相对较大）。

（3）优先安排辅助系统不具备快速启动条件（如处于隔离检修状态）的机组后撤。

（4）优先安排在停机瞬态中产生影响重新启机的重大设备缺陷的机组后撤。

9.3.6　停运首台循泵准则

预案内应包含明确的停循泵准则，以便在冷源恶化初期时及时停运循泵，降低海水取水流量和取水口流速，减少对取水口海生物的抽吸，从而减轻拦污网、格栅和鼓网（旋转滤网）等冷源系统的压力，防止故障扩大导致停机停堆等更严重后果，以保证机组的核安全和发电可靠性。针对大面积堵塞，达到停运循泵条件时优先考虑每台机组停运 1 台循泵，观察杂物和流速后再决策停运每台机组的第二台循泵。停运一半的循泵将降低一半吸入流量。

停循泵准则分为立即停运循泵与持续关注参数做好随时停运循泵的准备这两种情况。

（1）持续关注参数做好随时停运循泵的准备

以下参数建议列入重点关注项，接近停循泵定值前提前降功率至停循泵的功率平台，主要包括取水明渠、泵房前池和鼓网（旋转滤网）等出现异常及采取循泵节流后机组参数仍然未好转的情况。例如：

1）取水口拦污网异常，例如拦污网主绳应力接近安全值的 50%（预案内需写明具体的值），拦污网网片堵塞率超过其安全值的 50%。

2）台风或恶劣天气来临前联合泵房前池、取水明渠海面漂浮物及鼓网（旋转滤网）反冲洗沟槽杂物、海生物增多，泡沫明显增加。

3）巡检发现取水明渠上浮桶式拦污网堵塞超过 50%或者杂物量增加。

4）联合泵房反冲洗流道水质变浑浊或杂物增多导致任意鼓网（旋转滤网）反冲洗 2 个流道同时 1 h 内清理杂物 30 袋以上。

5）联合泵房单个鼓网（旋转滤网）的单条排污渠毛虾打捞量＞30 kg/h（沥水后称重），或联合泵房 4 个鼓网（旋转滤网）8 条排污渠毛虾总打捞量＞100 kg/h（沥水后称重）。

6）格栅除污机前的水位计低于 8.2 m 或鼓网（旋转滤网）后水位计低于 2.1 m。

7）重要厂用水系统运行列的贝捕压差持续大于 30 kPa，处于连续不间断反冲洗状态，且联合泵房反冲洗明渠内发现有大量小尺寸海生物。

（2）立即停运循泵

以下参数建议列入判定条件，到达定值后直接停循泵：

1）取水口拦污网异常，例如拦污网主绳应力增加至超过其安全值（预案内需写明具体的值），拦污网网片堵塞率超过其安全值，多道拦污网同时堵塞等。

2）运行列的重要厂用水系统流量、电流、出口压力出现波动等异常，判断出重要厂用水泵有汽蚀现象，需立即停运重要厂用水系统运行列对应的循环水泵（说明：如果安全厂用水泵与循环水泵不共用 1 台鼓网则另行考虑）。

3）常规岛辅助冷却水泵/循环水泵电流降低，比正常运行值低一定值（例如 20 A）以上。

4）安全厂用水泵/设备冷却水泵热交换器压差升高到某一定值（例如 240 kPa）时仍继续上涨。

5）因笔帽螺等小型生物入侵，导致安全厂用水泵运行流量降低至 2 500 m^3/h 以下。

6）常规岛辅助冷却水系统进气或全部失去流量导致常规岛闭式冷却水系统水的温度上升到某一定值（例如 40 ℃）时。

7）循泵节流到一定程度后重要厂用水泵入口压力、格栅水位、鼓网（旋转滤网）后液位依然低，例如循泵节流到 40 000～45 000 m^3/h 后，重要厂用水泵入口压力小于 0 MPa，或格栅水位小于 8.0 m，或鼓网（旋转滤网）后液位小于 1.8 m。

8）鼓网（旋转滤网）压差升高到某一定值，例如 2 台鼓网（旋转滤网）压差＞0.25 m。

9）在执行快速降负荷到打闸停机的操作期间，若此时仍有 2 台循泵在运行，应尽快停运 1 台循泵（优先停运重要厂用水系统运行列对应的循泵），同时运行列的循泵节流。

10）任意一台鼓网（旋转滤网）压差升高至循泵自动停泵定值（高 4）后若对应循泵没有跳闸，在确认压差信号为真实触发后需及时手动停运对应循泵。

11）当班值长判断海工情况已恶化，并可能威胁重要厂用水系统的正常运行或导致反应堆处于不安全状态时。

（3）停机准则

以下参数建议列入判定条件，到达定值后直接停机：

在冷源恶化带来进一步严重后果，包括循泵节流、降功率和停循泵等依然无法缓解时，机组参数持续恶化，此时为了避免停堆事件及对机组核安全造成影响，需要主动停机：

1）鼓网（旋转滤网）压差升高到某一定值且持续时间长，例如 2 台鼓网（旋转滤网）压差＞0.3 m 且持续时间＞5 min 或 15 min 内 2 次触发高 3 报警。

2）循泵大流量节流后鼓网（旋转滤网）液位依然低且鼓网（旋转滤网）压差持续上涨，立即手动停机，例如循泵节流至 45 000 m^3/h 后鼓网（旋转滤网）液位小于 1.8 m 且压差持续上涨。

3）鼓网（旋转滤网）压差升高且循泵节流后，格栅液位、格栅压差、鼓网（旋转滤网）水位依然异常，例如：鼓网（旋转滤网）压差＞0.3 m 且循泵节流到 50 000 m^3/h 后，格栅液位＜8.2 m，或鼓网（旋转滤网）液位＜2.0 m，或格栅除污机压差＞1 m。

4）安全厂用水泵/设备冷却水泵热交换器压差升高到触发 DEC 报警（250 kPa）。

5）常规岛辅助冷却水系统进气或全部失去流量导致常规岛闭式冷却水系统水的温度上升到某一定值（例如 40 ℃）时。

6）循泵故障跳闸或鼓网（旋转滤网）压差高 4 导致循泵自动停运，或为保护重要厂用水系统而停运循泵。

7）运行列的重要厂用水泵流量、电流、出口压力出现波动等异常，判断出重要厂用水泵有汽蚀现象，且此时仅 1 台循泵在运行（说明：如果安全厂用水泵与循环水泵不共用 1 台鼓网则另行考虑）。

8）单机组的所有循泵手动或自动停运。

9）当班值长判断海工情况己恶化，并可能威胁重要厂用水系统的正常运行或导致反应堆处于不安全状态时。

（4）停堆准则

以下参数建议列入判定条件，到达定值后直接停堆：

停机后若冷源进一步恶化，此时为了尽快将机组后撤至热停堆或冷停堆，确保一、二回路不超压等，需手动进行停堆操作。

1）单机组的所有循泵手动或自动停运后凝汽器真空急剧恶化。

2）常规岛辅助冷却水系统进气或全部失去流量导致常规岛闭式冷

却水系统水的温度上升到某一定值（例如 40 ℃）后，凝汽器真空急剧恶化。

3）运行列的重要厂用水泵流量、电流、出口压力出现波动等异常，判断出重要厂用水泵有汽蚀现象，且此时仅 1 台循泵在运行后，凝汽器真空急剧恶化。

4）任意一个鼓网（旋转滤网）压差升高到 H4 定值。

（5）通知电网准则

以下参数建议列入判定条件，到达定值后立即通知电网。原则上当机组出现可能需要调整功率情况时应提前向电网报备，具体包括但不限于以下冷源异常状况。

1）当监测到取水明渠或者泵房打捞量达到异常，满足启动三级响应条件。

2）所有拦污网拦截清理量之和达到历史最高水平。

3）任意一个拦截网因漂浮海生物大量涌入达到降功率拉力值。

4）冷源启动一/二级响应。

9.4 冷源响应卡标准化模板

各电厂可根据自身文件体系自行确定格式。下面以 C 核电为例进行说明，C 核电细格栅和鼓网进出口液位差的报警设定值如下：

1. 细格栅进出口液位差报警：H1＝0.12 m，H2＝0.25 m。

2. 鼓网进出口液位差报警：H1＝0.15 m，H2＝0.25 m，H3＝0.3 m，H4＝0.8 m。

（注：表中“H1、H2、H3、H4”对应鼓网水位的“高一报警值、高二报警值、高三报警值、高四报警值”）

冷源响应卡标准化模板如图 9.4 所示。

第 10 章　冷源管理良好实践

通过深入分析 2007 年以来国内发生的有关冷却水取水口堵塞的 41 起事件，发现无论电厂采用何种堆型，无论冷源系统配置如何，该类事件仍在持续发生。由于取水明渠的设计简单、海洋生态持续变化、台风等恶劣天气的频发、预警监测系统配备不到位、应急干预保守性不强，到目前为止，行业的努力也没有明显降低此类事件发生的概率。另外，研究表明，此类事件还影响到了电网的稳定性、电厂的安全和可靠性。这一点通常在事件发生之前没有意识到，因为多数电厂人员认为海生物暴发属于天灾，无法预知；取水口构筑物属于非安全相关物项；没有充分理解其对最终热阱造成的影响；没有充分识别出取水口堵塞成为常发的基地共模故障。因此，他们因为自己电厂没出事，往往没引起警觉，没有将冷源问题处理放在足够优先重要的地位。

取水口堵塞通常导致鼓网后水位下降，使安全相关重要厂用水泵的可用净正吸入压头降低。多数情况下，鼓网压差高后直接跳循泵，继而快速触发停机停堆。一旦循环水泵不及时跳，将发生重要厂用水泵丧失事件，电厂安全相关系统热交换器的入口温度上升。

因尺寸小于鼓型滤网网眼的介质侵入，发生了数起安全相关冷却系统潜在堵塞或淤塞的事件。例如细海藻、贝壳、笔帽螺的侵入增加了板式热交换器潜在堵塞的可能性。一旦完全堵塞了应急堆芯冷却系统的子系统，造成两列都不可用，电厂将被迫停堆。在其中一些电厂，由于对周围环境变化没有足够的认识，造成泥沙和淤泥大量聚集，这些沙子和淤泥足以堵塞整个取水口，包括重要厂用水系统的入口。针对容易暴发小尺寸日本毛虾、大尺寸水母、海藻的海域，业内普遍采用小尺寸高强度全断面网兜拦截，效果比较好。

国内冷源异常事件统计分析中有 50%冷源事件影响到了正常发电。

恶劣环境条件下发生的多起冷却水取水口堵塞事件导致了多个机组瞬态、停堆和降功率。通常情况下，电厂所采取的行动未能防止取水口的堵塞，并且在取水口发生堵塞后机组仍继续运行。在几起相关事件中，直到操纵员认识到继续运行将对滤网系统造成严重损伤或导致安全相关冷却系统丧失时才采取停堆。

在数次典型冷源事件发生后，国家能源局、国家核安全局高度重视，国内几大核电集团成立专项组开展研究，通过不断总结经验，梳理出一些业内可以借鉴的较为突出的良好实践。

10.1 成立冷源管理小组，建立冷源工程师制度

国内核电厂冷源事件频发，引起各核电集团领导高度重视，相继成立集团层级冷源专项组、冷源挂牌督办组、冷源研究所，投入一批资金，集中整合科研资源，深入开展冷源研究，积极实施改造，发布冷源科研及整治提升计划，从根本上解决冷源隐患。

10.1.1 中国核电冷源小组

在冷源事件发生后，中国核电层面成立冷源管理挂牌督办组，制定并发布中国核电冷锋计划。对于电厂的冷源日常管理运作，中国核电明确要求：电厂冷源管理小组需要明确的组织机构人员确定，需要明确电厂各领域冷源管理处室负责人及协调人；明确电厂冷源管理工程师，考核合格后授权上岗。

冷源管理小组日常运作管理中的工作包括：

（1）电厂定期（每月或每季度）组织各专业领域召开电厂冷源管理会议，制定电厂冷源管理总体方案及计划、行动项进展汇报等。

（2）监督检查冷源相关的技术改造和外部经验反馈项落实情况。

（3）针对本电厂冷源风险隐患和薄弱环节，组织设计单位及专家充分论证，制定本电厂冷源安全提升工作方案，并组织实施工程改造、设备升级和管理改进等整改行动。

（4）定期发布电厂冷源管理状态信息。

（5）建立电厂冷源管理联络方式（或平台），以便及时发布机组冷

源状态信息等。

（6）制定电厂冷源管理星级目标，定期对冷源管理目标达成情况进行评估总结，并建立考核奖惩机制。

以 C 核电厂为例，冷源管理专项组由领导组、工作组、办公室组成。专项组下设维护组、应急组、技术组、冷源工程师组 4 个工作组，专项组办公室设在运行处。组织机构如图 10.1 所示。

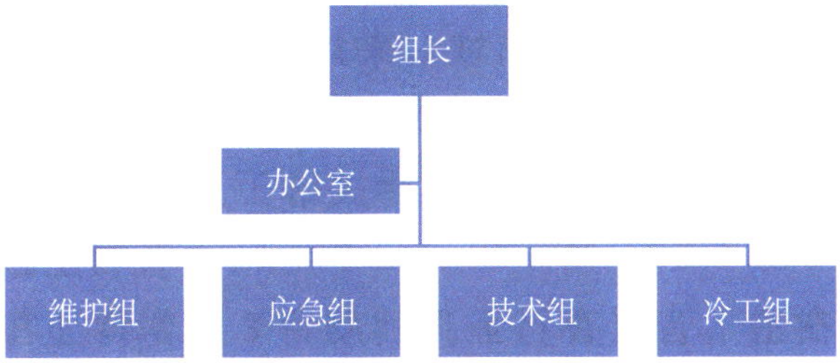

图 10.1　C 核电冷源专项组组织机构

冷源管理专项组职责分工如下：（以 C 核电厂为例）

（1）组长

1）统筹领导冷源专项组工作，研究决策重大事项并视情况向公司高层会议报告。

2）审议各工作组工作方案和工作计划。

3）组织编制并批准冷源管理总体工作方案和计划，统筹推进工作计划的有序实施。

4）协调解决工作中遇到的困难和问题。

（2）办公室

1）协助冷源管理组日常工作的开展。

2）负责各专项工作组计划跟踪和管控。

3）收集各工作组工作中的问题，提请领导小组研究解决。

4）组织召开专项组定期会议。

5）对冷源专项组下设的 4 个小组、冷源工程师工作情况进行评价。

（3）维护组

1）负责明渠冷源相关 SSCs 的管理。

2）负责冷源相关系统/设备的维护和清理。

3）负责恶劣天气或海生物异常暴发时的应急处置。

（4）应急组

1）负责制定应急响应演习方案并组织演习。

2）负责应急情况下对机组的响应和控制。

3）研究制定天气、海浪及海洋生物的预报和预警机制。

4）负责开展并完善海生物调查等工作。

（5）技术组

1）研究制定冷源系统技术改造方案并组织实施。

2）组织开展冷源相关良好实践调研、经验反馈学习，并组织落实纠正行动。

（6）冷源工程师组

冷源工程师负责所在处室冷源相关日常工作的组织和协调。冷源应急预警、启动期间，遵循公司正常的生产指挥体系，冷源工程师提供必要的支持。目前冷源工程师目前配置 3 名，分别在设备管理处、维修处、运行处。上述组织机构实行岗位责任制，机构成员岗位发生变动的，由其岗位继任者接替。

10.1.2 中广核冷源小组

中广核集团则建立了分级分层的各级冷源组织（图 10.2），由股份公司冷源小组统筹在运、在建电厂的冷源相关工作，成员单位涵盖工程领域、运行领域、各平台公司，各成员单位总经理部成员担任本单

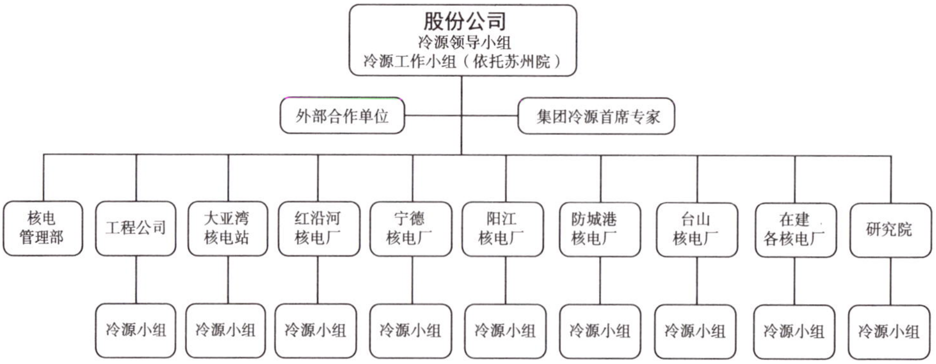

图 10.2　中广核集团冷源组织机构

位冷源小组组长，实现全面的经验共享、信息互通；统筹在运电厂技术改进；对在建电厂冷源方案作为重大技术方案实施审查等。

以 D 核电基地为例，其冷源小组机构如图 10.3 所示。

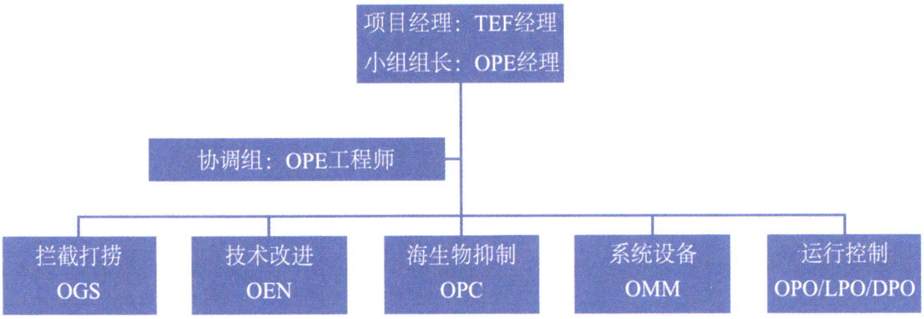

图 10.3　D 核电冷源小组机构

冷源小组采用月会（工作进展、关注问题、会议行动）的形式进行运作，在 11 月至来年 3 月的冷源高风险时期，实行双周会，总体工作执行星级指标管理（图 10.4）和月度状态管理（图 10.5）。

小组名称	冷源小组				
负责系统设备范围	D核电基地六台机组海水冷源可靠性保障管理				
组长		岗位名称	副经理	所在单位	OPE
小组星级目标	系统、设备状态、指标改进或提升（SMART）		解决技术问题或完成改进任务（SMART）		
三星级 ☆☆☆	1) 因海生物或杂物等外来物入侵引起CFI堵塞导致CRF跳泵的次数 等于0次 2) 因海生物或杂物等外来物入侵引起主动减载或停机次数为0次 3) 日常期间D机组因海生物堵塞导致SEC热交换器压差高而隔离吹扫次数小于等于2次/每台机组		1) 完成三电站CFI旋转滤网转速控制优化项目 OEN 叶继展 2018.11.30 2) 完成L二期高压冲洗改造 OEN 罗卫华2018.12.30 3) 完成L一期/二期中高速电机功率提升 OEN韩帅 2018.11.30 4) 升版冷源应急预案及完成应急演练 OPE张波2018.9.30 5) 完成D1SEC B列管道更换 OMM严海德 2018.6.30 6) 完成CTE加药策略的改进 OPC颜丹辉 2018.9.30		
四星级 ☆☆☆☆	1) 因海生物或杂物等外来物入侵引起CFI堵塞导致CRF跳泵的次数 等于0次 2) 因海生物或杂物等外来物入侵引起主动减载或停机次数为0次 3) 日常期间D机组因海生物堵塞导致SEC热交换器压差高而隔离吹扫次数小于等于1次/每台机组		除了完成以上三星任务外，增加以下任务 1) 完成D/L 进水口第二道拦截网的设防 OGS单小明 2018.11.30 2) 完成泵站拦截设施改造可行性研究 OPE张波2018.7.30 3) 完成对D海域毛虾、膏口专项调查、研究 OPC尤成懋 2018.9.30		
五星级 ☆☆☆☆☆	1) 因海生物或杂物等外来物入侵引起CFI堵塞导致CRF跳泵的次数 等于0次 2) 因海生物或杂物等外来物入侵引起主动减载或停机次数为0次 3) 日常期间D机组因海生物堵塞导致SEC热交换器压差高而隔离吹扫次数小于等于1次/两台机组		除了完成以上四星任务外，增加以下任务 1) 完成D/L 进水渠平台、悬臂吊等辅助设施改造设计 OGS单小明 2018.12.30 2) 完成进水口区域长远规划 OGS周波2018.7.30 3) 完成L一期进水口鱼群的清理 OPE刘超2018.12.30		

图 10.4　冷源星级指标管理

D核电站电站冷源状态月度报告			
区域	D	L一期	L二期
入水口(OPC/OGS)	水质监测：海水水质正常 海生物打捞数量：2月份水母拦截量较多 航标运行状态：正常 漂浮物体：海水漂浮杂物较少，主要通过拦污网拦截清理		
拦污网（OGS）	永久拦截网：快速布放网兜安装完毕，进行日常清理和维护 清理统计：小鱼270.5 kg、垃圾1 106 kg、水母10 557.5 kg、毛虾52.5 kg 海生物打捞数量：未启动渔民打捞 溢油情况：未见溢油	永久拦截网：快速布放网兜安装完毕，进行日常清理和维护 堵头施工：进行填石和扭王块预制 清理统计：小鱼292.5 kg、垃圾2 733 kg、水母12 897 kg、毛虾62.2 kg 海生物打捞数量：未启动渔民打捞 溢油情况：未见溢油	
进水渠（OGS）	杂物打捞数量：未见异常	杂物打捞数量：未见异常	
旋转滤网（OMM）	细格栅：正常 旋转滤网情况：较清洁，未见异常	细格栅：正常 旋转滤网情况：较清洁，未见异常	细格栅：正常 旋转滤网情况：较清洁，未见异常
异常汇总和整体评价	本月进水渠拦截网仅发现毛虾约62.2 kg，但水母量较多，截止目前拦截网处拦截的水母量为23.5 t，泵站监测未发现毛虾及水母。暂未对电厂冷源造成影响。其他无异常		

图 10.5　冷源状态月报

10.2　海工改造使海堤具备主动导避功能

10.2.1　概述

核电机组运行通常以附近水域作为冷却水源，取水口的运行状态直接影响核电机组运行的安全性、可靠性和经济性。随着全球海洋生态环境变化及沿海工农业发展等对海湾及海洋开发利用程度的加深，局部海域生态失衡，海洋生态灾害频现。近岸海域中暴发性海生物或异物堵塞核电厂取水口运行的事件频发，导致电厂冷源丧失，影响核电安全稳定运行。

近年来我国滨海核电厂陆续发生海生物堵塞取水口事件，导致冷源部分丧失，影响核电安全稳定运行。HYH 核电厂、Y 核电厂、FC 核电厂、N 核电厂、C 核电厂及 L、D 核电站等分别发生了因水母、毛虾、海地瓜和藻类（球型棕囊藻、马尾藻）等影响工程取水的事件，这些事件甚至导致鼓型滤网或贝类捕集器工作异常而引发停机停堆。频繁的海生物入侵对电厂运行的安全性和经济性造成了严重的影响。与此同时，随着国家对水生态保护建设要求的不断提高，以及《核动力厂取排水环境影响评价指南（试行）》（HJ 1037—2019）的颁布，对核电取水提出了更高的要求。

目前，滨海核电厂海生物拦截多采用设置拦污网的方式，其设计和使用多以被动拦截漂浮物（海洋生物、杂物等）为主，布设时主要考虑网孔尺寸、网面材质与强度、拉索受力稳定性等。实际上取水入口附近区域的水动力条件及取水构筑物内的水流流态、流速分布等水力特性对海生物入侵及其在取水构筑物内的聚集分布具有明显影响。如何充分利用水动力条件等实现对海生物的有效疏导，进而大幅度减少海生物入侵取水口，或者促使进入取水口的海生物等在适宜的位置聚集从而方便打捞（清除），对保证核电取水安全、减少核电取水对海洋生态环境的影响等具有重要意义。

基于典型环境水体水动力条件，系统开展不同取水型式（明渠取水、蘑菇头取水）、取水口布置及取水入口水动力特性等对海生物卷吸效应（卷塞、卷载）影响研究，在此基础上，总结提出适宜的取水安全主动防御方法、措施。下面以 C 核电厂改造为例介绍。

10.2.2　主要问题

C 核电厂海域取水工程采用明渠方案，两期工程合用一条取水明渠，一次规划建成。海工改造前取水明渠采用直堤形式，长度558 m，宽 120 m，分别在前端与中部设置了前后两道拦污网。

图 10.6　C 核电厂海工前改造状态

在机组建设期间，取水明渠设计成直堤（图 10.6），在偏北风的影响下，海藻、水母、垃圾容易向核电厂取水头部迁移，并易在直堤东侧堆积，在潮汐的作用下涌入直堤。原设计渠内仅设置一道拦污网，并采用浮筒式，直接面对强风浪，受岸边的扭王块的磨损，网片破损严重。大量漂浮物进入取水明渠及联合泵房，加上鼓网间反冲洗不畅，鼓网间杂物容易堆积，导致鼓网压差高。

取水明渠内波高较大，在西北向浪作用下掀沙作用明显，存在明显的波浪破碎区，明渠底部贝壳碎屑易随水流进入取水流道。现有拦污设施经常在波浪作用下损坏，导致取水明渠拦污网部分丧失拦截杂物能力（图 10.7）。

图 10.7　取水明渠漂浮大量杂物

10.2.3　优化改造方案比选

为了降低冷源风险，减少杂物入侵和消浪是主要目标，C 核电厂实施了海堤功能性变更改造，不同海工改造方案比较如图 10.8 所示。

根据工程海域的波玫瑰图进行波浪场分析，工程海域偏北向波浪出现频率共占 64.5%，其中 N、NNE、NNW 向分别为 29.8%、26.4%和 8.3%；W 至 NW 向次之，为 33.1%。强浪向为 N 和 NNW。在 100 年一遇高潮位情况下，从五种方案挑出三种进行对比，优化方案一对 N 向浪掩护很好，明渠内波高从口门向内逐步递减，明渠内大部分区域有效波高小于 1.0 m；NW 和 W 向波浪部分绕射进入明渠内，

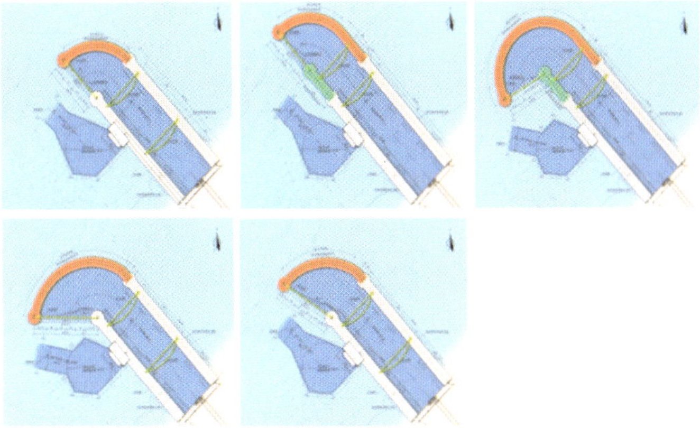

导流堤方案

图 10.8　改造方案比对

明渠外端波高超过 1.0 m；优化方案四新建防波堤较长，对三个计算方向的波浪都掩护较好，明渠内大部分水域波高小于 1.0 m；优化方案五比优化方案一的防波堤略长，其掩护效果比方案一略好，但在 W 向浪作用时口门区有效波高仍有 1.5～2.0 m。总体对明渠的掩护条件进行比较，优化方案四较好。

漂浮物模拟如图 10.9 所示，各优化方案对海上漂浮物均有一定的拦截效果，优化方案一与优化方案四的效果相当，优化方案五的拦截效果略差。

物模试验如图 10.10 及图 10.11 所示，优化方案四防波堤长度约 570 m，对取水明渠进行了全面的掩护，从 N、NW 和 W 向进行波浪试验，取水明渠内波高明显降低。在 N 向波浪作用时，在百年一遇高潮位、百年一遇波浪作用下取水明渠内 1～5 号测点有效波高均小于 0.5 m；在 NW 向波浪作用时，由于防波堤起到很好的掩护作用，在百年一遇高潮位、百年一遇波浪作用下取水明渠内 1～5 号测点有效波高均小于 0.8 m，口门处有效波高为 1.20 m；在 W 向波浪作用时，新建防波堤对明渠口门也起到了很好的掩护作用，在百年一遇高潮位、百年一遇波浪作用下取水明渠内 1～5 号测点有效波高不超过 0.6 m，口门处有效波高为 1.62 m。

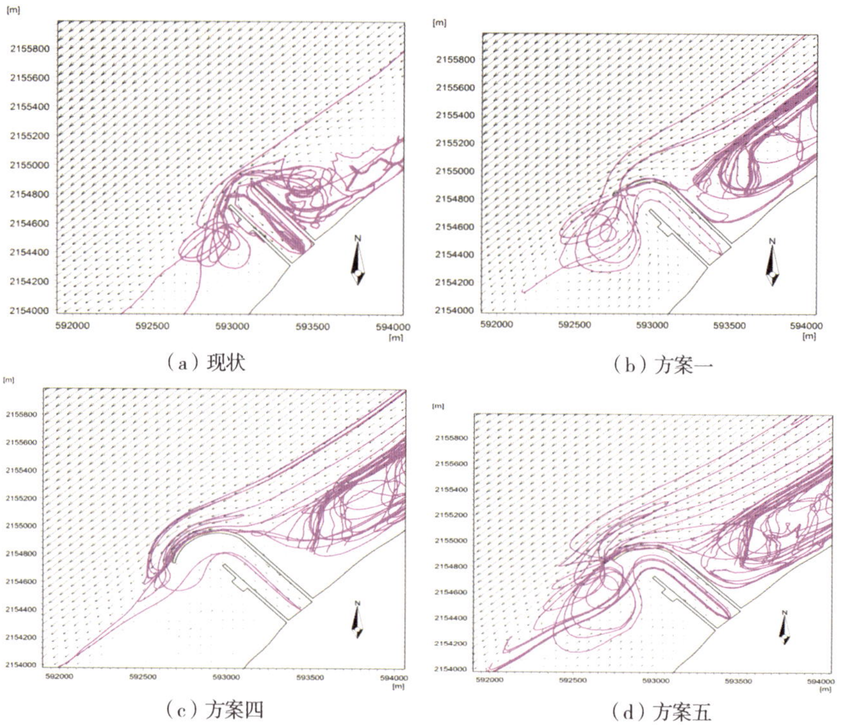

(a) 现状

(b) 方案一

(c) 方案四

(d) 方案五

图 10.9　漂浮物模拟

图 10.10　物模试验优化前

图 10.11　物模试验优化后

海工优化工程首要解决消浪问题，降低波浪对拦污设施的冲击，延长拦污设施网体的使用寿命，其次需要完善异物拦截功能，使得从外围海域进入取水明渠中的垃圾最少，减少垃圾拦截与打捞量，减轻日常维护工作。通过数模、物模分析，优选方案四作为改造方案(图 10.8中方案四)。

10.2.4　优化改造过程

（1）征海

海工优化工程设计新增消浪堤与原有取水明渠东侧消浪堤连成一体，才能起到消浪与拦污功能，需要重新征海 13 公顷。

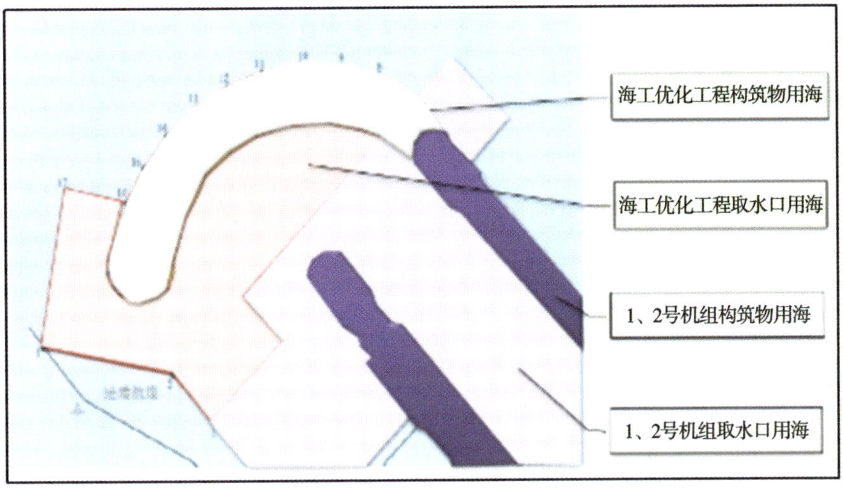

图 10.12　用海范围

（2）海工优化工程实施

海工优化工程是海工改造短、中、远期三个方案中最后实施的方案，海工优化工程完成后降低外海风浪对目前拦污设施的影响，通过延长取水明渠东导流堤段，延长长度 569.96 m，整体形成半包围结构，同时在新的取水口门处布置一座桩基拦污网（图 10.13）。海工优化工程 2019 年 5 月 18 日正式开工，2020 年 5 月 31 日具备了消浪及拦污功能。通过延长防波堤的掩护，使得进入明渠的波浪高度，大幅降低，既减少了海浪和杂物对拦污网的冲击，增强了拦污网的使用寿命，又降低了波浪携带杂物的能力，使得进入明渠的杂物数量大为减少（图 10.14）。

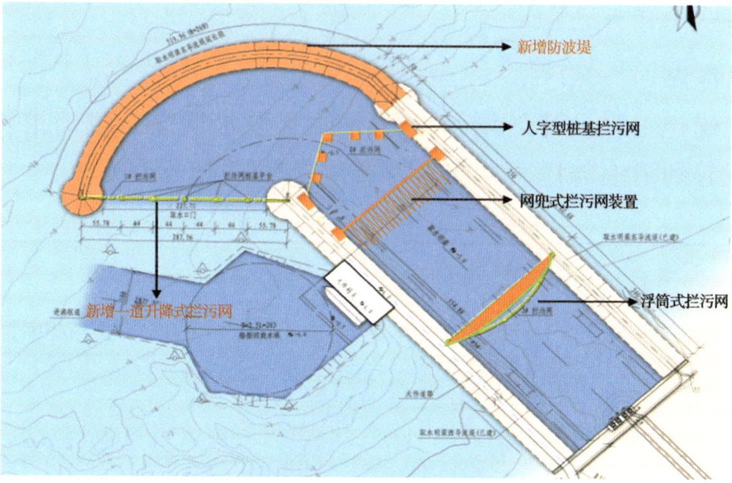

图 10.13　取水明渠新增防波堤

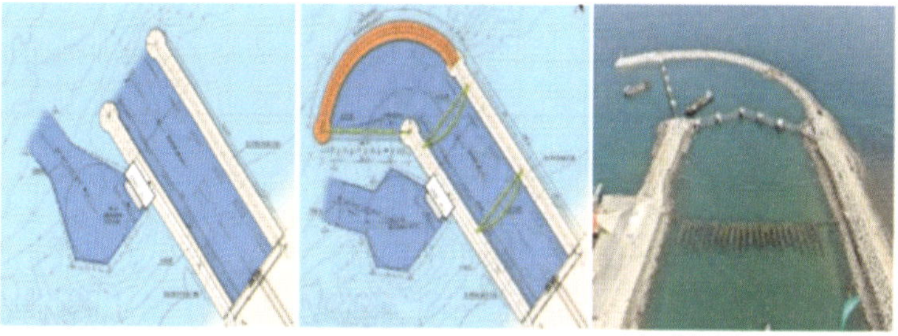

图 10.14　海工优化工程实施

10.2.5　优化改造实施后效果

海工优化工程 2019 年 7 月开工，经过约 10 个月的施工，项目竣工，具备了消浪与拦污功能，消浪与导污效果明显。

（1）消浪

通过延长防波堤的掩护，使得进入明渠的波浪高度，由改造前的 3 m 左右大幅降低到约 0.5 m 的水平（图 10.15）。

图 10.15　消浪前后

（2）拦污导污

导污效果明显，大量的海生物、垃圾等被挡在堤外，聚集在直堤东侧或者通过海堤主动导污，引导漂浮物远离取水口，起到很好的效果。通过无人机航拍，发现在海藻暴发期间，除了在东堤侧聚集的大量海藻外，随着风向和洋流漂过来的海藻大部分沿着堤外侧飘走，不再被吸入进明渠中（图 10.16），大大减少日常清理量。

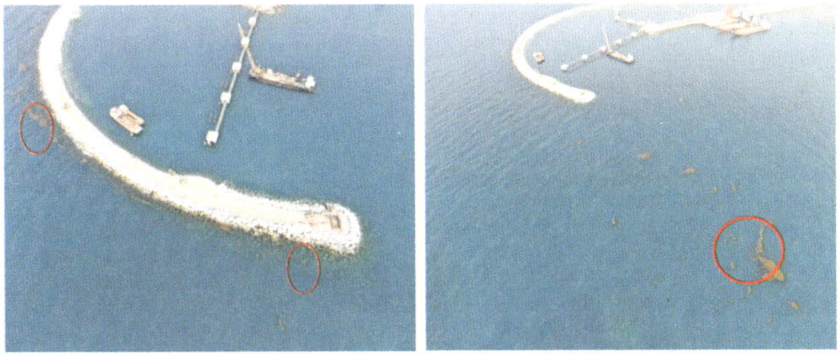

图 10.16　挡浪堤导污照片

10.3　首道拦污网布置具备自清洁功能

对于围堤式明渠，首道拦污网应尽量设置在波浪浪高低的围堤之内。C 核电取水明渠外海的洋流方向为“西南—东北”及“东北—西南”反复循环，首道拦污网的布设避开了正对洋流的方向，可以使 95%以上的海洋漂浮物被洋流带走，而不进入拦污网位置。少量的漂浮物进入围堤内附着在第一道拦污网上，在落潮时仍可以随潮流飘走，如图 10.17 所示。

图 10.17　C 核电厂明渠首道拦污网的布设

对于直堤式明渠，针对其消浪效果差，首道拦污网受到的波浪力较大，容易破损，需要经常更换的问题，拦污网的设计建议采取人字型或斜一字型，在风浪的推动下一些大尺寸垃圾会附着到拦污网上，若采用人字型的拦污网，垃圾可能集中在一侧，在落潮时堆积的漂浮物可能会部分随洋流飘走；若采用斜一字型，垃圾将集中到一侧，便于清理打捞。

若口门处风浪较大，建议采用铜合金网片，可以防止网片经常破损，问题是清理比较困难，尤其是水下部分；若首道拦污网布置在明渠风浪小的区域，建议采用尼龙网片。

中广核集团依托冷源课题，完成了取水口自洁式拦截网的物模试验，验证了不同拦截网形态对拦截自洁效果的影响，如图 10.18～图 10.22所示。

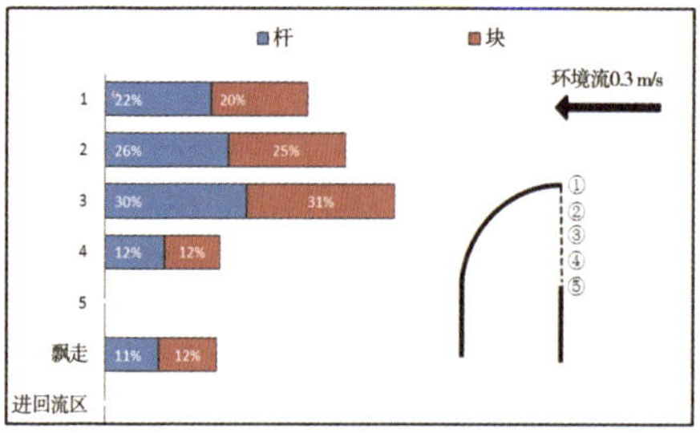

图 10.18　取水口自洁式拦截网形态 1

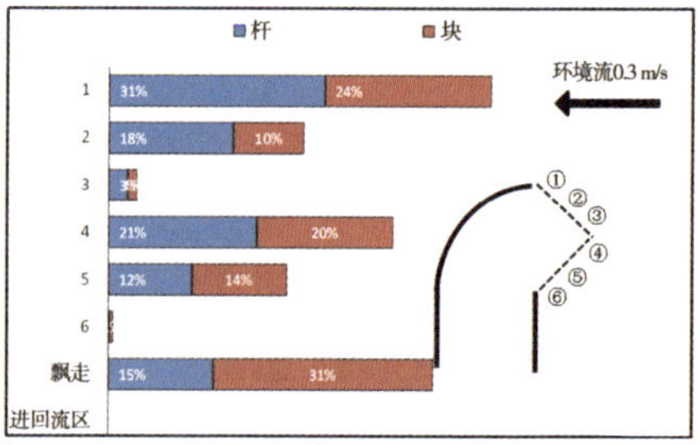

图 10.19　取水口自洁式拦截网形态 2

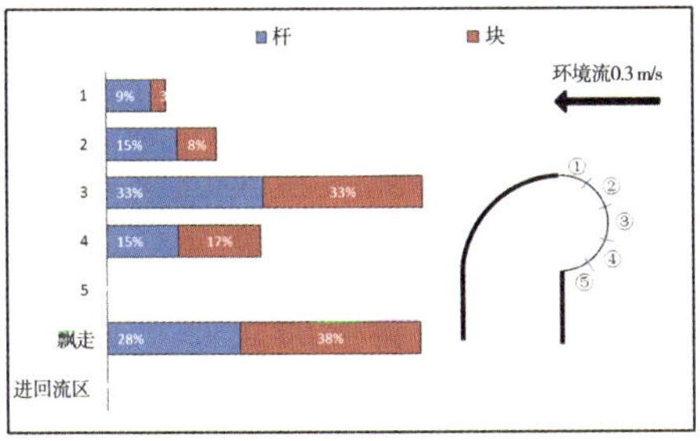

图 10.20　取水口自洁式拦截网形态 3

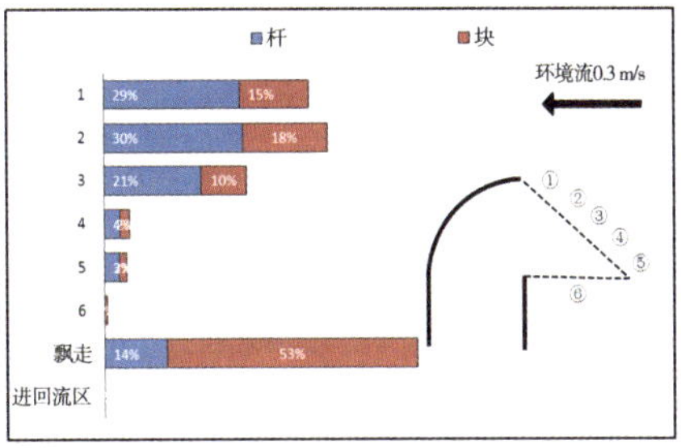

图 10.21　取水口自洁式拦截网形态 4

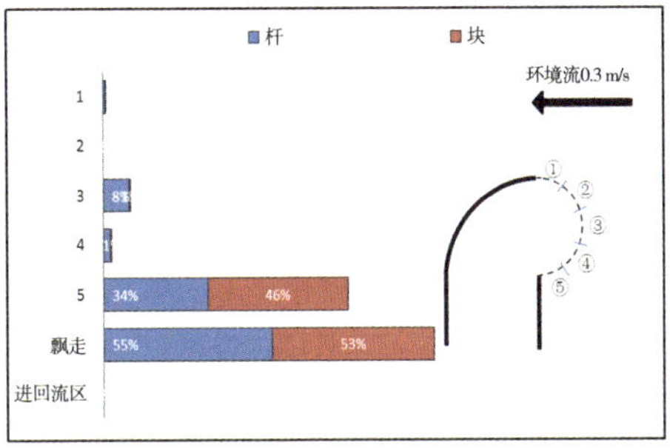

图 10.22　取水口自洁式拦截网形态 5

10.4　预警监测系统

10.4.1　总体情况

致灾物防控，在于预防为主。设置冷源预警监测系统并持续改进，对于海生物涌入造成的核电厂取水口堵塞等海域突发事件，可及时发现并响应，充分采取应对措施，降低机组冷源风险。国内核电厂基本形成共识，与科研院所开展合作，研发针对海域特点的预警监测系统及模型，实现 24 h 自动预警。C 核电厂已经开发投运预警监测系统(海鹰系统)，介绍详见第 6 章。表 10.1 为各核电厂常见的具有堵塞风险的海生物种类。

表 10.1　各电厂高风险海生物种类

电站归属	运行状态	电站名	高风险海生物种类
中国核电	在运电厂	Q 核电	藻类、水葫芦、生活垃圾
		T 核电	浒苔、麦秸秆、紫菜、生活垃圾
		C 核电	马尾藻、水母、毛虾、生活垃圾
		F 核电	海藻、水母、赤潮
		S 核电	米草秸秆、秸秆、树枝、水葫芦、细螯虾、脊尾白虾、三疣梭子蟹
	在建电厂	X 核电	水母、藻类
		Z 能源	养殖浮筏、马尾藻、水母、中国毛虾、浮游幼虫、小公鱼、网纹藤壶、僧帽牡蛎、翡翠贻贝
中广核	在运电厂	Y 核电	棕囊藻、大型水母、毛虾
		N 核电	海地瓜、赤潮、水母、小鱼虾
		D 核电	毛虾、尖笔帽螺、球形棕囊藻、水母
		HY 核电	浒苔、童藻、水母、小鱼虾
		HYH 核电	水母、藻类

中国核电各电厂已开展的周边海生物调查和海生物高风险月历显示，类似的致灾高风险海生物主要包括水母（浮游类）、毛虾（浮游类）、藻类（漂浮类）、生活垃圾（漂浮类）；中广核电厂同样存在水母、毛虾。常见的具有堵塞威胁的堵塞物、识别手段及其不足如表 10.2所示，当前各电厂主要监测预警措施如表 10.3 所示。

表 10.2　高风险海生物监测手段及存在问题

高风险致灾物		监测手段	监测手段的优缺点
水面漂浮物	浒苔、马尾藻、赤潮等藻类、水葫芦、树枝、秸秆、生活垃圾、溢油、浮冰	目视、 水上摄像、 遥感、雷达	**目视**：受天气影响，观测距离短 **水上摄像**：受天气影响，观测距离有限；夜晚光线不好，效果不佳 **遥感**：受天气影响，云层厚及夜晚无法监测，存在监测不连续风险 **激光雷达**：可探测距离远，易受海面波浪影响

续　表

高风险致灾物		监测手段	监测手段的优缺点
浮游动物	水母、毛虾、笔帽螺等	声呐、水下摄像、激光雷达	**声呐**：对于含水量高达 90% 的水母，监测准确率不高 **水下摄像**：受水体浑浊度影响严重，探测距离短，仅限装置附近 **激光雷达**：存在监测潜能（应用效果有待验证），但受水质浑浊度影响
游泳动物	鱼类	声呐（或科学探鱼仪）、水下摄像、激光雷达	**声呐（或科学探鱼仪）**：有效监测 **水下摄像**：受水体浑浊度影响严重，探测距离短，仅限装置附近 **激光雷达**：存在监测潜能（应用效果有待验证），但受水质浑浊度影响
底栖生物	海地瓜、藤壶等贝类	水下摄像、激光雷达	**水下摄像**：受水体浑浊度影响严重，探测距离短，仅限装置附近 **激光雷达**：存在监测潜能（应用效果有待验证），但受水质浑浊度影响

表 10.3　当前各电厂主要监测预警措施

单位	监测预警措施
Q 核电	摄像、气象、水利部门联系机制
T 核电	遥感、摄像、水利部门联系机制
C 核电	声呐、摄像、摄影、遥感、气象
F 核电	气象、摄像
S 核电	雷达、摄像
X 核电	声呐、雷达、摄像
Y 核电	声呐、摄像、水下机器人、遥感
N	声呐、雷达、摄像、气象、水质监测
D	声呐、摄像、气象
HY	声呐、摄像、遥感
HYH	声呐
FC	声呐、摄像、气象、海洋
TS	摄像、气象

各电厂针对冷源风险致灾物监测预警方面设置有不同的设备，多数电厂与政府部门气象和水利部门建立了联动机制，并且设置有水面监测摄像。

设置有水面监测雷达的电厂有：X 核电（建设中）、N 核电等。

设置有水下摄像和声呐的电厂有：C 核电、X 核电（建设中）、Y 核电、N 核电、HYH、D、HY、FC 等核电厂。

设置有原位成像仪电厂有：Y 核电。

各电厂预警监测系统基本上能够达到一定的监测效果，预警监测系统在监测的准确性和预警的可靠性等方面仍存在较大的改进空间，特别是海生物识别、定位和数量评估等方面需要结合实际监测数据进行不断迭代优化。如：卫星遥感受云层影响较大，时间间隔长；水上摄像设备夜间效果不够理想；水下摄像受水体浊度影响；雷达在恶劣天气下受海浪影响较大；声呐算法和模型需要较大投入，并结合实际监测数据进行不断迭代优化，目前所能识别的海生物的数量判断仍是难点；无线传输的可靠性差等。Y 核电设置有冷源指挥中心，值得各电厂借鉴。

10.4.2 Y 核电厂预警监测系统

Y 核电厂实施了冷源系统监测改进，搭建了冷源监控平台，见图 10.23 及图 10.24。该平台采取安装水下高清摄像头、多波束声呐系统、水下机器人、水下气幕，改进了取水口海生物监测和防护功能，实时监测电厂取水口状态。

Y 核电厂取水口海生物实时监测系统主要包括多波束成像声呐系统、水上监控摄像机、水下高清摄像头和中央控制室等，即在新增 2 道拦污网流道中间圆柱上（承台一和承台二）安装水下高清摄像机和声呐，以全方位监控观测进水渠主流道海生物情况（包括鱼群、虾群、水母和藻类等）和海面漂浮物（水草、泡沫、溢油）等，以上信号均通过光纤接入中央控制室（EC 楼）设置的信号处理服务器，再将处理后的数据分配到不同的监控主机。对于声呐信号，安装在监控主机中软件将分析、处理并显示声呐图；对于视频图像，监控主机将进行显示、实时存储。通过对冷源取水口海生物进行实时监测，在海生物入侵前进行预警，以提前启动冷源应急预案，防止海生物入侵，保障机组冷源安全。

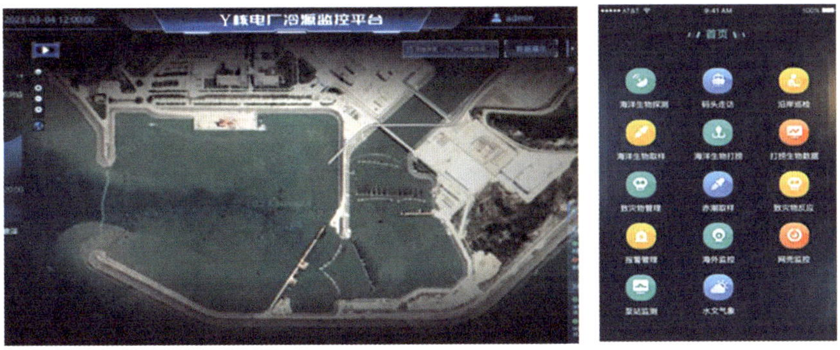

图 10.23　Y 核电厂冷源监控平台

图 10.24　Y 核电厂海生物监测和预警设施布置图

Y 冷源实时监测系统可直观了解进水明渠设定区域海生物情况，当取水口大量海生物涌入时可做到提前预知或预判，为冷源后续行动提供决策依据；水下机器人可提高冷源监测的机动性，弥补固定视频监测点的短板；水下气幕装置可针对性提高电厂对水母涌入的应对能力。上述改进可为冷源取水口突发事件预警提供参考信息，为机组安全稳定运行提供良好的技术服务。完备的冷源监测与电厂拦截、捕捞和清理等手段组成冷源保障防护体系。

为了更好协调指挥六台机组冷源问题处理，Y 核电厂新建电厂指挥中心，并针对冷源也建立响应指挥中心，应急情况下进行信息汇总、风险应对、评估决策，同时建立领导带班制，确保生产指挥和资源调度能力，规范中心与现场信息传递和指挥下达流程。详见图 10.25。

图 10.25 Y 核电厂冷源应急指挥中心

10.4.3 D 核电站预警监测系统

D 核电站在预警监测方面设计了取水口实时探测系统（图 10.26），包括声呐监测：声呐装置安装在拦截网桩基上，能实现以 90 m 为半径的 360°扫描，数据信息随时可通过手机 App 查看，实现海生物群体侵袭的短信自动报警功能。

图 10.26 声呐监测

同时D冷源小组成功研发一套海生物自动监测装置（图 10.27），安装在旋转滤网排水渠上，在海生物暴发期间，替代人工定期捞取海生物进行监测的方式，对进入旋转滤网的海生物进行称重，为预案启动提供数据。

图 10.27　海生物自动称重装置

10.5　“三化”拦截打捞设施

核电厂冷源防控能力提升除需要了解和掌握相关的堵塞物基础信息外，对堵塞物的实际控制能力也尤为重要，作为防止堵塞物大量进入取水系统的重要环节，拦截必须有效且可靠。实践显示，多种高新拦截装置及其组合运用对电厂提升对堵塞物的清理能力和效率起到了极大的促进作用，在拦截打捞控制方面，中广核集团旗下电厂工作尤为细致和突出。

以 Y 核电厂为例，通过前端拦截打捞，控制进入后端过滤系统的堵塞物，总体实现一定程度的机械化、自动化目标。图 10.28 为 Y 核电厂冷源纵深拦截体系图。

2023 年 2 月 Y 核电厂成功应对了一次大规模的毛虾入侵事件，过程中 Y 核电最大单日毛虾拦截量达到了 20 t，超过历史同期最高值，而在拦系统和设备全程无异常；整体拦截效率持续维持在 95%以上，并且联合泵房设鼓网液位差未产生波动，循环水系统和重要厂用水系统始终保持稳定运行，无需应急。

Y 核电的拦截打捞体系考虑为永久性、临时性、极端性三种配置。

永久拦截设施：新增 CFS 后，形成 CN1－CN2－CN4－CN5＋F/S 兜网等多道前端永久拦截设施的永久拦截体系，提升大量海生物入侵应对能力。

临时拦截设施：针对不同时期，不同致灾物风险，针对性制定即时应对措施，快速布防网可在 2 h 内完成布设，海域内外多点灵活拦截。

极端工况应对：顶格配置电厂捕捞资源，建立 1/2/3 梯队捕捞力量。现场配置 21 艘以上船只和日常捕捞人员作为响应第 1 梯队；同时通过捕捞协议单位，建立政府支持渠道，增加调配第 2/3 梯队的船只和人员，可实现响应捕捞的梯队轮换。

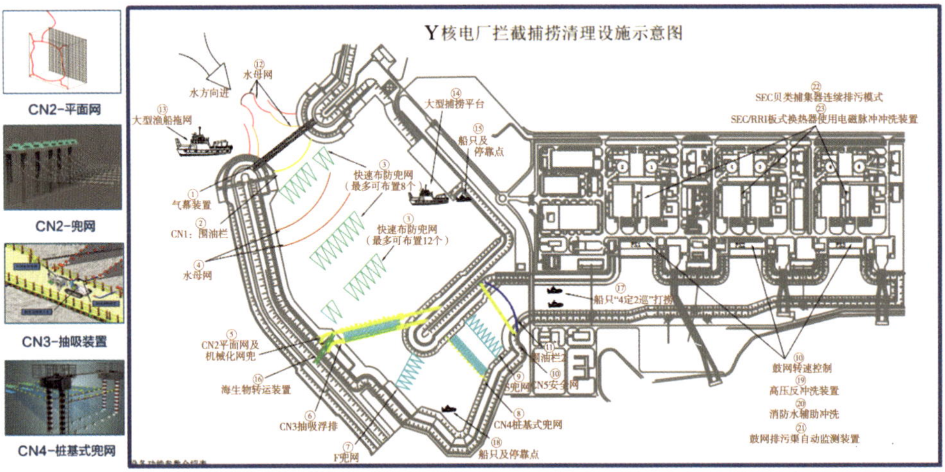

图 10.28　Y 核电厂冷源纵深拦截体系

该拦截体系包括 11 道设施：

1. 气幕装置（图 10.29 及图 10.30）：在水母入侵时可投用气幕装置吹浮水母，配合水母网进行水母拦截清理。赤潮暴发时可投用气幕装置将赤潮隔离于取水口外。

水下气幕装置为主要针对水母类海生物涌入的防范手段，同时也对鱼虾有阻挡作用，减小鱼虾群对冷源的威胁。

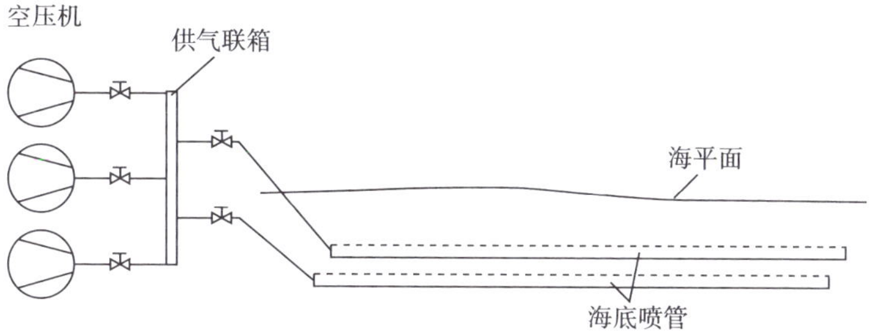

图 10.29　气幕装置方案示意图

根据 Y 进水渠布置，以及为便于验证检查气幕效果，Y 气幕试验在水渠进水口布设（湖面有两道拦污网），采用三台空压机并联至气联箱，从气联箱引出两条海底气幕管道伸入海底。空压机采用两用一备的运行模式对气幕管道进行输气，并调试出试验所需的供气工况。根据气幕试验水面气泡密集程度，最终采用“两机两管”的运行模式进行拦截试验，调试空压机状态为输出压力 6.3 bar（630 kPa），空气输出流量 29.2 m^3/min。

图 10.30　气幕装置试验实景图

根据水面打捞情况，水母囊部结构变化十分明显。充气的水母囊部结构呈气球状，水母悬浮在水面后无法动弹。通过对水母的连续观察，浮上水面的水母已基本丧失生命体征。所以被气幕吹起的水母均可以保证囊部结构无法再次闭合。

由于水母囊部进气后的状态，可确认水母进气后其不会造成滤网的大面积堵塞，能够有效降低滤网的堵塞风险。

经试验，已验证气幕装置对水母具备吹浮清理作用，水母吹浮后不会附着在鼓网或拦截网，不会造成拦截网的大面积堵塞；气幕周边未发现大面积鱼群进入；气幕运行中不会对周边海域海水的含氧量及浊度产生影响。

2. CN1 围油栏：CN1 围油栏为浮式结构，水下深度 0.5 m，用于拦截漂浮杂物及溢油。

3. 快速布防兜网：小型海生物暴发时，可以在港池主流道上布置快速布防兜网，该兜网孔径 2 mm、深 5 m、宽 25 m、长 30 m，材质为聚乙烯；主流道上快速布防兜网最多可布置 3 道，共 28 张网兜。

4. 水母网：港池主流道上目前共布置 6 张水母网，用于在水母暴发季节拦截水母。可以根据入侵水母类型及规模增设不同的孔径及数量。水母网分为兜型和平面型两种类型，孔径有 125 mm、50 mm 及 20 mm 三种。水母入侵情况下，可在口门外延伸布设水母网，配合大船拖网，形成闭式拦截清理策略。

5. CN2 平面网及机械化网兜（图 10.31）：包括升降式平面网及机械兜网，共 15 跨，用于拦截大型漂浮杂物及小型海生物。平面网孔径 50 mm，机械化兜网孔径 4 mm，在海生物高风险期，机械化兜网可改用 2 mm+4 mm/3 mm 兜网，用于提升对小体径海生物的拦截效率。

图 10.31　Y 核电厂机械化网兜

6. CN3 抽吸浮排：用于配合抽吸装置清理 CN2 网兜中的海生物，浮排宽度 5 m，长度 285 m，抽吸装置由抽吸小车及垃圾收集装置组合而成，柴油机驱动，抽吸流量≥200 m^3/h。

7. F 兜网：用于补充拦截小型海生物，材质为超高分子聚乙烯，孔径 4 mm，共 23 个，网兜宽 7.5 m、高 9.5 m、长 30 m。在细小海生物高风险期，可间隔式布置 2 mm+4 mm 网兜。

8. CN4 桩基式兜网：用于拦截小型海生物，共 13 跨，材质为超高分子聚乙烯，孔径 4 mm，在细小海生物高风险期，可改用 2 mm+4 mm/3 mm 网兜。

9. S 兜网：用于补充拦截小型海生物，材质为超高分子聚乙烯，孔径 4 mm，共 26 个，网兜宽 7.5 m、高 9.5 m、长 30 m。在细小海生物高风险期，可间隔式布置 2 mm+4 mm 网兜。

10. CN5 安全网

用于拦截大尺寸海生物，若前端拦截细目网过载断裂，可用于拦截断网。安全网为平面网结构，孔径 100 mm，主揽采用超高分子聚乙烯材质，网片采用尼龙材质。

11. 围油栏 2

用于拦截漂浮杂物及溢油，长期进行布设，PVC 材质，吃水深度 460 mm，最大抗波高 1.5 m，最大抗风速 15 m/s，最大抗流速 0.76 m/s。

12. 冷源相关系统

冷源相关系统设计方面，循环水系统（CRF）和重要厂用水系统（SEC）均从 CFI 旋转滤网（孔径 3 mm）下游取水，并分别设置 CRF 二次滤网（孔径 6.43 mm）、SEC 贝类捕集器（孔径 2 mm）等过滤设施。为提高设备可靠性，对相关设备进行了一系列优化改进，包括：旋转滤网拦污斗捞污能力提升、旋转滤网增加固定式消防水冲洗装置、旋转滤网排污渠增加自动称重装置；SEC 贝捕排污阀改造、冷源应急工况下 SEC 贝捕连续排污运行模式优化；RRI 板式热交换器电磁脉冲冲洗设备引进等。

此外，Y 核电厂经实践总结，四道兜网各网兜孔径及水母网孔径与数量主要根据海生物入侵情况动态调整。

10.6 高强度小网孔网兜高效拦截

10.6.1 C核电厂使用细网兜情况

为了有效拦截各类海生物，并方便克服平面式网清理的困难，C核电厂在取水明渠中布设一道拦截网兜（图10.32）。网兜式拦污装置采用高强度高分子结构材料，设计布置宽度为120 m，单个网兜宽6 m，由24个网兜拼接而成，形成取水流道拦截面。过滤收集网由两部分构成，前道为引导网兜，后道为可拆卸式收集网兜。该网兜式拦污装置设置在固定式桩基拦污网后，对进入穿越桩基拦污网的毛虾、马尾藻、水草树叶、水母和垃圾等各类漂/悬浮物进行全方位的拦截、过滤，方便收集清理，确保满足C核电厂海水取水明渠冷源保障使用需求。

网兜在牵引栏的牵引下漂浮，进行全断面拦截。网目分别为10 mm和4 mm的两种网兜在毛虾可能暴发季（12月至次年5月期间使用4 mm）和水母暴发季节（每年6—11月使用10 mm）交替使用，同时将网兜式拦污网平移至人字型桩基处，现有网兜位置用以在紧急情况下临时布设细目网。

2018年6月，在网兜铺设到位后24 h就装满了水母，避免了水母对机组的侵入。后续多次发生网兜装满情况，主要是水母和海藻。实践证明，网兜在拦截毛虾、水母和海藻等杂物入侵方面发挥重要作用，避免多次停机停堆，人工清理也方便。

图10.32 C核电厂取水明渠中细网兜

10.6.2　Y 核电厂使用细网兜情况

Y 核电厂为应对毛虾：在四道兜网使用 2 mm+4 mm/3 mm 网兜。2021 年 11 月在毛虾响应期间，冷源小组深入研究 2 mm 网兜的拦截效果与堵塞速率问题，先后执行了全 2 mm 网兜、导流兜 2 mm+尾兜 4 mm 结构（2 mm+4 mm）网兜、导流兜 4 mm+尾兜 2 mm 结构（4 mm+2 mm）网兜验证。最终验证 2 mm+4 mm 结构网兜拦截与堵塞综合状态最佳。此外，验证全 3 mm 网兜拦截与堵塞综合状态与 2 mm+4 mm 结构网兜状态相近。目前拦截策略上，在冬季或者毛虾等小型海生物入侵期间，在 F/S 兜间隔使用 2 mm+4 mm/3 mm 网兜，在 CN2/CN4 上可部分或全部使用 2 mm+4 mm/3 mm 网兜。

10.7　主控水位监控一体化

10.7.1　主控水位监控一体化改造背景

以 C 核电厂为例，经历数次冷源事件后，主控操纵员均反映，对于一些反映冷源信息的重要参数，如鼓网液位及液位差、格栅除污机液位及液位差等只能在 PX 泵房就地仪表上进行读取，主控无法进行在线监视，影响运行决策和判断。正常情况下，现场运行人员每班巡检 2 次，巡检时抄读就地仪表，无法做到重要参数实时监视。当发生应急情况时，需要安排现场人员去就地监视仪表。一般出现冷源应急情况，持续时间比较长，需长时间留人就地监视仪表，造成现场人力资源浪费。

图 10.33 及图 10.34 为鼓网和格栅除污机就地液位和液位差显示仪表。

2016 年 10 月 17 日，由于冷源问题导致 1 号机组调停及 2 号机组停机停堆，就地冷源信息无法及时反馈到主控，主控操纵员的干预不及时。格栅除污机和鼓网每组两个变送器信号送入就地控制箱，就地控制箱带有 ID 可以显示每个变送器的数值，并且通过比较两个数值将压差报警信号送入 DCS 机柜，主控只能看到报警信号，无法显示格栅除污机及鼓网实时液位差，并且主控无液位差报警，只能通过现场人员监视，不利于冷源应急响应。

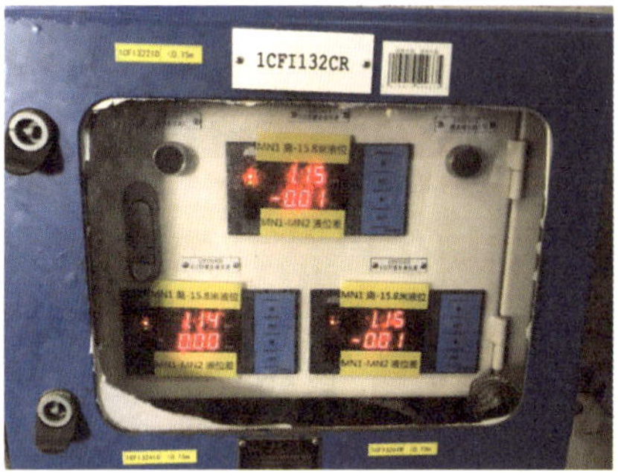

图 10.33　鼓网前后液位及液位差

图 10.34　格栅除污机前后液位及液位差

10.7.2　主控水位监控一体化改造介绍

C 核电两台机组分别在 103 和 202 大修期间对鼓网和格栅除污机液位显示进行改造，每台机组在主控增加 4 台格栅除污机和 2 台鼓网的实时液位、液位差及鼓网 H1/H2 液位差报警信号。具体改造方案如下：

（1）主控显示鼓网及格栅除污机实时液位及液位差

1）取消就地显示器 ID 至 DCS 机柜的压差报警信号线，压差报警通过 DCS 一层阈值实现。

2）在 DCS 二层也增加相应的模拟量信号，在 DCS 中更改压差报警信号的信号源，压差报警值不变。

3）在 KIC 中显示鼓网及格栅除污机实时液位及液位差，与就地显示一致。

（2）主控增加鼓网液位差 H1/H2 报警信号

在 DCS 一、二层增加相应的报警信号，分别为 XCFI801KA1（031TF 鼓网前后压差高 1）；XCFI801KA2（031TF 鼓网前后压差高 2）；XCFI802KA1（032TF 鼓网前后压差高 1）；XCFI802KA2（032TF 鼓网前后压差高 2）；相关报警逻辑如图 10.35 所示。

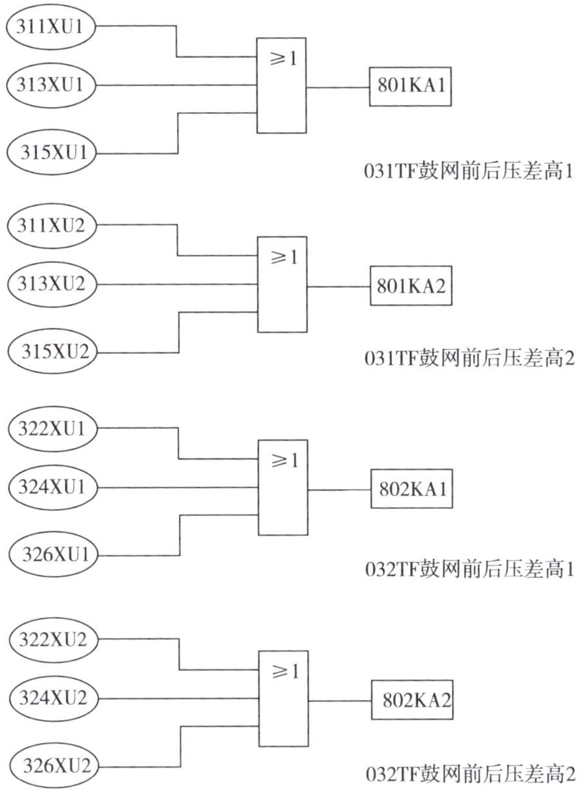

图 10.35　DCS 中新增加鼓网液位差 H1/H2 报警信号

10.7.3　主控水位监控一体化改造效果

经过技术改造后主控 DCS 画面实现了鼓网和格栅除污机液位和液位差的实时显示，实现了一体化水位监视，相关显示画面如图 8.7 所示。

改造后取得的良好效果如下：

(1) 鼓网和格栅除污机液位及液位差数据是判断冷源应急预案启动及响应等级的重要信息，改造前主控无法及时监测到相关信息，依赖于就地巡检，无法做到实时性，会产生信息滞后，导致冷源应急无法及时启动，可能干预不及时导致冷源进一步恶化。

(2) 在冷源应急响应阶段，主控可以实时监视鼓网和格栅除污机液位及液位差，不需要现场人员抄表，减少现场人力；同时主控可以实时监视液位及液位差的趋势，通过趋势判断当前冷源恶化或者好转情况，为下一步的干预措施提供有效的判断依据。

10.8 配置专业冷源工程师

10.8.1 国内核电厂冷源工程师配置情况

国内核电厂冷源工程师根据电厂的冷源风险配置不同，详见表 10.4。

表 10.4 核电厂冷源工程师配置情况

电厂	冷源工程师数量	专职/兼职	人员构成	主要职责
D	2 人	兼职	设备管理（2）	各部门冷源工作接口人
Y	12 人	兼职	设备管理（6） 化学环保（3） 生产服务（3）	各部门冷源工作接口人
HYH	5 人	专职	技术部冷源管理科（5）	全厂冷源工作协调
F	3 人	兼职	设备管理（1） 环境应急（1） 维修支持（1）	各部门冷源工作接口人
C	3 人	兼职	设备管理（1） 运行（1） 维修（1）	各部门冷源工作接口人

目前国内核电厂冷源工程师主要为兼职担任，各电厂根据自身工作需要，配置人数不等，主要担任各部门冷源工作接口人，负责协调本部门冷源工作。由于各电厂冷源牵头部门一般在设备管理处（HYH除外，在技术部），相应设备管理处冷源工程师人数一般配置更多，并负责部分冷源综合性工作。

10.8.2 冷源工程师职责

以 C 核电厂为例，电厂在冷源专项工作组中，设置冷源工程师组，由运行处、维修处、设备管理处各配置一名冷源工程师组成，即共 3

名冷源工程师岗位。其职责主要有：

（1）负责编制电厂冷源管理总体工作方案和计划。

（2）负责电厂冷源管理具体归口管理工作。

（3）负责电厂冷源总体状态信息通报归口。

（4）负责编制核电厂冷源专项应急预案。

（5）在进入冷源应急期间担任冷源协调员，协助主控室操纵员。

（6）牵头开展电厂冷源专项应急预案演习工作。

（7）负责电厂冷源管理总体接口。

10.8.3　效果评价

在设置冷源工程师后，冷源工程师作为电厂冷源系统专业人员，负责分析统计电厂的冷源隐患，提出针对性的措施，在冷源事件发生时可以及时根据预案采取针对性的措施，并开展与外部的对接交流，及时获取最新反馈，冷源工程师作为专业岗位配备是必要的、有意义的，尤其对于冷源隐患比较严重的核电厂。

为了提升各电厂冷源工程师的理论水平和经验，需要在全国范围内开展核电厂冷源管理定期理论学习和经验反馈交流，持续提升冷源工程师的业务能力和水平。

10.9　建立堵塞物纵深防御拦截体系

10.9.1　纵深防御理念

冷源取水系统设计和改造必须贯彻纵深防御系统理念，即主动防御、纵深设置、梯形过滤、积极预防。具体内容包括：

（1）堵塞物调查。

（2）流场主动导避。

（3）梯形过滤。

（4）监测和预警。

（5）应急响应。

10.9.2 堵塞物调查

C电厂在机组设计阶段开展了海生物调查，在机组投运后再次开展海生物调查，并结合电厂实际出现的海生物，形成了C核电厂取水口风险性海洋生物时序统计表（即风险月历），调查结果显示团扇藻、匍扇藻、匐枝马尾藻和南方团扇藻四种大型藻类季节分布明显，在该物种出现的季节优势度较为显著，大型藻类是潜在堵塞物种，大量聚集很有可能会堵塞核电厂取水口，小毛虾并未作为电厂的主要致灾生物进入风险月历。另外生活垃圾、水母也是主要的堵塞物种类。

海生物调查不同于堵塞物调查，为了全面掌握取水头部海域的各类杂物的情况，必须定期开展堵塞物调查，具体方法详见第5章。

10.9.3 流场主动导避

取水明渠的设计应结合电厂附近海域的流场情况，起到主动导流和避让的功能，主动导流主要通过防波堤的设计和第一道拦污网的形式来实现。C核电取水明渠为半弧形设置，从实际效果来看，海面的漂浮物沿着防波堤随着洋流进入下游，未进入取水明渠，起到很好的导避效果（图10.36）。自从导避堤建成后，进入明渠和泵房杂物量大大减少，效果明显。

图10.36　主动导避堤

取水明渠第一道拦污网可设置成人字型拦污网，在潮水涨落时拦截的杂物可随海水飘走。明渠入口的水流速度应控制接近或低于取水海域自然流速，避免对致灾物形成较强的吸入作用，也减少对首道拦污网冲击影响。

10.9.4　梯形过滤

将杂物负荷逐级分担至各级拦网和过滤设备，减缓由大规模杂物入侵带来的不利影响，为现场运营争取更多的响应时间。

核电厂对致灾物的拦截和处理是防控的重要阶段，而将防控的“主战场”控制在取水前端即明渠区域，将为后期机组控制调整争取更多的缓冲时间。明渠内的致灾物拦截系统主要为各级拦污网设施，C 核电厂取水明渠拦污网遵循“粗—细—粗”、平面网和网兜网结合的方式（图 10.37）。

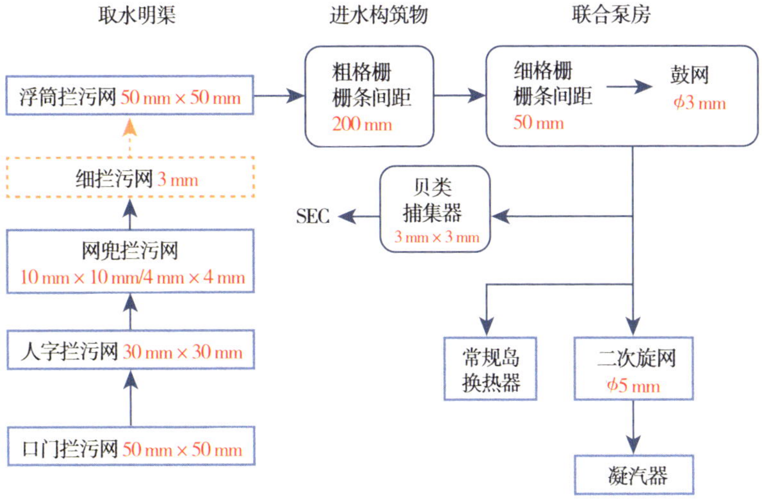

图 10.37　C 核电厂纵深防御拦截设置

在消浪的前提下设置三道网：

（1）第一道：50 mm×50 mm，拦截大型树枝、水母，防止对后续网造成伤害。

（2）第二道：30 mm×30 mm，收集杂物，方便清运。

（3）第三道：10 mm×10 mm/4 mm×4 mm，网兜底拦截，为主要的拦截网，便于清理和维护，根据海生物暴发季节的不同，设置两种规格的拦污网。

同时，电厂常备3 mm的细网，用于毛虾等海生物暴发时的应急拦截和打捞。

在电厂的海水过滤系统中，设置固定式粗格栅、细格栅、鼓网滤网和贝类捕集器等过滤设施。

10.9.5　监测和预警

（1）监测预警系统

致灾物防控，首先在于预防。现阶段，虽然不少核电厂已经采购投运部分监测装置，并在取水系统中应用，但由于技术水平及功能整合限制等原因，实际监测效果一般。

C核电结合自身厂址条件、取水口地理结构和取水构筑物特点，针对致灾生物需建立了全方位立体监测网络。首先通过由水面监测、水下监测、水质监测、气象监测及卫星遥感等组成的多维立体监测网络，然后融合厂址内外多源监测信息（记录、遥感、气象和水文等）建立海洋致灾物数据库，设计了具备多种功能，如实时采集入库、查询、显示、分析、预警预报和实时监控等的系统软件平台，最终构建智能化预测模型和决策支持体系。该系统仍在持续优化之中。如何让其发挥作用，尤其是预警功能，是各电厂冷源管理的一大难题。

（2）人工巡检

对取水明渠拦污网、附近海域和PX泵房的鼓网滤网等设备制定人工巡检制度。

（3）其他巡检措施

天气允许的情况下均使用无人机飞巡取水明渠附近海域，检查漂浮物情况和拦污网状况；定期开展潜水作业，潜水员通过水下高清摄像头检查拦污网水下状态，并根据实际情况开展清理和维护，确保三道拦污网结构和功能的完整性；通过卫星遥感监测对北部湾及C核电周围海域的海藻情况进行监测，并提供漂移预报等工作，具体内容详见第 6 章。

10.9.6　应急响应

针对冷源杂物带来的潜在风险，电厂建立了冷源预案以保障机组安全，冷源预案包括了运行控制、PX 泵房异常处置、环境监测应急处置、取水明渠应急处置和设备应急抢险等方案。

预案的响应分为三级。三级响应：信息跟踪阶段，对异常事件进行信息跟踪和通报，按照预案进行设备检查、人员响应，做好应对异常情况的准备。二级响应：发现有大量海生物及杂物进入海水过滤系统，开展海生物及杂物清理、打捞等响应。一级响应：根据情况降功率、机组状态后撤及手动停机停堆，确保核安全。

各电厂需要给主控操纵员提供操作性强的冷源应急预案，确保在冷源事件发生时，早停泵、早降功率、早停堆，避免非停事件发生从而给机组核安全和电网运行安全带来挑战。

具体内容详见第 9 章。

10.10　鼓网电机改为卧式

C 核电厂 1/2 号机组原鼓型滤网电机和减速机为立式悬挂安装，运行期间发生过油封故障（渗油）、蜗杆轴弯曲或断裂、蜗轮磨损、蜗杆轴锁紧螺栓断裂、轴承损坏、振动高或晃动大、减速机发热等问题，导致鼓网不能正常运行，影响机组安全稳定运行。

为增加设备的可靠性，提高循环水过滤系统安全性，C 核电厂将鼓型滤网电机和减速机由立式悬挂安装改为卧式型式安装。改造将鼓型滤网电机修改为 1 台低速电机（安全 3 级），1 台中高速双速电机（安全 3 级），配套卧式减速机，由中高速电机作为低速电机的备用。改造基础施工在日常进行，设备安装及调试于大修期间进行。

10.10.1　改造背景

C 核电鼓型滤网原采用德国弗兰德 FLENDER 制造生产的蜗轮蜗杆组合减速机，由三台电机与三台减速机，通过蜗杆轴组合相连，共同悬挂在鼓网驱动轴上（图 10.38）。鼓型滤网主要功能为对 CFI（循环水过滤系统）中的海水进行过滤，向 CRF（循环水系统）、SEC（重要厂用水系统）、SEN（辅助冷却水系统）提供冷却海水，带走全厂机组剩余热量。鼓型滤网及减速机设备安全等级为 LS，抗震类别为 1A，具有核安全功能。

目前国内中核、中广核压水堆核电机组鼓型滤网普遍采用悬挂式减速机。

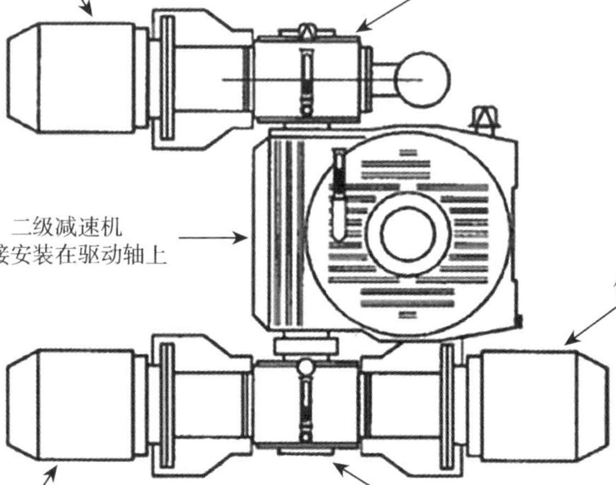

图 10.38　鼓网悬挂式减速机

该减速机结构形式复杂，电机无支撑，电机重力、运行反作用力和振动惯性力等全部作用在减速机上，减速机各部件工作条件恶劣，运行稳定性差，导致鼓网运行过程中频繁出现油封失效、蜗杆轴弯曲、锁紧螺栓断裂、蜗轮磨损、轴承碎裂及振动、晃动大等问题（图 10.39 及图 10.40）。

C 核电自 2016 年 1 号机组投用至 2018 年底，2 年半时间内共出现鼓网减速机故障 14 次，其中 2 次造成鼓网功能丧失，1 次降功率抢修。

图 10.39　鼓网悬挂式减速机漏油

图 10.40　鼓网悬挂式减速机轴承损坏

经调研，国内核电厂同形式减速机在运行期间多次出现共性故障，造成鼓网运转失效，需进行换型改造以彻底解决此问题。

10.10.2　改进方案

鼓型滤网由三电机驱动改为两电机驱动（图 10.41），但电机速度保持低、中、高三个速度与原设计一致，新设计的网板线速度为：高速 20 m/min（±20%），中速 10 m/min（±20%），低速 5 m/min（±20%），高速和中速数值与原设计相同，根据现场运行经验，为提高鼓型滤网过滤效率，低速由原设计的 2.5 m/min（±20%）提升为 5 m/min（±20%），这一提升对系统控制无影响。

中高速电机的安全等级由 NC 级提升为 1E 级，保证正常运行工况作为低速电机的备用，当低速电机故障时，由中高速电机作为备用，根据故障信号切换至中速运行。

鼓网减速机采用 H4SH9G200 型卧式双输入减速机，减速比 $i=200$，减速机与驱动轴之间采用蛇簧联轴器，减速机与电机之间采用梅花联轴器，驱动小齿轮、驱动轴轴承与原设计相同。

本改造在联合泵房鼓网电机间－3.900 m 平面增加减速机基础，基础为现浇钢筋混凝土基础，混凝土标号为 C45 灌浆料，钢筋立筋与原结构板主筋焊接连接，基础表面预埋 20 mm 厚碳素钢板。减速机动力机座就位后进行二次灌浆，二次灌浆使用 C45 灌浆料。

图 10.41　安装就位的卧式电机

10.10.3　效果评价

(1) 鼓网减速机运行可靠性得到明显提升，改造前 2 年半时间内共出现鼓网减速机故障 14 次。改造后 1、2 号机组共连续运行 31 个月，未再次出现鼓网减速机渗油、振动高和机械部件损坏等缺陷，未再次出现鼓网不可用造成循泵停运、机组降功率等异常事件。

(2) 鼓网低速由 2.5 m/min 提升至 5 m/min，提高了鼓网应对海工异常工况的过滤能力，提高机组冷源安全。

(3) 换型后减速机轴承设计寿命大幅提升，减少预维频率（改造前解体周期为 R1，改造后解体周期为 R4），避免设备由于频繁检修产生的不确定风险。

(4) 改造后电机、减速机全部更换为国产设备。改造前单台鼓网配套减速机、电机整机总价值约 320 万元，改造后单台鼓网配套减速机、电机总价值约 47.538 6 万元，每台鼓网减速机、电机成本降低约 85%。

10.11　加强政企协调及科研院所沟通，助力冷源堵塞物防控能力提升

核电厂作为电力生产型企业，虽然人员整体素质和专业能力水平处于行业内上乘水平，但是由于电力生产的特殊性和专业性，总体侧重于“核”和“电”方面，而在与冷源相关的包括生物、水工及海洋等方面还较为薄弱，因此对于冷源管理和防控能力需要多方面和全方

位的技术支持，这样才能切实提升冷源堵塞物防控水平。

核电厂冷源防控提升首先需要对堵塞物的暴发过程有清晰的认识，包括发生、发展及聚集成灾等方面内容，而在电厂加强自身探测和识别能力的同时，借助外部资源力量不失为一种简单、快捷的途径，以 C 核电有限公司对堵塞物了解为例，其从三个方面进行监视能力的提升，包括：

1. 与海南省气象服务中心签约以获取详细而及时的气象预报。

2. 与自然资源部海口海洋预报台签约以获取详实而可靠的厂址海域潮流信息。

3. 与厦门大学近海环境卫星遥感团队签约以获取取水海域藻类分布信息。

借助外部相关信息，C 核电有限公司冷源管理团队能够及时把握与堵塞物相关的气象、水文信息，尤其是大范围提前了解具有严重堵塞风险的藻类分布情况，从而能够为后续运维提供 24 h 以上的堵塞物预测数据，为后续机组调整争取了时间。

10.12　WANO SOER 的推荐做法

WANO SOER 2007-2 报告中，分析了 2004—2007 年发生的有关冷却水取水口堵塞的 44 起事件，在此推荐五点建议以防止类似事件的重发。

1. 改变的环境条件

要确认并定期（最少每三年一次）更新电厂关于厂址特定的环境条件信息，这些信息必须针对取水口构筑物、设备和相关系统的设计依据，以防止及减轻堵塞和性能降级状况，它们可能影响到电厂的冷却。下列因素要综合进去：

（1）当确定某些状况可能对冷却水取水口构筑物、设备和相关系统造成不良影响时，要识别并分析所有似是而非的引发条件，比如生物残骸、海洋生物、冰、污染物和碎屑。要包括可能使这些状况恶化的环境改变，比如风速、风向和水温改变。对于执行概率安全评价或类似评价的电厂，各种可预见的威胁都应该包括在评价模型当中，以便全面了解这些事件对反应堆安全的重要性。

(2) 要获取并跟踪环境数据的趋势，以证实上述风险评估所作的假设。要确保在本行业内交流关于环境的重要运行经验。

(3) 要检查环境法或管理当局对变化的要求，这些变化可能会影响到电厂。

2. 监测技术、预警和预测手段

要制定监测、预警方法来预测厂址特定的环境参数，并启动适当的缓解措施。要利用这些方法来确认取水口冷却水关键性参数，比如取水口涌浪能、取水口水位、风向、碎屑多少和要求的取水设备状态，以此来确保在潜在风险的情况下相关冷却泵能够有效地发挥其功效。

3. 设计和变更

要核实冷却水取水口构筑物、设备和相关系统的运行和设计特征，将取水口堵塞或降级的后果和可能性降至最低。下列因素要综合进去：

(1) 要定期（至少每两运行周期一次）检查取水口滤网、滤网清洗系统、相关系统过滤器和热交换器的性能，以便在所有可信的场景中发挥其设计功能。这些可信的场景是根据本节“1. (1)”中实施风险评估，以及与冷却水取水口堵塞相关的电厂和行业运行经验来确定的。

(2) 要基于定期维修和设计评审的结果，更新或改进冷却水取水口构筑物、设备和相关系统的可靠性，从而降低取水口堵塞或性能降级的相关风险。要按照短期和长期计划来区分设备更新的优先顺序。

(3) 要基于风险评估或设计评审的结果，评估一个独立的取水系统或由其他系统来提供重要冷却水的需求。

4. 材料状况和维修大纲

要执行维修策略及工作控制程序，以便维持冷却水取水口构筑物、设备及相关系统的工作能力，下列因素要综合进去：

(1) 要定期（至少每三年一次）检查取水口构筑物、设备及相关系统的材料状况，并对重要设备例如栅栏、固定滤网、旋转滤网及清洗系统、阴极防护系统、热追踪系统、水位计和化学处理设备要进行预防性维修。此外，应定期测试保护功能，如泵和滤网的跳闸、旋转滤网启动电路和设备。检查时间间隔应合理，以确保在取水口堵塞风险最严重时期前完成预定的维修。

（2）要确保电厂工作控制程序提供了适当的优先顺序，以便及时修复那些影响设备可用性的冷却水取水口构筑物、设备及相关系统中存在的缺陷。应检查正在进行的或不完善的取水口维修的效果，并要对潜在的后果进行评审。系统的健康指标应得到采用，以提升对需要设备和系统进行修理的意识。

5. 运行规程和培训

要配备操纵员和其他支持人员，用保守方法预测冷却水堵塞和降级情况。要提供规程指南，确定人员职责，确保能够较好地说明、传达电厂保守运行的期望。根据需要开展定期培训，确保人员提高水平，能够对冷却水取水口堵塞或性能降级迅速作出正确响应。下列因素要综合进去：

（1）要评审运行规程，以确保在恶劣状况下能持续运行而不会导致重要冷却水丧失或安全相关设备受损。要验证规程，当冷却水堵塞和恶劣状况预期发生或已经发生时，能够将电厂置于安全状态。

（2）要证实取水口冷却水威胁事件预期谱所需要的书面缓解策略和资源是否被操纵员和其他支持人员所知晓。

（3）当电厂人员遭遇导致取水口冷却水丧失的任何可信的风险时，要确认 WANO GL 2002-01《有效运行决策的原则》中关于有效运行决策原则的描述及核安全裕度的考虑都是要有压倒一切的优先级。这些策略应作为对操纵员及支持人员正在进行的更新培训大纲的一部分。

（4）要验证操纵员培训大纲中强调了取水口堵塞事件的共模方面，且要包括全世界范围内的运行经验。专门的培训模块中要设置取水口堵塞事件必要的敏感度和对冷却水取水构筑物、设备及相关系统安全意义的了解。

10.13　小结

核电厂冷源管理和性能提升是一项系统化的工程，研究和工作内容涉及机械、电气、仪控、化学和生物等多个专业，对于电力生产单位而言，电厂首先在专业配置方面就明显不足，同时在研究深度方面，由于技术应用型的特点，电厂专业技术人员一般也不具备科研院所等机构的“专”和“尖”的钻研能力，另外在广度方面也由于具体厂址环境的确定性而无法大而全地开展工作，因此，电厂在总结和提炼各自有效、良好的工程实践，并相互间进行广泛、充分技术交流，这不失为电厂快速提升冷源技术和管理能力的“捷径”，同时由于是“拿来”其他电厂的经验为己所用，从而能够节省相当多的人力、物力资源。因此，各集团、各核电厂应该充分重视冷源相关良好实践的收集和消化吸收，充分做到“他山之石，可以攻玉”，切实提高冷源安全水平。

第 11 章　后续研究

核电厂冷源系统复杂，系统性能提升研究涵盖多个学科和专业。经调研了解，国外部分核电厂冷源堵塞物防控出发点主要在于海洋物种保护、防止鱼类大量被吸入取水口，聚焦点并非在于保证核电厂冷源运行的可靠性和安全性。而国内核电厂基于近年来取水系统堵塞事件频发、电厂运行稳定受到威胁的问题，逐步开展了目的为减少取水系统堵塞物大规模进入、提供冷源安全的核电厂冷源堵塞物防控技术研究工作，包括堵塞物调查、致灾物监视预警，以及堵塞物拦截和清理等方面内容，但是由于海洋环境多样性和多变性，堵塞物（尤其是海生物）的习性特点存在未知性，以及拦截技术的欠缺（如对柔性拦截网的堵塞物在线自动清理技术）等原因，核电厂冷源管理和防控技术提升仍需下大气力持续进行，建议后续关注以下几个方面的针对性研究。

11.1　具有堵塞风险的海生物暴发规律研究

经过近年来多起冷源堵塞物暴发和堵塞事件，国内各核电厂在海生物调查及海生物防控方面积累了一些经验，包括梳理和编制海生物暴发月历、根据不同海生物性状特点选择和布置不同孔径的拦截装置等，而是以上防控技术还是着眼于在海生物暴发后的拦截、清理过程，而面对容量巨大、变化多样的海洋环境，确切从源头了解海生物发生、发展和暴发规律则是我们防控工作的根本，即要清楚地了解防控的对象，才能后续开发有针对性的措施。但是，目前相比于较庞杂的海生物种类，我们能做到了解的只是其中的几种，并且能力还只是处于得出“推断”“可能”等的起步阶段，还不能真正做到对其暴发有效预测。因此，后续电厂应该与具有相关海洋、生物等专业优势的科研院所加强合作，加深对具有堵塞风险的海生物暴发规律研究。

11.2 取水工程对堵塞物主动导避功能深入研究

现阶段，各核电海工设计单位及各核电厂就取水工程设计已经在“取水工程应具有对堵塞物的主动导避功能”方面取得了较为一致的意见，均认为控制堵塞物不进入取水系统是减少堵塞发生的重要方面。但是，取水工程在前期的核电厂设计工作中，首要的目标是能够保证足够的取水量，而在主动防护堵塞物考虑方面经验还较少，需要水文与水资源、水力学和河流动力学、岩土工程、水工结构与材料，以及水环境等多专业人员基于厂址环境和可能的堵塞物类别密切配合和深入研究，才能切实促进取水工程的主动导避功能实现。

11.3 堵塞物监视及报警逻辑研究

根据堵塞物的类别不同，目前核电厂采用了多种监视手段，包括声呐、原位成像及视频摄像等，但是较希望能够早期发现、准确识别堵塞物还是有一定的差距，尤其是对存在于水中的微小堵塞物还是缺乏直接的发现和监视方法。同时，在对堵塞物入侵数量的把握方面，相关监视设备的统计结果与现场实际拦截和打捞量也有较大的差距，从而也对运维决策形成了一定的误导。

除此以外，堵塞物监控系统的报警逻辑设置也是一个难度较大的问题，主要体现在预警指标的确定及其影响因素的权重选取，这是因为不同的核电厂厂址堵塞物种类有所不同，而厂址气象、水文等参数也差别较大，还有打捞和清理方式、统计方法的不同，都使得对堵塞程度的判别并不能等同，均需要各电厂结合厂址条件、系统布置等方面摸索适合自身的报警指标和逻辑设置，这是一个长期观察、统计、整理和提炼、迭代的过程，需要持续研究。

11.4 具有堵塞风险海生物的生物防控技术研究

随着国家对海洋环境的高标准要求，核电厂在对有堵塞风险的海生物防治技术研究方面，也要逐步关注电厂与环境的和谐发展，这就要求电厂在继续考虑合规化学消杀方法的同时，也要拓宽防治的思路，如生物防控技术研究，即在充分了解堵塞海生物生活习性的基础上，利用其天敌或生物捕食关系，借助外力阻断堵塞海生物的发生、迁移过程，以达到避免其入侵取水系统的目的。如C核电目前开展的白蝶贝养殖控制污损生物幼虫的研究，为生物防控技术提供了有效思路。

11.5 拦截网堵塞率在线观测研究

核电厂冷源安全水平提升中，虽然在源头避免堵塞物大量进入是后续堵塞物防控的工作方向，但是在现阶段，增强现有拦截设施的拦截能力仍是今后一段时间内防控工作的重要手段，其中最重要的就是要保证拦截设施强度安全。以拦污网为例，在拦截了大量堵塞物后，其网片、网绳受力将会明显增加，这时电厂需要对拦污网堵塞状况实时掌控，才能够及时掌握拦污网的安全状况。但目前，由于水质等条件及技术水平限制，尚无法实时了解拦污网堵塞率情况，尤其是恶劣气象条件下拦污网的堵塞状况，后续应关注和深化此方面的研究。

11.6 拦截网在线自动清理技术研究

拦污网材质柔软，又长期浸泡在海水中，在拦截了大量杂物后是否能够及时清理，是制约其安全、连续执行拦截功能的重要方面。Y核电厂安装了对于网兜式拦污网的在线自动清理装置，采用在网兜尾部啜吸方式进行，但效果尚待进一步验证。目前，明取式核电厂取水系统的首道拦污网一般均为平面式拦污网，但对于平面式拦污网国内尚无在线自动清理装置，考虑到首道拦污网的重要性，对平面网的在线自动清理技术也需开发和研究。

11.7 取水构筑物性能提升研究

目前核电厂均布置在我国沿海，由于海洋环境的复杂性，以及污损生物长期附着的影响，海工构筑物的结构受到了一定的影响，包括混凝土表面出现开裂及腐蚀情况，同时，污损生物的附着也加剧了对混凝土表面保护层或涂层的剥落及浸渗腐蚀，使得既有海工建构筑物耐久性能受到影响，另外，污损生物的存在也使部分构筑物，如隧洞中的水损增加，影响机组水泵的取水安全性。

为此，需要开展建构筑物腐蚀及减缓、保护层状况监测、污损生物清理和针对污损生物附着导致的水损分析等相关研究工作，以切实保障核电厂海工建构筑物的结构完整，提升其功能性。

11.8 暗渠取水方式下海生物入侵防护研究

我国在运的核电机组现均建设在沿海区域，采用直流冷却的方式，核电直流冷却水均取自近海海域。核电取水过程中，冷源系统与生态系统之间互相影响、互相制约。一方面，近岸海域中暴发性海生物或异物堵塞核电厂取水口运行的事件频发，导致电厂冷源丧失，影响核电安全稳定运行；另一方面，电厂冷却水取水导致水生生物卷塞和卷载效应，造成影响核电友好性、生态系统可持续发展的生态冷源问题。相比较，暗取取水方式可以避开环境水中水体表层漂浮物，对减轻漂浮物堵塞影响更具优势，同时也可有效地降低核电取水温升。但是，总体上我国核电暗取取水工程较少，缺乏系统研究，尤其是对其所设拦截防护措施配置、生物卷塞卷载等问题积累的经验更少。因此，后续为适应不同厂址的需求，应积极开展暗取取水方式的海生物入侵防护研究。

11.9 温排水效应对毛虾迁徙习性影响研究

毛虾是一种生长迅速、生命周期短、繁殖力强、世代更新快、游泳能力弱的小型虾类，在生态习性上属于浮游动物类群，随潮流推移而游动于沿岸、河口和岛屿一带。适温范围为 11～25 ℃，具有昼夜垂直与季节水平移动的特性。中国毛虾属于浮游动物类群，它们常成群栖息于河口区、港湾及岛屿周围、水深不超过 50 m 的泥沙底浅海。中国毛虾栖息在海水的中下层，夏季有时也上升到表层。因游泳能力较弱，随涨落潮而往复。冬季水温下降，集体向深处移动。毛虾喜栖息于近岸泥沙底质浅海区，食物链短，生长成熟快，一年能繁殖两代，是海水鱼、蟹类主要的天然饵料生物，由于海水鱼蟹资源的衰减，毛虾得以繁衍，资源逐渐丰富，并成为近年某些渔民海水捕捞的主要对象。南方海域毛虾一年有两个世代繁殖期，每年 2 月中旬至 4 月上旬(雨水—清明)，随着沿岸水温的回升，毛虾性腺逐渐成熟，虾群便从深水越冬区由南至北逐步向河口和内湾作产卵洄游，4—5 月（清明—立夏）为毛虾的产卵盛期，构成春汛毛虾产卵旺季。

核电选址在海边，主要考虑冷却海水使用方便，取排水量大，排出的温排水温升大约 6～8 ℃。基地 4～6 台机组通过明渠集中排水，冬春季排水区容易形成一个温水团，从而改变毛虾的迁徙习性，使其不再向深水区迁徙，可能继续停留在温排水区域。温排水区域一般与取水头部距离不远，在一定的水流卷吸带动下，游泳能力差的毛虾容易被吸入头部，形成持续的致灾物。

因此，有必要深入研究毛虾与温排水之间的关系，对症处理，改变毛虾迁徙的路径。

参考文献

[1] 张明明，赵文，于世超，等. 我国海洋污损生物的研究概况 [J]. 水产科学，2008，27（10）：545-549.

[2] 杜明敏，刘镇盛，王春生，等. 中国近海浮游动物群落结构及季节变化 [J]. 生态学报，2013，33（17）：5407-5418.

[3] NB/T 25046—2015，核电厂水工设计规范 [S].

[4] 白艳勤，陈求稳，许勇，等. 光驱诱技术在鱼类保护中的应用 [J]. 水生态学杂志，2013，34（04）：85-88.

[5] 中国核电冷源响应导则（A 版）：PI-AA-210.01 [S].

[6] 中国核电冷源管理导则（A 版）：OP-AC-710.DZ [S].

[7] 国家核安全局. 国核安发〔2022〕123 号，关于印发《核电厂取水工程堵塞物防控设计指南》和《核电厂取水安全运行和异常响应管理指南》的通知 [S].

[8] 国家发展改革委，国家能源局. 发改能源〔2023〕1315 号，国家发展改革委等部门关于加强核电厂取水设施设计改进和运行管理保障核电机组安全稳定运行的通知 [S].

[9] 核电厂冷源致灾物防控技术导则：T/CNEA 023-2022 [S].

[10] 滨海核电站冷源取水区致灾物　监视、预报与处置指南：T/CAOE 28-2021 [S].

[11] 陈建新. 核电厂冷源问题提示 2023 年度报告 [R].（2023-10）.

[12] 陈建新. 取水头部海生物及杂物大规模入侵分析及对策研究，TR-R-2023-001 [R].（2023-08）.

附录 术语

冷源取水区 cold source water intake areas

核电厂在取用海水作为电力生产冷却介质的过程中，通过导流堤、防波堤、隔热堤或取水头等构筑物形成的取水工艺布置区及其附近至少 2 km 范围的海域。

监视 monitor

通过人工巡查、仪器设备自动在线查看及其他跟踪查看方式，对冷源取水区及其附近周边水域的致灾物种类和规模等进行持续观察、测量和统计的过程。

预报 forecast

利用监视所得数据和历史资料对冷源取水区运行状况进行预测和评估，分析致灾物聚集可能对冷源安全形成的影响，并根据相关报警指标状况向有关部门发出警示报告的过程。

处置 dispoal

依据报警信息，为减小致灾物过量暴发或聚集造成的冷源安全影响，核电厂采取相应的拦截、打捞及调整机组运行状态等操作的过程。

冷源堵塞物 cooling water intake blockages

能够引起管道、水渠、隧洞、鼓网和拦截网等冷源工程及设施堵塞或损坏的一类致灾性的海洋生物或非生物集合体，暴发时其个体或群聚体一般具有较大体型（>2 mm）、接近或小于海水的密度，悬浮、固着或自由游动于水体之中，大量聚集时能引起管道和设施堵塞并影响水体正常流动。

识别 distinguishing

基于滨海核电厂冷源安全需求，根据海洋生物的生物学特征和生态习性，或非生物组份的物理属性和存在方式，筛选对冷源系统安全有潜在威胁的冷源堵塞物种类。

漂浮型堵塞物 floating type blockages

指一类几乎没有运动迁移能力，完全依靠潮汐、水流或吸力进入冷源取水口的生物或非生物。

浮游型堵塞物 planktonic type blockages

指一类具有较弱运动迁移能力，主要依靠潮汐、水流或吸力进入冷源取水口的生物。

游动型堵塞物 swimming type blockages

指具有相对较强运动迁移能力，能够自主进入或逃离冷源取水口的鱼类。

附着型堵塞物 fouling type blockages

指附着在拦截网、隧洞壁和格栅等冷源设施上的一类大型污损生物，这类生物几乎终生不迁移，定居于某处。

风险月历 monthly risk calendar

基于冷源堵塞物的生物学/物理属性及其繁殖期和生态习性，根据冷源堵塞物的数量分布和季节演替规律，按月给出冷源堵塞物的月历分布情况。

风险等级 risk level

根据冷源堵塞物的暴发条件和暴发数量，并结合气象、水文、地质和海洋化学特征，分别给出每种冷源堵塞物的风险等级次序。